航空宇航推进理论

王 兵　计自飞　编著

U0287344

科 学 出 版 社

北 京

内 容 简 介

本书针对航空宇航推进的基础理论、发动机部件与系统以及对推进技术的展望组织内容。全书共三篇,10 章,强调喷气式推进的工作过程与原理,融合航空吸气式与航天火箭式推进的共性问题。第 1~4 章构成第一篇,重点关注航空宇航推进领域的基础理论知识;第 5~8 章构成第二篇,围绕叶轮机械、进排气系统、燃烧系统、推进系统总体特性展开,讨论航空宇航推进系统的基本过程与工作原理;第 9 章和第 10 章为第三篇,展望航空宇航推进领域的技术前沿和未来发展方向。

本书可作为航空航天和机械工程等有关专业的高年级本科生及研究生的教材或参考书,也可作为从事航空宇航科学技术教学与研究工作的高校教师、科研技术人员的参考用书。

图书在版编目(CIP)数据

航空宇航推进理论／王兵,计自飞编著. —北京:
科学出版社,2018.3
ISBN 978－7－03－055848－0

Ⅰ.①航…　Ⅱ.①王…②计…　Ⅲ.①航天推进－高
等学校－教材　Ⅳ.①V43

中国版本图书馆 CIP 数据核字(2017)第 304894 号

责任编辑:徐杨峰
责任印制:谭宏宇／封面设计:殷　靓

科 学 出 版 社 出版

北京东黄城根北街 16 号
邮政编码:100717
http://www.sciencep.com

南京展望文化发展有限公司排版
广东虎彩云印刷有限公司印刷
科学出版社发行　各地新华书店经销

*

2018 年 3 月第 一 版　开本:787×1092　1/16
2023 年 8 月第十二次印刷　印张:17 1/4
字数:415 000
定价:59.00 元
(如有印装质量问题,我社负责调换)

前　　言

在航空航天领域，人们常说，"只要动力足，门板也能飞"，当然这可能有些夸张，但反映了"动力"在航空航天领域的重要性。为飞行器装备效率更高、推重比更大的发动机，使得人们能够在大气层实现更快、更远的飞行，甚至离开地球，探索更加广阔的宇宙空间。发动机的核心作用是产生推力。本书以航空宇航科学与技术的高年级本科生和研究生为对象，试图合理组织材料，统筹考虑航空宇航推进的共性问题，针对"推力"是如何高效产生的这一核心问题展开讲述和讨论。

航空宇航推进理论与工程，作为航空宇航科学技术学科的重要分支，不仅考虑推进的理论创新，还涉及工程实践，以提高推进器的性能和可靠性为目的开展研究工作。不管是航空发动机、火箭发动机，还是其他类型的喷气式发动机，推力的本质是一种反作用力。因此，为了产生推力，必须将大量工质高速喷出，以获得足够高的动量。获得动量必然消耗能源，化石燃料、太阳能、核能等都可以成为能量的来源。在过去以及可以预见的未来一段时间内，推进器的能量来源主要是化石燃料中蕴含的化学能。燃烧仍然是推进装置中重要的能量转换方式，它把固态、液态或者气态的物质转换为高温气态工质，把化学能释放变成工质的热能。这种能源利用方式，容易在工程上实现高效率。根据热力学知识，为了提高做功或者能量转换效率，必然要提高燃烧装置内的压强。只要弄清楚燃烧室这一核心部件的工作特点，火箭发动机、航空发动机中其他核心部件的作用及其工作特点就不难理解了。

以吸气式航空发动机核心机为例，为了提高燃烧室工质的做功效率，需要压气机将来流空气的压力提高 20~30 倍，其功耗由涡轮提供。这就不难理解化学能、工质热能、工质对涡轮的做功和压气机的能耗之间的"能量流"关系了。由于气体的增压比液体的增压难度更大，因此压气机的尺寸和耗能很大，转子不易协调，并且增压带来了空气温度的提高，这都是对发动机高效能不利的方面。因此，人们不断发展新的技术改善这些不利因素，如空气预冷器、齿轮发动机等。再者，对于液体火箭发动机，人们很容易利用泵把液体燃料和氧化剂的压力提高几十、几百倍。但是，不像吸气式航空发动机可以"肆意"利用空气中的氧气作为氧化剂，火箭发动机携带推进剂的总量是有限的，所以发动机必须把喷管的截面积做得很大，尽可能提高喷气速度。没有一种发动机是完美的，它们的使用都会受到各种限制，人们也不断追求新的技术方式，试图把各种发动机组合使用，在不同的任务阶段发挥各自的优势，这就是组合（循环）发动机,但这条道路依然非常漫长。

就像发动机不能做到完美一样,本书内容的组织也很难尽善尽美,同时兼顾吸气式和火箭式发动机的共性问题,又分别针对不同推进系统讨论特殊性的问题,在作者看来,仍是不小的挑战。

本书成稿过程中,清华大学航天航空学院段瑞泽、吴嘉奇两位同学参与了部分材料整理和图表绘制工作,在此表示感谢。

由于作者水平有限,难免存在不足之处,恳请读者谅解,并提出宝贵意见,以便再版时修改完善。

2017 年 8 月于清华园

目 录

第二篇 部件与系统——基本过程与工作原理

第三篇　技　术　展　望

基础理论

第1章　航空宇航推进概述

自20世纪初人类首次实现有动力飞行以来,航空航天便成为最为活跃、最具影响力的科学技术领域之一。航空航天技术不仅极大地影响人类的日常生产、生活,而且是一个国家国防实力的象征和体现。

航空航天领域研究的主要对象是飞行器,其通常分为三类:航空器、航天器、火箭(含导弹)。按照飞行高度可将飞行空间划分为航空空间、临近空间和航天空间(或外太空)。一般来讲,在地球大气层内工作的飞行器称为航空器,在大气层以外空间工作的飞行器称为航天器,火箭既可在大气层内工作,又可在外太空工作。

本章分为4节,分别讨论航空与航天的范畴、航空宇航推进方式分类、飞行弹道与飞行轨道概述、航空宇航推进的历史进程等方面的内容。

1.1　航空与航天的范畴

1.1.1　航空与航空器

航空指飞行器在地球大气层内的航行活动。根据应用领域不同,有军用航空与民用航空之分。军用航空是指具有军事目的的一切航空活动,包括侦察、作战、运输、训练等,在现代高技术战争中,夺取制空权是取得战争胜利的重要保证。民用航空泛指一切非军事用途的航空活动,包括商业航空和通用航空两大类。

在航空领域,飞行器依靠升力克服自身重力,而升力的产生离不开空气介质。根据升力产生的原理,航空器可以分为两类:轻于空气的航空器和重于空气的航空器。前者通过在飞行器主体内填充密度小于外界空气的气体(如氢气、氦气、热空气等)使飞行器的浮力大于自身重力,这一类航空器主要以气球和飞艇为代表,如图1.1所示。后者则通过飞行器的升力面与空气相对运动而产生升力,这一类航空器包括固定翼航空器和旋翼航空器,如图1.2所示。固定翼航

(a) 热气球　　　　　　　　　　　　　　　　(b) 飞艇

图1.1　轻于空气的航空器

(a) 固定翼航空器(歼-20)

(b) 旋翼航空器(武直-10)

图 1.2　重于空气的航空器

空器包括飞机和滑翔机,通过机翼产生升力,而旋翼航空器包括直升机和旋翼机,通过旋翼产生升力(同时提供推力或拉力)。飞机是最常见的航空器。

空气的存在,既为升力的产生提供了介质,又使阻力不可避免。对于绝大多数航空器,还需要相对于空气运动的推力。

1.1.2　航天与航天器

航天指载人或不载人的航天器在地球大气层以外的航行活动,各类航天器如图 1.3 所示。

(a) 国际空间站

(b) "玉兔号"月球探测车

(c) 航天飞机

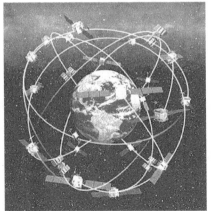
(d) 北斗导航系统(人造地球卫星)

图 1.3　各式各样的航天器

航天的实现必须使航天器能够克服或摆脱地球引力,若要飞出太阳系,则还需摆脱太阳引力。根据万有引力定律,航天器必须具有足够快的速度,航天器环绕地球、脱离地球引力、飞出太阳系所需的最小速度分别称为第一、第二和第三宇宙速度。

能够脱离地球引力场的航天器又称为深空探测器。人类进行深空探测的脚步从未停止,最为重要的历史事件有:1977年发射的旅行者2号先后探测天王星(于1986年)和海王星(于1989年);2006年发射的新视野号探测器飞越冥王星(于2015年)。

与航空相比,航天器工作在外太空,飞行器(几乎)不受阻力,但航天器所依赖的推进系统必须携带氧化剂才能工作,要把推进剂也带上天,增加了航天成本。

航天也有军用和民用之分,军用航天器主要包括三类:军用卫星系统、反卫星系统和军用载人航天系统。近年来,民用航天蓬勃发展,尤其是2015年12月22日美国太空探索技术(SpaceX)公司首次完成了火箭回收,验证了可重复使用火箭的技术可行性,这意味着民用航天的发射成本将大幅降低,"低价太空旅行"将成为现实。此外,空间物理探测、空间天文探测、卫星通信、卫星导航等都是民用航天的重要领域。

1.1.3　飞行空间与大气模型

1. 飞行空间

人们通常将飞行空间分为航空空间、临近空间、航天空间三部分,如图1.4所示。航空空间一般指距离海平面20 km以下的空间范围。国际民用航空组织(ICAO)将18.3 km高度以下的空间作为航空管辖的范围,一般情况下将从海平面至18~20 km高空的空间称为航空空

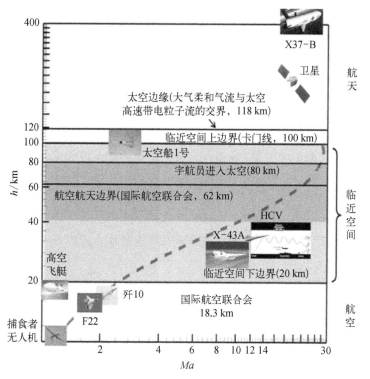

图1.4　飞行空间的划分

间。根据国际航空联合会(the Fédération Aéronautique Internationale,FAI)定义的大气层与太空的边界,航天空间一般指距离海平面 100 km 以上的空间。100 km 高度线称为卡门线,这一高度处大气对于飞行的影响几乎可以忽略,通常将距离海平面 100 km 至地球静止轨道之间的空间称为近地空间。临近空间,又称为近太空,泛指距离海平面 20~100 km 的范围,下边界没有严格的定义,它与地球纬度、大气环流、季风等都有一定关系。近年来,世界各航空航天强国投入大量人力、物力研制临近空间飞行器。

2. 标准大气模型

航空器的活动空间位于地球大气层内,地球的大气环境对于飞行器及其推进系统的工作具有重要影响。国际标准大气(international standard atmosphere, ISA),是指把大气视为理想气体,满足理想气体状态方程。为了给出标准大气的数学模型,首先需要明确如下定义。

1) 高度

以海平面为基准测量的高度称为几何高度 H。

以地球地心为基准测量的高度称为绝对高度 H_G。假设 r_e 为地球半径,则几何高度和绝对高度的关系为 $H_G = H + r_e$。

因为当地的重力加速度随高度而变化,绝对高度的概念非常重要,尤其对航天器来说,根据万有引力定律,重力加速度与绝对高度成反比,即

$$g = g_0 \left(\frac{r_e}{r_e + H} \right)^2 \tag{1.1}$$

其中,g_0 为海平面处的重力加速度。

2) 标准大气数学模型

高度取几何高度 H,认为大气为完全气体,满足完全气体状态方程 $p = \rho RT$,还满足流体静力学方程

$$\mathrm{d}p = -\rho g \mathrm{d}H \tag{1.2}$$

其中,ρ 为密度;R 为摩尔气体常量;g 为重力加速度。

由状态方程和流体静力学方程(假设在大气层内重力加速度为常量 g_0)得

$$\frac{\mathrm{d}p}{p} = -\frac{\rho g_0 \mathrm{d}H}{\rho RT} = -\frac{g_0}{RT}\mathrm{d}H \tag{1.3}$$

将式(1.3)从高度 H_1 到 H 积分,高度 H_1 对应的大气压力为 p_1,高度 H 对应的大气压力为 p,得

$$\int_{p_1}^{p} \frac{\mathrm{d}p}{p} = \int_{H_1}^{H} -\frac{g_0}{RT}\mathrm{d}H \tag{1.4}$$

大气的温度 T 随高度 H 呈规律性变化,分为等温层和梯度层两类。

3) 等温层

T 与高度无关,即在某个范围内 T 为常量,根据式(1.4),在等温层标准大气压力和密度随高度变化的关系式可写为

$$\frac{p}{p_1} = e^{-\frac{g_0}{RT}(H-H_1)}, \quad \frac{\rho}{\rho_1} = e^{-\frac{g_0}{RT}(H-H_1)} \tag{1.5}$$

4）梯度层

T 与 H 呈线性变化，即 $T = T_1 + a(H - H_1)$，根据式（1.4），梯度层标准大气压力和密度随高度变化的关系式可表示为

$$\frac{p}{p_1} = \left(\frac{T}{T_1}\right)^{-\frac{g_0}{aR}}, \quad \frac{\rho}{\rho_1} = \left(\frac{T}{T_1}\right)^{-\frac{g_0}{aR}-1} \tag{1.6}$$

其中，$a = \mathrm{d}T/\mathrm{d}H$ 表示单位高度内温度的变化，在每个不同的梯度层 a 值不同，但各自保持不变，a 又称为下降率。

5）大气物理特征

（1）温度特性

通过实验观测，高度 71 km 以内的大气温度随高度有下面的变化规律，如表 1.1 所示。

表 1.1 大气温度随高度的变化规律

H/m	T/K
$0 \leqslant H \leqslant 11\,000$	$288.15 - 0.006\,5H$
$11\,000 < H \leqslant 20\,000$	216.65
$20\,000 < H \leqslant 32\,000$	$288.15(0.682\,457 + H/288\,153.5)$
$32\,000 < H \leqslant 47\,000$	$288.15(0.482\,561 + H/102\,912)$
$47\,000 < H \leqslant 51\,000$	270.65
$51\,000 < H \leqslant 71\,000$	$288.15(1.434\,843 - H/102\,912.1)$

其中，T 为温度，单位为 K；H 为几何高度，单位为 m。

可见，地面温度为 288.15 K。随着高度增加，大气温度递减，在 11~20 km 处大气平均温度保持在 216.65 K。随着高度进一步上升，温度将有所升高，30 km 高度的平均温度为 226.65 K，大气温度在 50 km 高度附近达到局部最高值，此后，随高度的进一步增高，温度下降。

在 120~300 km 处，温度与高度有如下经验关系式：

$$T = T_\infty - (T_\infty - T_{120})e^{[-S(H-120)]} \tag{1.7}$$

其中，T_∞ 为外层大气的温度；T_{120} 为海拔 120 km 处的温度；S 为常数，它等于 $0.029\,1e^{-d^2/2}$，且

$$d = \frac{T_\infty - 800}{750 + 1.722 \times 10^{-4}(T_\infty - 800)^2} \tag{1.8}$$

由式（1.7）可知，当 T_{120} 一定时，T_∞ 是决定 120~300 km 高度内温度的唯一因素。T_∞ 的值是受太阳活动等多种因素影响的。图 1.5

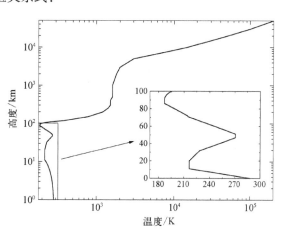

图 1.5 大气平均温度随高度变化规律

给出了大气平均温度与高度的关系。

上面提到的空间大气温度仅仅是大气的温度,千万不要认为这就是物体在空间的热平衡温度。例如,2 000 K 的气体温度意味着气体分子具有很大的动能,但是由于在 $T = 2\,000$ K 的空间,气体密度极为稀薄,仅为海平面的 1/1 016～1/1 015,因此物体在空间单位时间内所碰撞到的气体分子数目寥寥无几,远不足以加热物体,使之保持高的平衡温度。

(2) 密度特性

根据前面建立的标准大气的数学模型以及给出的温度随高度的变化规律,可以得到高度 71 km 以内的大气密度变化规律,如表 1.2 所示。

表 1.2　大气密度随高度的变化规律

H/m	$\rho/(\mathrm{kg/m^3})$
$0 \leqslant H \leqslant 11\,000$	$1.225\,05\left[\dfrac{288.15 - 0.006\,5H}{288.15}\right]^{4.255\,88}$
$11\,000 < H \leqslant 20\,000$	$0.363\,92\mathrm{e}^{1.73 - 0.000\,157H}$
$20\,000 < H \leqslant 32\,000$	$1.255\,05(0.978\,261 + H/201\,022.6)^{-35.163\,19}$
$32\,000 < H \leqslant 47\,000$	$1.255\,05(0.857\,003 + H/57\,947.8)^{-13.201\,14}$
$47\,000 < H \leqslant 51\,000$	$0.001\,462\,547\,416\,5\mathrm{e}^{(H-47\,000)/(-7\,922.46)}$
$51\,000 < H \leqslant 71\,000$	$1.255\,05(0.798\,99 - H/184\,811.6)^{11.201\,14}$

其中,ρ 为大气密度,单位为 kg/m^3;H 为几何高度,单位为 m。

在海平面处大气密度 $\rho_0 = 1.225$ kg/m^3,在 12 km 处大致为地面的 30%,在 20 km 高度附近的大气密度约为地面的 7%。随着高度上升,大气密度继续下降,30 km 高度的大气密度约为地面的 1.5%,此时,空气的瞬间扰动对飞行器影响不大,且空气的对流与热传导作用都较弱。更高的中间层的空气更加稀薄,其空气质量约只占整个大气层质量的 1/3 000。在 80 km 高度上,空气密度只有地面的五万分之一;而在 100 km 高度上,空气密度仅为地面的一千万分之八。图 1.6 给出了大气密度随高度变化的示意图。

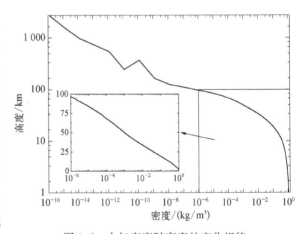

图 1.6　大气密度随高度的变化规律

(3) 压力特性

根据前面的标准大气的数学模型以及温度随高度的变化规律,可以得到高度在 71 km 以内的大气压力变化规律,如表 1.3 所示。海平面的大气压力的标准值为 $p_0 = 101\,325$ Pa。在 20 km 高度附近的大气压力约为地面的 5.3%,随着高度上升,大气压力下降,30 km 高度的大气压力约为地面的 1.1%。

大气压力不仅与高度有关,而且还随着纬度、季节及太阳活动情况的变化而有所不同。图 1.7 给出了大气压力随高度变化的示意图。

表 1.3　大气压力随高度的变化规律

H/m	p/Pa
$0 \leqslant H \leqslant 11\ 000$	$101\ 325\left[\dfrac{288.15 - 0.006\ 5H}{288.15}\right]^{5.255\ 88}$
$11\ 000 < H \leqslant 20\ 000$	$22\ 631.8\mathrm{e}^{1.73 - 0.000\ 157H}$
$20\ 000 < H \leqslant 32\ 000$	$101\ 325(0.988\ 626 + H/198\ 915)^{-34.163\ 19}$
$32\ 000 < H \leqslant 47\ 000$	$101\ 325(0.898\ 309 + H/55\ 283.6)^{-12.201\ 14}$
$47\ 000 < H \leqslant 51\ 000$	$110.906\ 292\mathrm{e}^{(H - 47\ 000)/(-7\ 922.46)}$
$51\ 000 < H \leqslant 71\ 000$	$101\ 325(0.838\ 263 - H/176\ 152.77)^{12.201\ 14}$

其中,p 为大气压力,单位为 Pa;H 为几何高度,单位为 m。

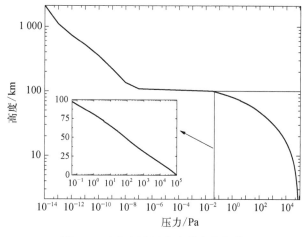

图 1.7　大气压力随高度的变化规律

1.2　航空宇航推进方式分类

　　如果把飞行器看成各个系统集成起来的产物,推进系统则是有动力飞行器的动力源,称为飞行器的"心脏",其最主要的作用是为飞行器提供推力。活塞发动机的发展为人类实现有动力飞行创造了条件。1903 年 12 月 17 日,美国莱特兄弟设计、制造并试飞了"飞行者一号"飞机,首次实现了人类的有动力飞行。此后,航空航天技术的每一次重大突破都与推进技术的革新密切相关。航空燃气涡轮发动机的出现,使得飞机能够突破声障,实现超声速飞行;火箭发动机的诞生,为航天技术的飞速发展奠定了基础,也让人类离开了地球,飞向太空和地外星球。

　　不断提升的推进系统性能对于飞行器的发展具有决定性意义。对于战斗机,航空发动机的推重比是战斗机划代的重要依据;对于运载火箭,发动机比冲影响总冲,而总冲直接决定了火箭的运载能力。目前,制约跨大气高超声速飞行器或单(两)级入轨飞行器发展的技术瓶颈也在于推进系统。

　　航空宇航推进方式的分类可以有不同的标准,按照空气是否参与工作,推进方式可以分为吸气式推进和火箭式推进;按照产生推进动力的原理不同,推进方式又可以分为直接反作用推进和间接反作用推进两类,如图1.8所示,前者利用向后喷射高速气体获得反作用力,从而为飞行器提供推力,涡轮喷气发动机(涡喷发动机)、冲压发动机、火箭发动机等都属于此类,而后者通过发动机带动飞机的螺旋桨、直升机的旋翼对空气做功,推力来源于空气对螺旋桨产生的反作用力,这类推进方式包括活塞式航空发动机、涡轮螺旋桨发动机(涡桨发动机)、涡轮轴发动机(涡轴发动机)等。涡轮风扇发动机(涡扇发动机)的推力兼有直接反作用力和间接反作用力,通常将其划分为直接反作用力发动机。

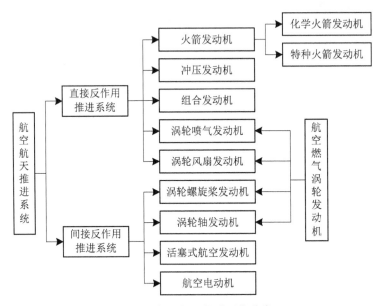

图1.8　航空航天推进系统分类

航空宇航推进技术是高度综合的现代航空航天工程技术,涉及众多基础科学和关键技术。以航空燃气涡轮发动机为例,总体循环、燃烧过程以及热端部件的冷却属于工程热物理领域的关键问题,压气机、涡轮等叶轮机械气动性能是气体动力学的重要研究内容,发动机的结构强度验证需要固体与结构力学的相关理论,燃油附件与支点系统离不开机构设计的相关理论,零部件的加工、装配属于机械制造的研究范畴,航空发动机性能的提升与材料学科的发展密切相关。此外,发动机的控制系统设计与制造又离不开电子、自动控制等相关学科的专业知识。上述划分不是独立的,而是相互交叉和高度融合的,因此,力学、工程热物理、机械、材料、控制等基础学科的发展支撑了航空宇航推进技术的进步,同时推进技术的不断进步又催生了航空宇航推进理论与工程学科的产生与完善。目前,航空宇航推进理论与工程已成为一个重要的二级学科,隶属于航空宇航科学与技术。

1.3　飞行弹道与飞行轨道概述

≫ 1.3.1　飞行弹道

狭义来讲,飞行弹道是指弹道导弹等高速飞行器的质心在空间的运行轨迹。基于弹道分析可以确定飞行器的主要性能指标,因此,在高速飞行器设计初期就需要进行弹道的设计与分析研究,并初步确定弹道特性。飞行弹道按照坐标系的选取不同,可以分为绝对弹道和相对弹道两类;按照制导的方式不同,又可以分为自主弹道和导引弹道两类。

高速飞行器的弹道通常分为三个阶段:主动段、自由段、再入段。常规弹道(图1.9)主要有以下缺点:一是射程短;二是再入段驻点热流峰值和压力峰值极高,均超过一般材料的防护极限,需要特殊考虑。20世纪,人们提出了一种新型的飞行弹道——"助推-滑翔"弹道,这种弹道主要研究的是自由段末段和滑翔段,通过空气动力改变飞行弹道。按照轨迹形式不同可分为两类(图1.10):平坦滑翔弹道(钱学森弹道)、跳跃滑翔弹道〔桑格尔(Sanger)弹道〕。

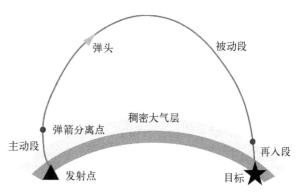

图1.9　常规飞行弹道示意图

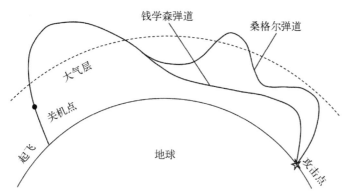

图1.10　两种"助推-滑翔"弹道示意图

1. 钱学森弹道

钱学森弹道是由我国科学家钱学森于20世纪40年代末提出的一种"助推-滑翔"弹道。基本原理是飞行器在临近空间进行增程滑翔,利用由真空进入稠密大气产生的反压维持合适的气动力矩,实现远距离滑翔。

2. 桑格尔弹道

桑格尔弹道与钱学森弹道的主动段和自由段前段相同,主要区别在于,通过改变飞行器进入"临近空间"的姿态、速度和时机,或采用升力体结构的飞行器外形,使飞行器的升阻比提高,从而实现"跳跃滑翔弹道"。这个过程可以形象地理解为"用石头打水漂"。

登月飞船和深空飞行器的返回舱,大多利用桑格尔弹道在大气上层"打水漂",来快速降低自身速度。我国的"嫦娥五号"探测器就采用桑格尔弹道进行回收。

1.3.2 飞行轨道

航天器在空间航行的轨迹称为飞行轨道。在航天器由运载火箭发射升空完成预定任务并返回的整个过程中,其飞行轨道通常包括发射轨道、运行轨道和返回轨道三部分。航天器在太空的运行理论上与自然天体类似,可采用天体力学的方法进行研究。

1. 开普勒三定律

根据丹麦天文学家第古·布拉赫(Tycho Brache)的多年观测资料,德国天文学家开普勒通过大量的理论计算与归纳总结,在 1609~1619 年,先后提出了著名的开普勒三定律,描述了行星运动所遵循的规律,如图 1.11 所示。

第一定律(椭圆定律):所有行星绕太阳的轨道都是椭圆,太阳位于椭圆的一个焦点上。

第二定律(面积定律):行星和太阳的连线在相同时间间隔内扫过相等的面积。

第三定律(调和定律):所有行星绕太阳的公转周期的平方与它们轨道半长轴的立方成比例。

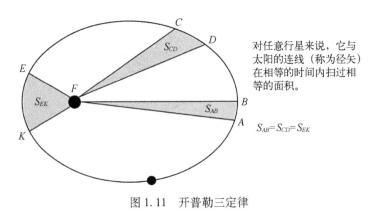

图 1.11 开普勒三定律

卫星绕地球的运动规律同样满足开普勒三定律,将卫星看作行星,将地球比作太阳,则卫星的运行满足以下规律:

① 卫星的运行轨道是椭圆,地球位于椭圆的一个焦点上,卫星的轨道一定通过赤道,轨道面通过地心。

② 卫星与地球连线在相同时间间隔内扫过的面积相等。

③ 卫星运行的周期只与轨道半长轴相关,无论轨道形状如何,只要半长轴相等,则卫星运行周期相等。

2. 卫星轨道

卫星轨道是指卫星从星箭分离开始到卫星返回地球前的运行轨迹。轨道参数主要取决于星箭分离点的位置和速度。根据任务背景不同,卫星轨道也不尽相同。

1)圆轨道和椭圆轨道

不同的轨道高度有不同的圆轨道速度要求,当入轨速度的大小等于圆轨道速度且方向与当地水平线平行时,就形成圆轨道,入轨速度大小和方向只要有一个条件不满足,就形成椭圆轨道。实际运行的卫星轨道没有一条是偏心率刚好为零的圆轨道,为了设计和计算方便,通常把偏心率小于0.1的轨道近似看作圆轨道,除此之外都是椭圆轨道。

2)顺行轨道和逆行轨道

轨道的顺行和逆行是根据卫星运行方向确定的,从北极来看,当卫星的飞行方向与地球自转方向相同时,该轨道就是顺行轨道,反之则是逆行轨道。从运载火箭的发射方向来看,朝东北或东南方向发射的卫星将形成顺行轨道;朝西北或西南方向发射的卫星形成逆行轨道。

3)地球同步轨道

运行周期与地球自转周期相同的顺行轨道就是地球同步轨道,从地面上看,地球同步轨道上的卫星是静止不动的,所以又称为地球静止轨道,在静止轨道上运行的卫星称为静止卫星,静止轨道距离地面35 786 km。一颗静止卫星可以覆盖地球表面40%的面积,因此,理论上三颗静止卫星就能覆盖全球(不含两极)。

4)太阳同步轨道

卫星的轨道面在空间是绕地球自转轴转动的,当转动的角速度(大小和方向)和地球公转的平均角速度一致时,该轨道就是太阳同步轨道。太阳同步轨道是逆行轨道,运载火箭需朝着西北或西南方向发射。运行在太阳同步轨道上的卫星,以相同方向经过同一纬度的当地时间相同。

5)极轨道

轨道倾角在90°附近的轨道称为极轨道,运行在极轨道上的卫星每个运行周期都经过南北两极。气象卫星、导航卫星、地球资源卫星常采用此类轨道。

6)回归轨道

卫星在轨道上运行时,投影到地球的点称为星下点。由于卫星的运动和地球的自转,星下点的位置在地面不断变化,形成星下点轨迹。星下点轨迹周期性重复的轨道就称为回归轨道。

3. 航天器入轨

航天器由运载火箭携带从地面发射升空,到达指定高度后与火箭分离,进入预定轨道。航天器进入轨道的初始位置称为入轨点,入轨点的参数决定了航天器的轨道参数。运载火箭的发射轨道要能够满足入轨点的运动状态,并将航天器送入预定轨道。根据入轨情况的不同,运载火箭的发射弹道分为三种类型:直接入轨、滑行入轨和过渡入轨。

1)直接入轨

运载火箭从地面起飞后,发动机逐级连续工作,工作结束以后,运载火箭的角度和速度都已达到入轨要求,因而可以直接将航天器送入目标轨道,这就是直接入轨,如图1.12(a)所示。这种入轨方式适合发射低轨道航天器。

2)滑行入轨

运载火箭从地面起飞,首先进入加速段,发动机消耗飞行所需的大部分能量后关机,火箭进入自由飞行段,依靠惯性在地球引力作用下自由飞行,到达与目标轨道相切的位置时,发动机再一次点火,使火箭加速到入轨要求的速度,并将航天器送入预定轨道,以上就是滑行入轨的飞行程序,如图1.12(b)所示,发射轨道由两个动力段和一个自由飞行段组成,适用于发射中、高轨道航天器。

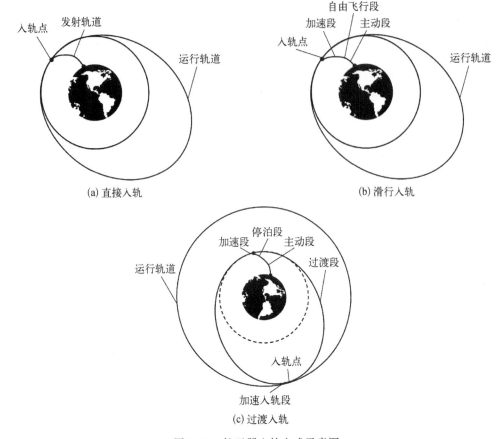

图 1.12　航天器入轨方式示意图

3）过渡入轨

过渡入轨方式的火箭发射轨道包括主动段、停泊段、加速段、过渡段和加速入轨段几个部分,如图 1.12(c)所示。发射地球静止卫星和环月探测器可采用这种入轨方式。

4. 轨道机动

与自然天体不同,航天器可以按照人们的要求从一已知轨道变到另一要求轨道,称为轨道机动。轨道机动要求航天器具有动力装置,通常采用能够多次点火启动的火箭发动机。轨道机动包括轨道改变、轨道转移、轨道交会、轨道返回、轨道保持与修正等多个方面。

1）轨道改变

当原始轨道与目标轨道相交或相切时,在交点(切点)施加一次冲量,即可实现航天器由原始轨道转移到目标轨道,这就是轨道改变。卫星的原始轨道往往是星箭分离时的轨道,与目标轨道可能不在同一平面内,这就需要改变轨道倾角,如图 1.13(a)所示,通过给航天器一个推力冲量改变速度矢量的方向,即可实现。轨道改变需要改变速度,在远地点进行轨道机动比较节省燃料。

2）轨道转移

当原始轨道与目标轨道不相交也不相切时,则至少需要施加两次推力冲量才能使航天器转移到目标轨道,这就是轨道转移。连接原始轨道与目标轨道的中间轨道称为过渡轨道或转

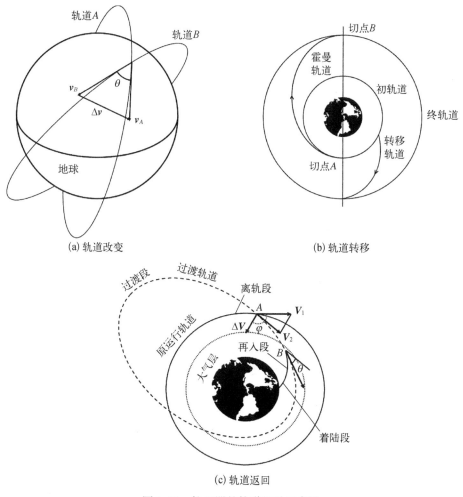

(a) 轨道改变　　　　　　　　　　　　(b) 轨道转移

(c) 轨道返回

图 1.13　航天器的轨道机动示意图

移轨道。同步地球卫星、月球或行星探测器的发射都要用到轨道转移。两个不同高度的同心圆轨道之间的转移采用霍曼转移最经济,相应的转移轨道称为霍曼轨道,如图 1.13(b)所示。

3）轨道交会

两个航天器经过多次轨道改变或转移,在同一时间以相同的速度到达同一地点,称为航天器的轨道交会。轨道交会的目的是使两个航天器在结构上连接在一起,实现在轨对接。飞船与空间站、航天飞机与空间站、航天飞机回收卫星等场合往往用到轨道交会。

4）轨道返回

航天器从原运行轨道返回地球的过程中必然经过返回轨道。航天器返回时,首先需要动力装置提供一个冲量,使其摆脱原始轨道,转入朝向大气层的轨道,这就是返回轨道,如图 1.13(c)所示,返回轨道由四部分组成:离轨段、过渡段、再入段、着陆段。

5）轨道保持与修正

为了克服某些摄动力的影响和弥补运载火箭的入轨误差,提高轨道精度,使轨道参数限制在设计规定的范围内而进行的轨道机动称为轨道保持与修正。例如,地球同步轨道的精度要求比较高,稍有偏差卫星就将偏离静止位置,因而要求卫星必须具备轨道修正能力。

全球卫星定位系统(GPS)是由 24 颗均匀分布在 6 条轨道上的导航卫星组成的,必须保证不同轨道之间的间距以及同一轨道上相邻卫星之间的距离始终满足一定的要求才能完成定位要求,这就需要轨道保持与修正来保证。

1.4　航空宇航推进的历史进程

1.4.1　国内外重要事件时间表

表 1.4 为航空宇航推进的历史进程中国内外重要事件时间表。

表 1.4　重要事件时间表

时　间	事　件
公元 7 世纪	黑火药在中国诞生
公元 16 世纪	中国人发明了"火龙出水",这是二级火箭的雏形
1903 年	美国莱特兄弟试飞成功"飞行者一号",标志着人类首次实现了有动力飞行
1913 年	法国工程师雷恩·洛兰获得冲压发动机专利
1926 年	戈达德研制成功世界第一枚液体火箭
1930 年	英国人 Frank Whittle 获得喷气发动机专利
1936 年	德国人 Hans von Ohain 获得喷气发动机专利
1942 年	世界上第一架实用的涡轮喷气战斗机 Me－262A 成功首飞
1942 年	世界上第一枚弹道导弹 V－2 试射成功
1947 年	美国 C. E. Yeager 驾驶 X－1 型火箭动力试验机于 10 月 14 日首次超过声速
1949 年	世界第一架以冲压发动机为动力的飞机(法国 Ledue010 试验机)于 4 月 21 日首次在空中投放试飞
1952 年	世界上第一架以涡轮喷气发动机为动力的民航客机"彗星"号投入运营
1957 年	世界上第一颗人造地球卫星由一支三级运载火箭发射升空
1969 年	美国用"土星5"运载火箭发射"阿波罗 11 号"成功;7 月 20 日,宇航员阿姆斯特朗成功踏上月球
1970 年	中国在酒泉用"长征一号"将第一颗人造地球卫星"东方红一号"成功送入太空
1977 年	美国发射了星际探测飞船"航海家 1 号"
1981 年	美国第一架航天飞机"哥伦比亚号"成功发射
1995 年	美国亚特兰蒂斯号航天飞机与俄罗斯和平号空间站第一次对接,开始了总计 9 次的航天飞机与空间站的对接,为建造国际空间站拉开序幕
2003 年	中国首次进行载人航天飞行器发射,神舟五号发射升空
2007 年	搭载着我国首颗探月卫星"嫦娥一号"的"长征三号"甲运载火箭在西昌卫星发射中心三号塔架点火发射
2013 年	采用变推力发动机的"嫦娥三号"成功实现软着陆
2015 年	SpaceX 公司发射的"猎鹰9"火箭在佛罗里达州卡纳维拉尔角成功实现第一级火箭软着陆,从而开创了火箭从太空直接垂直回收的历史
2016 年	中国"长征五号"运载火箭成功首飞

>> 1.4.2　先驱人物

在人类航空航天科技发展的历史长河中,有诸多学者、工程师贡献了毕生的精力,推动了航空航天技术的发展和人类社会的进步。在简短的一节中不可能对所有的贡献者进行全面的介绍,这里选取若干代表性人物,对他们的生平和主要贡献进行简要介绍,他们就像浩渺宇宙中的璀璨恒星,值得我们永远纪念。这些简要的材料大多源自网络,如百度百科、维基百科等,特此声明。

康斯坦丁·爱德华多维奇·齐奥尔科夫斯基(图 1.14)是苏联科学家,现代航天学和火箭理论的奠基人,被誉为“俄罗斯航天之父”、世界上最伟大的航天先驱者。1903 年,齐奥尔科夫斯基发表了世界上第一部喷气运动理论著作《利用喷气工具研究宇宙空间》,提出了液体推进剂火箭的构思和原理图,并推导出在不考虑空气动力和地球引力的理想情况下,计算火箭在发动机工作期间获得速度增量的公式,为研究火箭和液体火箭发动机奠定了理论基础。他在研究喷气飞行原理方面卓有建树:提出了燃气涡轮发动机方案,解决了航天器在行星表面着陆的理论问题,研究大气层对火箭飞行的影响,首次探讨从火箭到人造地球卫星的诸问题。齐奥尔科夫斯基一生撰写了 730 多篇论著。今天,在航天界仍然流行着一句名言,这是齐奥尔科夫斯基在给《航空评论》杂志的信中写下的:“地球是人类的摇篮,但人类不可能永远被束缚在摇篮里。”

弗兰克·惠特尔(图 1.15)是英国航空学工程师,现代喷气式飞机发动机的先驱。1928年,惠特尔首次发表关于燃气涡轮和喷气反作用飞机的论文,提出喷气热力学的基本公式。1930 年,惠特尔取得涡轮喷气发动机设计的专利。1937 年 4 月 12 日,惠特尔研制的单转子涡轮喷气发动机首次运转成功。1941 年 5 月,格罗斯特公司研制的 E-28/39 飞机安装了惠特尔设计的 W-1 发动机,实现成功试飞。1948 年,英国政府公开承认了惠特尔的贡献,授予他勋章和奖金,并封他为爵士,晋升准将。

图 1.14　康斯坦丁·爱德华多维奇·齐奥尔科夫斯基
（1857~1935 年）

图 1.15　弗兰克·惠特尔
（1907~1996 年）

汉斯·冯·奥海因(图 1.16)是德国机械工程师,涡轮喷气发动机创造者。20 世纪 30 年代初,奥海因在德国哥廷根大学学习应用物理和空气动力学,并开始研究涡轮喷气发动机。1936 年,奥海因进入亨克尔的飞机工厂,着手研究制造第一台以氢气为燃料的涡轮喷气发动机 Hes-1。1937 年 3 月,Hes-2 型涡轮喷气发动机试验成功,同年,奥海因的团队开始研制以汽油为燃料的燃烧室,次年取得成功。1939 年春,奥海因制成实用型涡轮喷气发动机 Hes-3B,推力为 4.54 kN。同年,他又与亨克尔公司合作研制成世界上第一架使用涡轮喷气发动机推进的喷气飞机 He-178。由于在喷气发动机方面的突出成就,奥海因获得了诸多荣誉。1966 年,奥海因获得美国航空航天学会戈达德奖;1992 年,他与惠特尔共同获得美国工程科学院德拉佩奖;德国也为奥海因颁发了诸多奖项,如德国工程师协会狄塞尔纪念奖、德意志博物馆荣誉奖、德国航空航天协会普朗特奖等。

　　谢尔盖·帕夫洛维奇·科罗廖夫(图 1.17)是苏联宇航事业的伟大设计师与组织者,第一枚射程超过 8 000 km 的洲际火箭(弹道导弹)的设计者,第一颗人造地球卫星运载火箭的设计者、第一艘载人航天飞船的总设计师。1924 年,科罗廖夫进入基辅工学院航空动力系学习,1929 年,他在卡卢加见到航天之父齐奥尔科夫斯基后,研究兴趣由飞机制造转向了航天火箭。苏联的宇航事业与科罗廖夫密不可分。作为航天局副局长、主任设计师和发射总指挥,科罗廖夫为苏联航天事业创造了太多的世界第一,除了上面几项,还有第一个月球探测器、第一个金星探测器、第一个火星探测器、第一次太空行走、第一名女宇航员上天等。但在相当长的时间里,他的名字却鲜为人知。《走向未来》是科罗廖夫生前发表的最后一篇文章。文章的结尾有一句话意味深长:"人类的思维永无止境",科罗廖夫作为应用宇宙航行学奠基人,他把自己的名字写入了人类进步的史册。

图 1.16　汉斯·冯·奥海因
(1911~1998 年)

图 1.17　谢尔盖·帕夫洛维奇·科
罗廖夫(1907~1966 年)

　　韦纳·冯·布劳恩(图 1.18)1912 年生于德国维尔西茨,随后举家迁居柏林。1932 年春,冯·布劳恩获得夏洛滕堡工学院航空工程学士学位,两年后,年仅 22 岁的他又获得柏林大学物理学博士学位,随后成为德国著名的火箭专家。在第二次世界大战期间,他对 V-1 和 V-2 火箭的诞生起了关键性作用。1955 年,布劳恩及其科研同事加入美国国籍,继续在美国从事火箭、导弹和航天研究,曾获得一系列勋章、奖章和荣誉头衔。1969 年,他领导研制的"土星

5"号运载火箭,将第一艘载人登月飞船"阿波罗 11 号"送上了月球。1981 年 4 月首次试飞成功的航天飞机,也是布劳恩的杰作。因此,他被誉为"现代航天之父"。

钱学森(图 1.19),浙江省杭州市人,我国著名空气动力学家,中国科学院和中国工程院院士,中国航天事业的奠基人。钱学森 1934 年毕业于上海交通大学,毕业后考取清华大学留美公费生。1936 年获得美国麻省理工学院硕士学位,随后进入加州理工学院,师从西尔多·冯·卡门(Theodore von Kármán)攻读博士学位,1939 年获得加州理工学院博士学位。因对空气动力学的研究做出重大贡献位列美国陆军航空兵上校,1949 年成为加州理工学院教授,并出任加州理工学院喷气推进实验室主任,领导美国太空火箭的研究,1955 年 10 月回国。从1956 年起,钱学森开始在我国建设火箭导弹研制机构,并任该机构(国防部第五研究院)院长,指导计划协调技术。1958 年开始研制航天运载火箭,1960 年"东风一号"近程地地弹道导弹发射成功,1965 年开始实施人造卫星工程,1970 年第一颗人造卫星"东方红一号"发射成功。他为建设中国火箭弹道和航天事业做出了极大贡献,1991 年被国务院和中共中央军委授予"国家杰出贡献科学家"的称号和一级英模奖章。1999 年 9 月,与钱三强、邓稼先等 23 人荣获"两弹一星"功勋奖章。

图 1.18　韦纳·冯·布劳恩(1912～1977 年)

图 1.19　钱学森(1911～2009 年)

吴仲华(图 1.20),中国工程热物理学家,中国科学院院士。1940 年毕业于国立西南联合大学后留校任教。1947 年在美国麻省理工学院获博士学位。1970 年,在美国宇航局举办的国际会议上,首次有人在论文《吴氏方程的计算机解》中提出"吴氏方程"的说法;随后,在挪威和比利时相继召开的先进压气机国际会议上,与会科学家把吴仲华创立的"叶轮机械三元流动理论"更明确地定名为"吴氏通用理论",理论中的基本方程则称为"吴氏方程"。除了创立叶轮机械三元流动理论,吴仲华还创立了工程热物理学科,研究发展燃气轮机及联合循环,并参与国家能源动力战略研究与中国科学院决策,倡导总能系统与能源战略构思。

图 1.20　吴仲华(1917～1992 年)

第2章 航空宇航推进系统性能描述

推进系统是有动力飞行器的"心脏",其性能直接决定飞行器的工作性能。航空宇航推进技术是高度综合的现代技术,涉及多个基础学科和技术领域。描述推进系统的性能是本章的主要任务。

推进系统最主要的作用就是为飞行器提供推力。由于工作原理的不同,吸气式推进系统和火箭式推进系统具有不同的评价指标。本章分为4节,分别介绍了推力的概念及推力方程的推导、推进系统性能指标、飞行方程与飞行模式、飞行器的质量系统。

2.1 推力的概念及推力方程的推导

推进系统产生推力(对于采用涡轮螺旋桨发动机的飞行器则是拉力,对于垂直/短距起降飞行器则是升力)使得飞行器能够克服阻力并且按照一定的任务需求(加减速、机动等)飞行,这正是推进系统作为飞行器动力源的意义所在。常见的火箭发动机、冲压发动机、涡喷/涡扇/涡桨发动机等都是喷气式推进方式,根据牛顿第三定律,其推力来源于高速喷气气流对发动机本体的反作用力。

通常,喷气推进系统(直接反作用推进系统)既是热机,完成将燃料化学能转化为工质循环有效功、再进一步转化为工质动能的过程;又是推进器,工质高速喷出直接产生推力推动飞行器,完成推进功。间接反作用推进系统则不直接产生推力,而是对外输出机械功,如涡轴发动机,输出轴功带动旋翼高速旋转,从而产生直升机所需升力和推力。

2.1.1 推力的基本概念

推力是一种力,对其进行讨论可以从发动机的受力分析开始。为此,以喷气发动机(火箭发动机)为例,把它们抽象简化为如图2.1所示的模型。它包括发动机的壳体以及壳体内部的工质,工质由高温高压燃烧过程产生。简化的壳体包括燃烧室和尾喷管。

首先,确定合适的分析对象,也就是力学分析中学到的"隔离体"概念。按照解除系统中的约束关系、选取隔离体、对隔离体进行受力分析、画示力图的步骤,有了完整的示力图就可以进行力系的简化和求解。对于如图2.1所示的发动机抽象模型,可以作为受力分析的物理模型(即隔离体)有三种可能性,即发动机壳体、发动机内部的工质、发动机整体(壳体和工质),三种隔离体的示力图如图2.2所示。

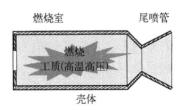

图 2.1 喷气发动机抽象简化模型

对发动机而言,推力的定义可表述为喷出去的工质对发动机的反作用力以及外表面压力的合力。进一步,推力的方向是飞行器前进的方向。下面将推导推力方程,给出推力的表达式。注意,这里假设空气为理想无黏的流体;发动机抽象简化模型具有对称性。

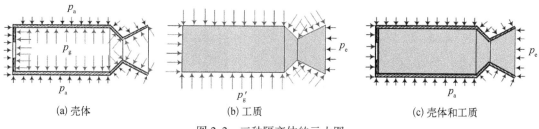

（a）壳体　　　　　　　　　（b）工质　　　　　　　　（c）壳体和工质

图 2.2　三种隔离体的示力图

p_a 为大气压力, p_e 为尾流压力, p_g 为工质压力, p'_g 为内壁压力

2.1.2　推力方程的推导

如图 2.2 所示的三种可能的隔离体中,选择第三种(即发动机壳体和工质构成的整体)作为研究对象。选择另外两种隔离体时,读者仍然可以获得与本书一致的推力方程,请自行推导完成。

下面针对如图 2.3 所示的喷气式推进系统物理模型,通过"壳体和工质"的动力学分析建立推力方程。为此,这里要明确物理量含义及用到的假设条件。

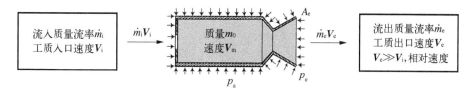

图 2.3　喷气式推进系统物理模型

在某一时刻发动机的质量为 m_0,飞行速度为 V_m;发动机的推进剂(燃料或者空气)以速度 V_i 进入发动机,其质量流率为 $\dot{m}_i$;燃烧产生的工质,以速度 V_e、质量流率 $\dot{m}_e$ 流出发动机。注意,这里工质的速度 V_i 和 V_e 是相对于发动机壳体的速度。假设 $V_e \gg V_i$,即后文分析时可以忽略 V_i。那么,这里可以把发动机、流入发动机的质量微元、流出发动机的质量微元作为质点系来考虑。此时,发动机壳体受到了大气的压力 p_a,尾喷管截断面受到尾气的压力 p_e,尾喷管截面积为 A_e。已经假设发动机是对称结构,外表面压力的合力可表示为

$$\boldsymbol{F}_r = (\boldsymbol{p}_e - \boldsymbol{p}_a)A_e \tag{2.1}$$

需要注意的是,还假设大气是无黏流体,即下文的推导过程没有考虑发动机壳体外表面受到的摩擦阻力。当考虑发动机的实际工作(安装)时,必然要涉及由摩擦产生的阻力以及由非对称等因素产生的型式阻力。

由质点系动量定理可知,作用于质点系的合外力等于质点系动量随时间的变化率。选取一个无限小的时段 dt 来分析,如图 2.4 所示,在该时段内有 dm_i 的流体以速度 V_i 流入系统,有 dm_e 的流体以速度 V_e 流出。可见,若选用图中虚线所框的系统为研究对象,即为变质量系统(开放质点系),无法直接使用质点系动量定理,但如果把同一时间段 dt 内流入、流出的质量微元也包括进去,如图 2.4 中实线框所示,则开放质点系变为封闭质点系,可用质点系动量定理,其合外力可以写为

$$\boldsymbol{F}_r = \frac{\mathrm{d}\left[\sum_k (m_k \boldsymbol{V}_k)\right]}{\mathrm{d}t} \tag{2.2}$$

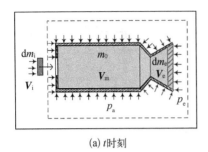
(a) t时刻

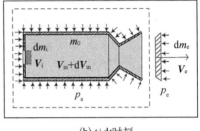
(b) $t+\mathrm{d}t$时刻

图 2.4 两种吸气式推进系统的质点系模型

展开各项,即

$$m_0 V_m + (\mathrm{d}m_i)(V_i + V_m) + F_r \mathrm{d}t = (m_0 + \mathrm{d}m_i - \mathrm{d}m_e)(V_m + \mathrm{d}V_m) + (\mathrm{d}m_e)(V_e + V_m)$$

$$(2.3)$$

其中,左边前两项为 t 时刻质点系的动量;左边第三项为合外力的冲量;右边为 $t+\mathrm{d}t$ 时刻质点系的动量。

对于当前的分析系统,合外力(仅有表面的压力合力)为

$$F_r = (p_e - p_a)A_e$$

$$(2.4)$$

根据定义,推力 F 还可表示为

$$F = m_0 \frac{\mathrm{d}V_m}{\mathrm{d}t}$$

$$(2.5)$$

将式(2.4)、式(2.5)代入质点系动量定理表达式(2.3),忽略二阶小量(如 $\mathrm{d}m\mathrm{d}V$ 等),并沿发动机飞行方向投影,即可得到标量形式的推力方程,为

$$F = (\dot{m}_e V_e - \dot{m}_i V_i) + (p_e - p_a)A_e$$

$$(2.6)$$

其中,右边第一项通常称为动量推力(也称动推力);第二项通常称为静压推力(也称压差推力或静推力)。

事实上,虽然分析过程使用了一些假设条件,但是推力方程(2.6)具有一般性,其适用于多种类型发动机推力的描述。当然,根据不同发动机的工作条件,方程的形式会有所不同。

2.1.3 常见推进方式的推力计算

1. 涡喷发动机推力

涡喷发动机是典型的吸气式推进方式,假定进气道入口空气流量为 $\dot{m}_a$,进气速度大小为 V_a,燃料的质量流量为 $\dot{m}_f$,燃料喷注速度的轴向分量大小为 V_f,喷管排气的速度大小为 V_e,排气的质量流量为 $\dot{m}_e = \dot{m}_a + \dot{m}_f$,则其推力计算公式可表示为

$$F = (\dot{m}_e V_e - \dot{m}_a V_a - \dot{m}_f V_f) + (p_e - p_a)A_e$$

$$(2.7)$$

由于 $\dot{m}_f \ll \dot{m}_a$,因此,式(2.7)可简化为

$$F = \dot{m}_a(V_e - V_a) + (p_e - p_a)A_e$$

$$(2.8)$$

2. 涡扇发动机推力

对于涡扇发动机,进入发动机的空气经风扇压缩后分为两部分,一部分进入核心机继续被压缩并参与燃烧反应,称为核心流,另一部分经风扇压缩后直接进入风扇喷管,称为风扇流,风扇流的空气流量与核心流的空气流量之比称为涡扇发动机的涵道比,记为 B。两路气流在排出发动机前进行混合的,称为混合排气涡扇发动机,此种类型的涡扇发动机推力计算公式与涡喷发动机在形式上相同;两路气流在发动机内不混合、分别排出的,称为分别排气涡扇发动机。

涡扇发动机的推力计算公式如下:

$$F = \dot{m}_c V_c + B \dot{m}_c V_b - (1 + B) \dot{m}_c V_a + (p_{ce} - p_a) A_{ce} + (p_{be} - p_a) A_{be} \qquad (2.9)$$

其中,$\dot{m}_c$、V_c、p_{ce} 分别表示核心机出口工质质量流量、速度和压力;V_b、p_{be} 分别表示外涵道出口工质的速度和压力。

3. 涡桨发动机推力

涡桨发动机的基本结构示意图如图 2.5 所示,其推力由两部分组成,一部分由发动机排气生成,一部分由螺旋桨产生。对于由发动机排气产生的推力,可直接套用涡喷发动机的推力计算公式,即

$$F_{core} = (\dot{m}_e V_e - \dot{m}_i V_i) + (p_e - p_a) A_e \qquad (2.10)$$

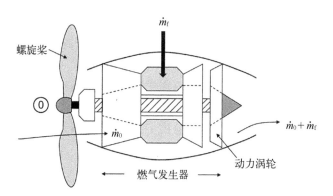

图 2.5　涡桨发动机基本结构示意图

而螺旋桨产生的推力可以通过发动机传递到螺旋桨上的功率求得,而螺旋桨的功率来自动力涡轮,由两者功率平衡,即 $L_{prop} = L_{LPT}$,可得螺旋桨产生的推力大小为

$$F_{prop} = \frac{\eta_{prop} \eta_{gb} \eta_{mLPT} L_{LPT}}{V_0} \qquad (2.11)$$

综上,可以得到涡桨发动机推力的计算公式为

$$F = F_{core} + F_{prop} = (\dot{m}_e V_e - \dot{m}_i V_i) + (p_e - p_a) A_e + \frac{\eta_{prop} \eta_{gb} \eta_{mLPT} L_{LPT}}{V_0} \qquad (2.12)$$

4. 冲压发动机推力

冲压发动机是结构最为简单的吸气式推进方式,假定进气质量流量为 $\dot{m}_a$,速度大小为 V_a,燃料喷注的质量流量为 $\dot{m}_f$,轴向分速度大小为 V_f,排气的质量流量为 $\dot{m}_e = \dot{m}_a + \dot{m}_f$,排气速度大小为 V_e,则其推力计算公式为

$$F = (\dot{m}_e V_e - \dot{m}_a V_a - \dot{m}_f V_f) + (p_e - p_a)A_e \qquad (2.13)$$

可见,冲压发动机在形式上与涡喷发动机一致,同时考虑到 $\dot{m}_f \ll \dot{m}_a$,式(2.13)也可简化为

$$F = \dot{m}_a(V_e - V_a) + (p_e - p_a)A_e \qquad (2.14)$$

5. 火箭发动机推力

与吸气式发动机不同,火箭发动机正常工作时,没有外界流体进入发动机,发动机的工质全部来自飞行器,式(2.6)给出的推力公式同样适用于火箭发动机。考虑到推进剂的喷注速度远小于发动机的排气速度,即 $V_i \ll V_e$,因此,其推力计算公式可简化为

$$F = \dot{m}V_e + (p_e - p_a)A_e \qquad (2.15)$$

》》 2.1.4　推力的进一步讨论

1. 火箭发动机变推力

变推力又称为推力调节,变推力火箭发动机在航天领域具有重要的应用背景,例如,探测器或者人登陆月球等。

推力公式表明,推进剂流量变化决定燃烧室燃烧规律,并最终决定了推力变化规律。如果能够成功地调节进入燃烧室的工质流量,那么可以获得推力的调节。这里介绍一种针栓发动机,这种发动机中用针栓机构的运动实现调整推力,示意图如图2.6所示。

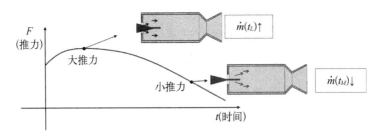

图2.6　变推力发动机原理示意图

在要求大推力水平时,通过调节针栓增大发动机头部工质的流通面积,增大了工质流量,获得了大推力;在要求小推力水平时,通过调节针栓减小工质进入发动机的流通面积,减小工质流量,从而减小推力。虽然这个原理比较简单,但是需要深入、仔细研究推进剂流量与燃烧过程及推力变化规律。

我国"嫦娥三号"登月探测器使用的7 500 N变推力发动机就是采用针栓机构实现推力调

节的,在悬停落月时提供 1 500 N 小推力,在减速制动时提供 7 500 N 大推力,成功实现了任务需要的 5∶1 的大变推力比。

2. 发动机的安装推力

发动机的推力有安装推力和未安装推力之分,顾名思义,前者是通过发动机传输到飞行器上的实际推力,后者指在没有外流损失的情况下发动机产生的推力,本节的讨论主要针对吸气式推进方式。

如要计算安装推力,需要从总推力中减去安装损失,如安装发动机的短舱的蒙皮摩擦损失、发动机侧的压力损失等。在之前的推导中,由于采用了无黏流体假设和对称结构而忽略了这两部分的力损失。

建立如图 2.7 所示的吸气式发动机控制体,a 截面为发动机吸入空气流管入口,a—i 代表发动机吸入空气流管,i—e 代表发动机机体段,e 截面为尾喷管出口截面。这样,入口流管和发动机内流道所受的轴向合力 F_{in} 可表示为

$$F_{\mathrm{in}} = \dot{m}_e V_e + p_e A_e - (\dot{m}_a V_a + p_a A_a) \tag{2.16}$$

其中,p_a 为环境压力;p_e 为发动机尾喷管出口压力;A_a 为发动机吸入空气流管入口截面积;A_e 为发动机尾喷管出口截面积;V_a 为空气流管入口速度;V_e 为发动机尾喷管出口速度。

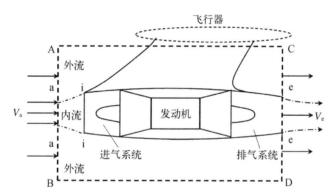

图 2.7　用于安装推力计算的吸气式发动机控制体示意图

下面考虑由摩擦和结构的非对称造成的外表面的合外力(仅考虑轴向分量,其对发动机安装推力有影响),用 F_{out} 表示,则对于如图 2.7 所示的发动机模型,F_{out} 可表示为如下形式:

$$F_{\mathrm{out}} = \int_a^e (p\sin\theta + \tau)\,\mathrm{d}A_{\mathrm{out}} = \int_a^i (p\sin\theta + \tau)\,\mathrm{d}A_{\mathrm{out}} \tag{2.17}$$

其中,p 为表面静压;$\mathrm{d}A_{\mathrm{out}}$ 为表面微元的面积;θ 为表面微元 $\mathrm{d}A_{\mathrm{out}}$ 的切向与发动机轴线的夹角;从而 $\sin\theta\,\mathrm{d}A_{\mathrm{out}}$ 为表面微元在轴向的投影;τ 为表面摩擦应力,在发动机吸入空气流管外表面因为没有法向速度梯度,因而 τ 恒为 0。此外,根据几何关系,有

$$A_e - A_a = \int_a^e \sin\theta\,\mathrm{d}A_{\mathrm{out}} = \int_a^i \sin\theta\,\mathrm{d}A_{\mathrm{out}} + \int_i^e \sin\theta\,\mathrm{d}A_{\mathrm{out}} \tag{2.18}$$

对于吸气式发动机,F_{out} 可以写成两部分的和,即

$$F_{\text{out}} = F_1 + F_2 = \int_a^i p_a \sin\theta \, \mathrm{d}A_{\text{out}} + \int_i^e p_a \sin\theta \, \mathrm{d}A_{\text{out}}$$
$$+ \int_a^i (p - p_a)\sin\theta \, \mathrm{d}A_{\text{out}} + \int_i^e \left[(p - p_a)\sin\theta + \tau \right] \mathrm{d}A_{\text{out}} \tag{2.19}$$

其中,

$$F_1 = \int_a^i p_a \sin\theta \, \mathrm{d}A_{\text{out}} + \int_i^e p_a \sin\theta \, \mathrm{d}A_{\text{out}} \tag{2.20a}$$

$$F_2 = \int_a^i (p - p_a)\sin\theta \, \mathrm{d}A_{\text{out}} + \int_i^e \left[(p - p_a)\sin\theta + \tau \right] \mathrm{d}A_{\text{out}} \tag{2.20b}$$

事实上,对 F_1 直接积分之后可得 $F_1 = p_a(A_e - A_a)$, F_2 则与发动机内流场有关,需根据发动机具体工作状态求解。不难看出, F_{out} 的方向与飞行器运动方向相反,通常是阻力。很明显,在前面推导的推力方程,就是 F_{in} (水平向左)与 F_1 (水平向右)的合力,即

$$F = F_{\text{in}} - F_1 = \dot{m}_e V_e + p_e A_e - (\dot{m}_a V_a + p_a A_a) - p_a(A_e - A_a)$$
$$= \dot{m}_e V_e - \dot{m}_a V_a + (p_e - p_a)A_e \tag{2.21}$$

通常将 F_2 归结为内流道阻力,其中式(2.20b)右边第一项通常称为附加阻力,用符号 D_A 表示;第二项称为外部阻力,用符号 D_C 表示,即

$$D_A = \int_0^i (p - p_a)\sin\theta \, \mathrm{d}A_{\text{out}} \tag{2.22}$$

$$D_C = \int_i^e \left[(p - p_a)\sin\theta + \tau \right] \mathrm{d}A_{\text{out}} \tag{2.23}$$

发动机的安装推力就是内流道轴向合力 F_{in} 与外表面的轴向合力 F_{out} 的代数和,即

$$F_{\text{inst}} = F_{\text{in}} - F_{\text{out}} = F - D_A - D_C \tag{2.24}$$

3. 航空发动机的加力推力

战机在起飞、加速、爬升等飞行状态下,需要发动机在短时间内大幅增大推力,以提高机动性,因此,发动机"加力"的概念应运而生。对于装备战斗机的涡喷或涡扇发动机,在涡轮与喷管之间往往设置有复燃加力燃烧室,重新喷入燃油,与燃烧室排气中剩余的氧(涡喷)或者燃烧室排气与外涵空气混合气中的氧(涡扇)燃烧,增大工质的内能,进而增大推力。加力燃烧室工作时,发动机的耗油率增加 $2\sim3$ 倍,因此,其只能短时间工作。航空发动机的加力推力就是加力燃烧室工作时发动机的推力。

2.2 推进系统性能指标

2.2.1 吸气式推进系统性能指标

1. 推力与单位迎面推力

通常所说的推力 F 一般指未安装推力,也称为毛推力,其大小和方向在 2.1 节已有具体论

述。与之相对应,还有净推力 T,又称为安装推力,由未安装推力 F 减去安装阻力得到。前面已经对安装推力进行了详细论述,其可由式(2.24)得到。在工程实践中,安装阻力也常用安装阻力系数 ϕ_e 表示,即 $D_e = \phi_e F$。此时净推力可按照式(2.25)求解:

$$T = F_{\text{inst}} = F - D_e = (1 - \phi_e)F \tag{2.25}$$

对于吸气式发动机,在不同工作状态下,其推力往往在很大的范围内变化。例如,军用小涵道比带加力涡扇发动机在慢车状态的推力仅为最大状态推力的 3%~5%,接通加力之后推力可在短时间提升 60%~70%,甚至更高。发动机的工作状态由飞行任务所决定,在着陆及滑行阶段,发动机工作在慢车状态,若要长时间远距离飞行,则选取耗油率最低的巡航状态,若要快速突防或超机动飞行,则应选取推力最大的加力状态。

发动机的单位迎面推力是指推力与发动机迎风面积之比,用符号 F_a 表示,其国际单位为 N/m^2,可用式(2.26)计算:

$$F_a = \frac{F}{A_m} \tag{2.26}$$

在发动机设计时,希望获得尽可能大的单位迎面推力,即用最小的迎风面积满足推力要求。尤其是对于军用发动机,迎风面积越小,飞行器阻力越小,气动性能越好。

2. 比推力与比冲

由推力方程(2.6)可知,吸气式发动机推力大小与空气的质量流量密切相关,而空气的质量流量主要取决于发动机进气系统的尺寸。发动机的尺寸往往是可以缩放的,为了能够评价发动机循环性能的优劣,引入单位推力的概念。

单位推力,又称为比推力,它是推力与空气质量流量的比值,用符号 F_s 表示。单位推力可由式(2.27)计算,若采用国际单位制,其单位为 $\text{N} \cdot \text{s/kg}$。在发动机循环性能设计的初期,首先要确定循环参数,对于军用发动机,往往希望选取的循环参数可使比推力达到最大,即用最小的流量条件满足推力需求,从而可减小进气截面积,进而减小飞行阻力;然而,对于民用发动机,由于亚声速巡航时发动机进气截面所产生的阻力远小于超声速飞行,因此,对于大型民航客机,发动机的设计更关注如何减小耗油率,比推力仅是一个次要的性能指标。将比推力除以参考速度,则得到无量纲比推力,如式(2.28)所示,这对于画图和发动机的性能比较非常有用,参考速度通常取当地声速。

$$F_s = \frac{F}{\dot{m}_0} \tag{2.27}$$

$$\overline{F_s} = \frac{F}{\dot{m}_0 a_0} \tag{2.28}$$

对于吸气式发动机,比冲的定义为单位燃料量所产生的冲量,如果用质量描述燃料的量,则比冲是速度量纲,国际单位是 m/s;如果用重量描述燃料的量,则比冲是时间量纲,国际单位是 s。选用重量描述推进剂的量时比冲可由式(2.29)计算得到。在选定循环参数时,希望比冲最大化,即最小的燃料消耗满足推力需求。

$$I_{sp} = \frac{F}{\dot{m}_f g_0} \tag{2.29}$$

3. 耗油率

耗油率是发动机每产生 1 N 推力每小时所消耗的燃油量,其常用单位为 kg/(N·h),定义式如式(2.30)所示。耗油率随飞行条件和发动机的工作状态而改变,通常用发动机在标准海平面静止条件下额定或最大状态的耗油率表征发动机的经济性。随着人们对油耗特性的不懈追求,目前,民用大涵道涡扇发动机的耗油率已达到非常低的水平。例如,空客 A380 首次实现了每乘客百千米油耗不到 3 L 的远程飞机,这比一辆经济型家用汽车的油耗还低。

$$sfc = \frac{3\,600\dot{m}_f}{F} \tag{2.30}$$

耗油率是民航客机和商用运输机的重要指标,直接决定了飞机的运输成本;而对于军用发动机,由于飞行器对机动、隐身、突防等性能的要求较高,耗油率的重要性则有所削弱。军用小涵道涡扇发动机在不加力状态的耗油率一般为 0.05~0.08 kg/(N·h),而民用大涵道比涡扇发动机的耗油率一般为 0.02~0.04 kg/(N·h)。

4. 效率

发动机既是热机又是推进器,首先将燃料的化学能转化为(先转化工质的内能)工质的动能,再将工质的动能转化为飞行器的推进功率。因此,需要关注其热效率和推进效率,热效率与推进效率的乘积就是发动机的总效率。发动机的总效率与航程和续航能力密切相关。

热效率就是发动机将储存在燃料中的化学能转化为循环有效功的能力,用 η_{th} 表示,其表达式为

$$\eta_{th} = \frac{L_e}{Q_f} = \frac{(\dot{m}_e V_e^2 - \dot{m}_i V_i^2)/2}{\dot{m}_f H_f} \tag{2.31}$$

其中,L_e 为循环有效功;Q_f 为化学反应释热率。定义化学反应释能率 $Q_f = \dot{m}_f H_f$,其中,H_f 为燃料的化学反应热。

通常来讲,吸气式发动机的热效率比较低,例如,一台燃气涡轮发动机的热效率不足 50%,然而这并没有违反能量守恒定律。发动机喷管排气的温度往往很高,也就是说工质在离开发动机时携带了大量的热能,而这部分能量并没有用在飞行器上。因此,喷管排气温度越低,越有利于发动机热效率的提高。20 世纪四五十年代,涡喷发动机刚刚提出不久就被涡扇、涡桨、涡轴等推进方式所取代,其中一个重要的原因就是涡喷发动机的排气温度偏高,导致热效率偏低。涡扇、涡桨、涡轴发动机通过增加一部分涡轮使得高温高压燃气更加充分膨胀,而这部分涡轮的出功用于带动风扇、螺旋桨或直升机旋翼。在涡扇发动机中,增加的这部分涡轮指的是低压涡轮,而在涡桨、涡轴发动机中,这部分涡轮通常称为"动力涡轮"。另一种降低排气温度的思路是在高温尾气中放置热交换器,并引入燃烧室前气体参与换热,从而减少排气废热,同时提高燃烧室前气体温度进而减少投入燃料的量,这样也能提高发动机的热效率。这种方式的典型代表就是间冷回热发动机,图 2.8 给出了一种间冷回热涡扇发动机的结构示意图及热力循环示意图。

发动机的热效率存在理论极限值。根据能量守恒定律,发动机热效率不能超过 100%,然

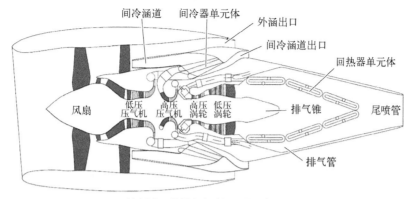

(a) 间冷回热涡扇发动机系统示意图

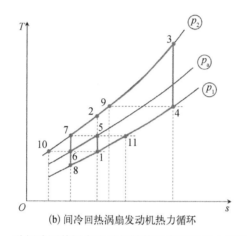

(b) 间冷回热涡扇发动机热力循环

图 2.8 一种间冷回热涡扇发动机结构示意图及热力循环示意图

而,根据工程热力学的知识,这个极限值还可更加明确。运行在两个热源之间的热机所能达到的最高热效率等于运行在这两个热源之间的卡诺(Carnot)循环的热效率,Carnot 循环的示意图如图 2.9 所示,其效率为

$$\eta_{\text{Carnot}} = 1 - \frac{T_{\text{d}}}{T_{\text{a}}} \tag{2.32}$$

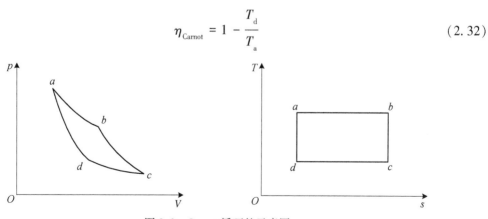

图 2.9 Carnot 循环的示意图

推进效率是工质的动能增量转化为飞行器推进功的能力,用符号 η_{p} 表示,其定义式如式(2.33)所示。对于吸气式发动机,燃料流量远小于空气流量(燃料流量约为空气流量的 2%),

因而可忽略不计,则推进效率可进一步简化为式(2.34)。由此可见,推进效率主要取决于排气速度与进气速度之比,两者的比值越小,则推进效率越高。推进效率的最大值同样不能超过100%,否则排气速度小于进气速度,根据推力公式,发动机无法产生正推力。

$$\eta_p = \frac{F V_0}{L_e} = \frac{F V_0}{(\dot{m}_e V_e^2 - \dot{m}_i V_i^2)/2} \tag{2.33}$$

$$\eta_p = \frac{2}{V_e/V_0 + 1} \tag{2.34}$$

发动机热效率与推进效率的乘积就是发动机的总效率,即

$$\eta_0 = \eta_{th}\eta_p = \frac{(\dot{m}_e V_e^2 - \dot{m}_i V_i^2)/2}{\dot{m}_f H_f} \frac{F V_0}{(\dot{m}_e V_e^2 - \dot{m}_i V_i^2)/2} \tag{2.35}$$

为了进一步讨论总效率与耗油率的关系,首先介绍发动机燃料/空气比的概念。燃料/空气比是发动机重要的燃烧参数之一,常用 f 表示,其物理意义是燃料质量流量与进口空气质量流量之比,即

$$f = \frac{燃料的质量流量}{空气的质量流量} = \frac{\dot{m}_f}{\dot{m}_0} \tag{2.36}$$

化学当量的燃料/空气比就是燃料与空气中所含氧气在理论上恰好完全反应时的燃料与空气质量流量之比,常用 f_{st} 表示。如

$$C_x H_y + \left(x + \frac{y}{4}\right)\left(O_2 + \frac{79}{21}N_2\right) \longrightarrow x CO_2 + \frac{y}{2}H_2O + \frac{79}{21}\left(x + \frac{y}{4}\right)N_2$$

该反应化学当量的燃料/空气比为

$$f_{st} = \frac{36x + 3y}{103(4x + y)} \tag{2.37}$$

例如,对于 C_8H_{18}, $f_{st} = 0.0664$;对于 H_2, $f_{st} = 0.0291$。

几种常见碳氢燃料的化学反应热值如表 2.1 所示。

表 2.1 航空航天推进系统常见燃料

燃料类型	分子式	热值 H_f/(kJ/kg)	着火温度/K
氢	H_2	119 954.00	845.15
甲烷	CH_4	50 010.00	810.15
乙烷	C_2H_6	47 484.00	745.15
己烷	C_6H_{14}	45 100.00	498.15
辛烷	C_8H_{18}	44 786.00	479.15
JP-7	$C_{12}H_{25}$	43 903.00	514.15
JP-10	$C_{10}H_{16}$	42 100.00	518.15

根据定义,发动机的总效率 η_0 与耗油率 sfc 之间满足如下关系:

$$\eta_0 = \frac{3\,600 a_0 Ma_0}{H_f \mathrm{sfc}} \tag{2.38}$$

其中, Ma_0 是飞行马赫数。

可见,总效率随着飞行马赫数的增大而增大,随着耗油率的减小而增大。在相同的飞行速度下,总效率和耗油率均能用于评价发动机的经济性,但在飞行速度变化时,则只能用耗油率评价发动机的经济性。此外,在发动机地面试车时,由于飞行速度为零,推进效率为零,因而总效率为零,因此,也只能采用耗油率评价发动机的经济性。

5. 推重比

发动机的推力与质量之比称为推重比,用符号 F_m 表示,其常用单位是 daN/kg(1 daN = 10 N),可用式(2.39)计算。发动机的推重比是一个重要的性能指标,尤其是用于战斗机的发动机,推重比直接影响着飞机的作战性能,如高机动性(加速、转弯等)就需要发动机的推重比尽可能高。

$$F_m = \frac{F}{m_0} \tag{2.39}$$

表 2.2　现役主要军民用发动机的性能参数

型　号	F100 - PW - 229	F404 - GE - 400	F110 - GE - 129	RB199 - MK104	M88 - 2	РД - 33	АЛ - 31Ф	F119	F120
加力推力/kN	128.90	71.20	128.99	72.90	75.00	81.40	122.60	155.7	155.7
加力耗油率/[kg/(daN·h)]	2.000	1.650	2.030	2.210	1.800	2.090	2.000	2.305	2.305
不加力推力/kN	79.18	48.00	75.62	41.60	48.71	49.13	76.20	111.19	111.19
不加力耗油率/[kg/(daN·h)]	0.660	0.760	0.700	0.662	0.898	0.785	0.800	0.620	0.620
空气流量/(kg/s)	112.4	64.4	122.5	73.1	65.0	76.0	112	—	—
涵道比	0.36	0.34	0.76	1.08	0.50	0.48	0.60	0.2	0.2
涡轮前温度/K	1 672	1 589	1 680	1 600	1 850	1 690	1 665	1 950	1 950
总增压比	32	25	35	23.5	24.5	22	23.5	25	25
推重比	7.9	7.24	7.28	7.62	9.0	7.9	7.9	10	10
飞机型号	F - 15, F - 16	F - 18	F - 14, F - 16	狂风	阵风	米格- 29	苏- 27	F - 22	ATF

➤➤ 2.2.2　火箭推进系统性能指标

1. 推力

由式(2.15)给出的火箭发动机的推力方程可知,其推力与飞行速度 V_0 无关。此外,与吸气式发动机巡航工作状态不同,火箭发动机的工作环境复杂多变,且环境参数(静压)对推力有较大影响。例如,航天飞机的主发动机在太空中的推力比在海平面的推力高出 25%,主要是因为在太空中,接近真空,环境压力接近于 0。

当喷管处于完全膨胀状态时,发动机出口压力与大气环境压力相等,火箭发动机的工作状态称为设计状态,此时,发动机的推力称为最佳推力,可表示如下:

$$F^0 = \dot{m} V_e \qquad (2.40)$$

此时推力方程仅剩下动量推力部分,压差推力为零,最佳推力又称为特征推力。以火箭发动机为动力的飞行器在大气层内飞行时,环境压力随着飞行高度而变化,因此,在选取火箭发动机设计状态对应的环境压力时,往往是根据工作高度范围取一个加权平均值,然后基于此确定喷管出口压力。例如,CZ - 2E 火箭的第一级主发动机推力室出口压力为 0.067 MPa,第二级主发动机推力室出口压力为 0.022 4 MPa。

2. 推力系数

火箭发动机推力系数指单喷管位喉部面积、单位燃烧室压力所产生的推力,用符号 C_F 表示,其计算公式如下:

$$C_F = \frac{F}{p_c A_{th}} \qquad (2.41)$$

其中,p_c 为燃烧室压力;A_{th} 为喷管喉部面积。

根据定义,推力系数等于推力与把推力壁面积等效成喉部面积时由燃烧室总压所产生的推力的比值。用喉部面积作为推力壁面积,燃烧总压在此推力壁上产生的“推力”没有计及喷管收敛段压力的降低和由扩张段内外压差不平衡而产生的推力,因此,该“推力”通常是小于发动机实际推力的,所以 $1 < C_F < 2$。

关于推力系数,有以下几点说明。

① 推力系数主要用来考虑喷管扩张段和收敛段对发动机总推力的贡献。

② 推力系数与燃气的比热比 γ、喷管的膨胀比 p_e/p_c、喷管的扩张比 A_e/A_{th} 及大气环境压力有关。通常情况下,$p_a/p_c \ll 1$,因而其对推力系数的影响常常可以不考虑。而膨胀比和扩张比之间有固定的关系式,因此,推力系数主要取决于比热比和扩张比。

③ 比热比 γ 由推进剂燃烧后的燃气性质所决定,一旦选定推进剂,则比容比也随之确定。此时推力系数则主要取决于喷管的膨胀比。这与前面的分析是一致的,即推力系数是表征喷管工作性能的重要参数。

④ 当 γ 及 p_a/p_c 一定时,如果 $p_e > p_a$(欠膨胀),增加 A_e/A_{th} 仍然能在扩张段的增加部分获得正推力,因此 C_F 会增加;如果 $p_e = p_a$(完全膨胀),则 C_F 达到最大值;如果继续增加 A_e/A_{th},将出现 $p_e < p_a$(过膨胀),即在扩张段出现负推力区域,因而 C_F 会减小。

⑤ 当 γ 及 A_e/A_{th} 一定时,推力系数随着 p_a/p_c 的减小而增加,即 C_F 随着发动机工作高度增加而增加,显然,在真空条件下,其获得最大值。

⑥ 推力系数的定义式可以作为重要的发动机设计基础。对发动机而言,根据其用途,先有一个目标推力值,然后根据这个用途和推力量值选择合适的推进剂,确定推进剂之后,就可

以大致给出推力系数的量值,从而可以进一步确定燃烧室的压力和喉部面积等这些重要的发动机参数。

⑦ 如果喉部面积大,则燃烧室压力可以小(但不能小于使喷管中获得超声速流动压力的条件),但此时发动机的结构尺寸则很大;而如果喉部面积小,则燃烧室压力要很大,发动机尺寸也相应地会比较小。显然,为了提高发动机推重比,应当采用更高的燃烧室压力。

3. 等效排气速度和特征速度

将推力方程(2.15)做如下变形:

$$F = \dot{m}\left[V_e + \frac{A_e}{\dot{m}}(p_e - p_a) \right] = \dot{m}V_{eff} \tag{2.42}$$

其中,

$$V_{eff} = V_e + \frac{A_e(p_e - p_a)}{\dot{m}} \tag{2.43}$$

V_{eff} 具有速度的量纲,称为等效排气速度或有效排气速度,它并不是实际的发动机排气速度,而是将发动机推力按照发动机工质流量折算成动量推力时应该具有的排气速度。由于压差推力在总推力中占比较小,因此,等效排气速度与实际排气速度在数值上非常接近,两者之间的差值一般不超过 10%,当发动机处于设计状态时,等效排气速度就是实际排气速度。

另外,从式(2.43)可以看出,对于一台给定的发动机,随着飞行高度(环境压力)的变化,V_{eff} 随之变化,而 V_e 不变。由环境压力 p_a 变化引起的压差推力的变化远小于总推力,因而,在近似分析中,也可假定等效排气速度 V_{eff} 为常数。

取推力壁面积为喷管喉部面积,由发动机总压产生的压力推力折算成发动机工质质量流量所对应的动量推力时所对应的排气速度,称为特征速度,用 c^* 表示,即

$$c^* = \frac{p_c A_{th}}{\dot{m}} \tag{2.44}$$

把工质质量流量的表达式(2.45)代入式(2.44),可得式(2.46)。

$$\dot{m} = \sqrt{\frac{\gamma}{RT_0}} p_c A_{th} \left(\frac{2}{\gamma + 1} \right)^{\frac{\gamma+1}{2(\gamma-1)}} \tag{2.45}$$

$$c^* = \sqrt{\frac{RT_c}{\gamma}} \left(\frac{2}{\gamma + 1} \right)^{\frac{\gamma+1}{2(1-\gamma)}} = \sqrt{\frac{\bar{R}T_c/M}{\gamma}} \left(\frac{2}{\gamma + 1} \right)^{\frac{\gamma+1}{2(1-\gamma)}} \tag{2.46}$$

由式(2.46)可见,特征速度与推进剂的燃烧温度 T_c、燃烧产物的分子量 M 以及燃气的比热比 γ 等燃烧参数有关,但与喷管的流动过程无关,因此,该参数可用于表征推进剂的能量特性和燃烧的完全程度,这正是引入特征速度的出发点。

关于特征速度有以下几点说明。

① 推进剂所包含的化学能越高,燃烧越完全,则燃烧室的温度越高,特征速度就越大;同时,推进剂燃烧产物的相对分子质量越小,则特征速度越高。因此,它是评价火箭发动机燃烧

室内部工作过程质量的指标。由此可推断,$\text{LO}x/\text{LH}_2$ 组合的特征速度要高于 $\text{LO}x/\text{Kerosene}$ 的特征速度,因为前者燃烧产物的相对分子质量要小。

② 基于特征速度,火箭发动机的推力可以表示为

$$F = C_{\text{F}} \dot{m} c^* \tag{2.47}$$

这说明在相同工质质量流量条件下,特征速度越大,发动机推力越大,或者说明推进剂的能量特性越高,发动机推力越大。进一步,火箭发动机推力是由推进剂在依次经历燃烧室中的燃烧过程和喷管中的膨胀过程后高速喷出而产生的,表征喷管膨胀过程的指标是推力系数,表征燃烧过程的指标是特征速度,由此可见,式(2.47)的物理意义非常明确。

③ 实际的特征速度可以通过火箭发动机的地面试车获取,由实验测得 $p-t$、$F-t$ 曲线及已经确定的参量 m_{p} 和 A_{th},就可以由式(2.48)确定 c^*:

$$c^* = \frac{A_{\text{th}}}{m_{\text{p}}} \int_0^{t_e} p \, \mathrm{d}t = \frac{A_{\text{th}} I_{\text{p}}}{m_{\text{p}}} \tag{2.48}$$

进一步得

$$c^* = \frac{p_{\text{c}} A_{\text{th}}}{\dot{m}_{\text{p}}} \tag{2.49}$$

其中,t_{e} 表示发动机工作时间;I_{p} 表示压力冲量;m_{p} 表示推进剂质量;p_{c} 表示燃烧室平均压力。

4. 总冲和比冲

发动机推力对工作时间的积分就是总冲,用符号 I 表示,单位是 N·s(或 kg·m/s),总冲的计算式如下:

$$I = \int_0^{t_a} F \, \mathrm{d}t \tag{2.50}$$

如果在工作时间段 t_{a} 内推力大小是常数,则式(2.50)可简化为

$$I = F t_{\text{a}} \tag{2.51}$$

根据等效排气速度的定义式(2.43),总冲的计算式还可写为如下形式:

$$I = \int_0^{t_a} \dot{m} V_{\text{eff}} \, \mathrm{d}t \tag{2.52}$$

如果发动机在工作过程中的工作高度变化不大,则环境压力的变化不大,从而 V_{eff} 的大小可近似为常数,此时,总冲的计算式可表达为

$$I = V_{\text{eff}} \int_0^{t_a} \dot{m} \, \mathrm{d}t = m_{\text{p}} V_{\text{eff}} \tag{2.53}$$

其中,m_{p} 为推进剂质量。

　　总冲是综合反映火箭发动机工作能力的重要性能指标。可以根据不同飞行任务的需要来确定总冲的大小,例如,射程远或负荷大的飞行器需要大的发动机总冲。关于总冲,有以下两点说明:

　　① 总冲综合考虑了推力的大小和推力的作用时间,当火箭的有效载荷一定时,总冲越大,射程越远;但总冲相同时,其推力-时间曲线可以有很大不同,需要根据火箭的任务需求来确定。

　　② 总冲除与排气速度有关外,还与携带推进剂量有关。它不能反映发动机所用推进剂能量的高低和内部工作过程的质量。直观来看,可以用增加推进剂量的办法来增加总冲,从而实现不同任务的需求。但这样做会使得飞行过程中大部分冲量都消耗在所携带的推进剂上,而不是在有效载荷上。

　　比冲的概念在 2.2.1 节已有论述,值得注意的是,对于火箭发动机,比冲是单位推进剂量所产生的冲量,推进剂是火箭发动机燃料和氧化剂的组合。因此,火箭发动机以质量描述推进剂的量时,比冲的计算如式(2.54)所示。

$$I_{sp} = \frac{I}{m_p} = \frac{\int_0^{t_a} F dt}{\int_0^{t_a} \dot{m} dt} \tag{2.54}$$

　　若按单位重量推进剂的冲量来定义比冲,则比冲的计算式变为

$$I_{sp} = \frac{I}{m_p g_0} = \frac{\int_0^{t_a} F dt}{g_0 \int_0^{t_a} \dot{m} dt} \tag{2.55}$$

　　从单位质量推进剂秒流量的角度,还可以定义瞬时比冲为

$$I_{sp} = \frac{F}{\dot{m}} \tag{2.56}$$

可见,瞬时比冲在数值上等于等效排气速度。将基于特征速度的推力表达式(2.47)代入式(2.56),可得

$$I_{sp} = C_F c^* \tag{2.57}$$

　　由推力系数和特征速度的性质可知,推进剂的特性对比冲有较大影响,要提高比冲,要求推进剂的燃烧温度高及燃烧产物的分子量小,而燃烧温度的高低取决于推进剂的能量特性。喷管膨胀对比冲的影响与膨胀比有关,在欠膨胀条件下,比冲随膨胀比的增加而增加,在过膨胀比条件下,比冲随膨胀比的增加而减小,在最佳膨胀条件下,比冲最大,称为设计比冲。此外,外界环境对比冲也有一定影响,发动机的比冲随着火箭飞行高度的增加而增加,在真空中达到最大,通常火箭从地面上升到真空,发动机的比冲增大 10%~20%。

　　目前,液体火箭发动机的比冲为 2 500~4 600 N·s/kg,而固体火箭发动机的比冲为 2 000~3 000 N·s/kg。

由此可见,无论是吸气式发动机还是火箭发动机,都可用比冲来表征发动机的性能。随着高超声速飞行器的发展以及人们对于降低航天运载成本的迫切要求,组合推进发动机(如火箭基组合循环发动机 RBCC 和涡轮基组合循环发动机 TBCC)越来越多地受到关注。对于组合循环发动机,应用比冲作为各种模态统一的性能参数也是合理的。

5. 效率

火箭发动机的工作过程同样是能量转换的过程,因而存在效率的问题。与吸气式发动机类似,这里仍然讨论热效率(内效率)、推进效率(外效率)和总效率。

热效率表示推进剂的化学能转化为工质动能的程度,即单位质量推进剂的动能与相同质量推进剂所具有的化学能(i_p)的比值,即

$$\eta_{th} = \frac{V_e^2}{2i_p} \tag{2.58}$$

事实上,这个过程包含两个步骤:推进剂的化学能首先经过燃烧转化为工质的内能,然后经过膨胀过程,工质的内能进一步转化为动能。因此,火箭发动机的热效率可以表示成这两个子过程效率的乘积,即

$$\eta_{th} = \eta_b \eta_e \tag{2.59}$$

$$\eta_b = \frac{Q_b}{i_p} \tag{2.60}$$

$$\eta_e = \frac{V_e^2}{2Q_b} \tag{2.61}$$

其中,η_b 表示燃烧效率,其物理意义是推进剂的化学能转化为燃烧产物的内能的完全程度,定义式为式(2.60);η_e 表示膨胀效率,物理含义是燃烧产物的内能转化为动能的完全程度,定义式为式(2.61)。由于实际燃烧过程中存在燃烧不完全、燃烧产物离解以及散热等损失,在火箭发动机中,燃烧效率通常为 94%~99%。由于存在热力学损失、膨胀损失等问题,膨胀效率也小于 100%。若燃烧产物的内能全部转化为动能,则膨胀后气体满足 $T_e = 0$ 和 $p_e = 0$,这显然是不可能的,因此燃烧产物的内部不可能完全转化为动能,这部分损失就是热力学损失,可由热力学效率表征,即 $\eta_t = 1 - T_e/T_a$,对于等熵过程,热力学效率还可写为

$$\eta_t = 1 - \left(\frac{p_e}{p_a}\right)^{\frac{\gamma-1}{\gamma}} \tag{2.62}$$

可见,膨胀比或比热比越大,发动机的热力学效率越高。燃烧产物在喷管中膨胀时,不可避免地存在流动损失、散热、两相损失等,这部分损失统称为膨胀损失,用 η_n 表示。因此,总的膨胀效率是以上两个效率的乘积,即

$$\eta_e = \eta_t \eta_n \tag{2.63}$$

下面讨论推进效率,推进效率的物理意义是工质的动能转化为飞行器推进功的能力,用符

号 η_p 表示,其计算公式如式(2.64)所示。可见,推进效率小于 1。在设计状态下,推进效率可进一步简化为式(2.65),推进效率取决于排气速度与飞行速度之比。

$$\eta_p = \frac{FV}{FV + \dfrac{1}{2}\dot{m}(V_e - V)^2} \tag{2.64}$$

$$\eta_p = \frac{\dfrac{2V}{V_e}}{1 + \left(\dfrac{V}{V_e}\right)^2} \tag{2.65}$$

总效率是热效率与推进效率的乘积,可由式(2.65)计算,图 2.10 给出了火箭发动机损失的类别及比例。对火箭发动机来讲,在高效、经济地利用能量的同时,还特别关注喷射物质的消耗问题。因为火箭发动机的推进剂完全需要自身携带,火箭作为运载工具,其携带的推进剂十分有限,若排气速度高,则需要的推进消耗量就少。而排气速度是和比冲成正比的,因此,比冲的高低可以衡量推进剂消耗多少,这就是比冲在火箭推进中是一个非常重要的指标的原因。

$$\eta_0 = \eta_{th}\eta_p = \eta_b\eta_e\eta_p = \eta_b\eta_t\eta_n\eta_p \tag{2.66}$$

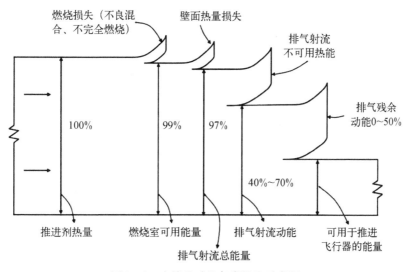

图 2.10　火箭发动机各类损失示意图

2.3　飞行方程与飞行模式

2.3.1　飞行方程

1. 简单的飞行动力学方程

飞行器沿着一定飞行轨迹飞行时,其受到的力有升力 L、重力 W、净推力 T、飞行阻力 D,如

图 2.11 所示。其中,升力 L 的方向垂直于瞬时飞行速度方向,重力 W 的方向与当地重力加速度的方向一致,净推力 T 与瞬时速度的方向一致,阻力 D 与瞬时速度的方向相反。瞬时速度与水平线之间的夹角称为飞行轨迹角,用 θ 表示。

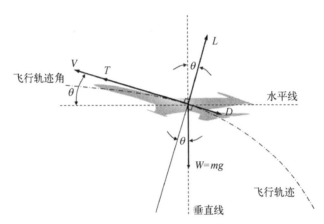

图 2.11　高速飞行器飞行受力示意图

假定飞行器的瞬时质量为 m,飞行轨迹半径为 r_c,根据飞行器的受力情况,可写出飞行器的动力学方程如下:

沿着平行于飞行速度的方向为

$$m \frac{\mathrm{d}V}{\mathrm{d}t} = T - D - W\sin\theta \tag{2.67}$$

沿着垂直于飞行速度的方向为

$$m \frac{V^2}{r_c} = W\cos\theta - L \tag{2.68}$$

根据式(2.68),当 $r_c \to \infty$,且 $\theta \to 0$ 时,有 $L = W = mg$,即巡航时,飞行器的升力等于其自身重力。飞行器升力和阻力的计算公式如下:

$$L = q C_L S, \quad D = q C_D S \tag{2.69}$$

其中,q 为飞行动压;C_L、C_D 分别为升力和阻力系数;S 为迎风面积或者浸润面积。

根据飞行器的特性,可以用弹道系数的概念来区别设计。弹道系数是一个用来衡量飞行器克服空气阻力、维持飞行速度能力的参数,假定飞行器质量为 m,则弹道系数的定义式为

$$\beta = \frac{m}{C_D S} \tag{2.70}$$

小弹道系数,一般 $\beta = 2.4 \sim 35 \ \mathrm{kg/m^2}$,飞行器相对较轻、阻力大;再入时很快被减速;需要采用钝头物体,使得较多的热量被空气带走,如航天飞机、飞船返回舱。

中等弹道系数,主要用于早期的设计,如 Mercury、Gemini、Appolo CM、Space Shuttle Obiter、Hermes 等飞行器或者弹体。

大弹道系数,一般 $\beta = \sim 500 \ \text{kg/m}^2$,飞行器相对较重;再入时很难被减速;采用小顶角锥形物体,减小摩擦生热,如洲际导弹。

2. 理想火箭运动方程

理想火箭运动方程即齐奥尔科夫斯基火箭方程式,它是由苏联科学家康斯坦丁·爱德华多维奇·齐奥尔科夫斯基于公元十九世纪末独立推导并首次公开发表的。该方程为近代火箭、导弹的工程实现提供了理论依据。

假设不考虑空气阻力和地球引力等外力作用,火箭或导弹获得的推力大小为 F,质量为 m,飞行速度为 V,推进剂的质量流量为 $\dot{m}_p = \text{d}m_p/\text{d}t$,喷管的相对排气速度为 V_{eq},采用与火箭固连的坐标系,则 $V = 0$,根据动量定理有

$$\frac{\text{d}(mV)}{\text{d}t} = F = V_{eq}\frac{\text{d}m_p}{\text{d}t} \tag{2.71}$$

即

$$m\text{d}V + V\text{d}m = V_{eq}\text{d}m_p \tag{2.72}$$

同时,根据质量守恒有

$$m(t) = m_e + m_p(t) \tag{2.73}$$

$$\text{d}m = -\text{d}m_p \tag{2.74}$$

从而式(2.72)简化为

$$m\text{d}V = -V_{eq}\text{d}m \tag{2.75}$$

进一步得

$$\text{d}V = -V_{eq}\frac{\text{d}m}{m} \tag{2.76}$$

积分后可得

$$\Delta V = V_{eq}\ln\left(\frac{m_0}{m_{fin}}\right) = V_{eq}\ln\mu = I_{sp}g_0\ln\mu \tag{2.77}$$

其中,m_0 和 m_{fin} 分别为火箭发动机开始工作和工作结束时火箭或导弹的质量;μ 为质量数。如果考虑重力的影响,则速度增量的计算公式如下:

$$\Delta V = V_{eq}\ln\mu - g_0 t_b \tag{2.78}$$

其中,t_b 为推进剂燃烧的时间。

由于真实火箭或导弹不可避免会受到外力(如空气阻力、地球或其他天体作用力等)的影响,齐奥尔科夫斯基火箭方程的推导并未考虑外力作用,这就是该方程称为"理想火箭运动方程"的原因。然而,这些外力远小于火箭推力,因此,在推导中忽略外力影响也是可以接受的。

▶▶ 2.3.2　飞行模式

飞行器沿着不同的飞行轨迹飞行,通常来讲有等马赫数飞行、等雷诺数飞行、等动压飞行等几种模式,这在飞行器的总体任务设计或者分析中非常重要。值得注意的是,因为当地声速与温度有关,因此等马赫数线并不是等速度线。

1. 等动压飞行

在飞行方程中,为了计算升力和阻力,需要用到飞行动压,流体由速度而产生的压力即为动压,它的定义如下:

$$q_0 = \frac{\rho_0 V_0^2}{2} \tag{2.79}$$

其中,ρ_0 为空气密度;V_0 为飞行速度。根据马赫数的定义有

$$Ma_0 = \frac{V_0}{a_0} = \frac{V_0}{\sqrt{\gamma_0 R_0 T_0}} \tag{2.80}$$

则动压可以表示成如下形式:

$$q_0 = \frac{\rho_0 a_0^2 Ma_0^2}{2} = \frac{\gamma_0 p_0 Ma_0^2}{2} \tag{2.81}$$

飞行器受到的压力载荷可以通过式(2.82)计算:

$$p - p_0 = q_0 C_{pt} \sin^2 \theta_b \tag{2.82}$$

其中,C_{pt} 表示驻点压力系数;θ_b 表示倾斜角。

如果动压很大,飞行器结构遭受的气动力以及阻力很大;如果动压很小,为了提供足够的升力,飞行器翼面积必须很大。在设计高超声速飞行器时,一般要求飞行动压必须在较小范围内变化,取为 $20\,000 \sim 90\,000\ \text{N/m}^2$。

因为 $Ma_0 = \sqrt{\dfrac{2q_0}{\gamma_0 p_0}}$,所以在高度-马赫数坐标系中可以绘制等动压飞行轨迹的曲线,如图 2.12 所示。

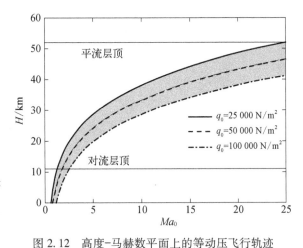

图 2.12　高度-马赫数平面上的等动压飞行轨迹

2. 等质量流量飞行

吸气式发动机的推力方程可简化写为如下形式:

$$F = \dot{m}\Delta V + \Delta p A_e \tag{2.83}$$

进入发动机的空气质量流量是决定发动机推力大小的重要参数。如果发动机几何形状确定，即进气道面积 A_0 确定，那么对于进气流量有如下关系：

$$\dot{m} = \rho_0 V_0 A_0 \qquad (2.84)$$

单位面积质量流量可表示为

$$\rho_0 V_0 = \rho_0 a_0 Ma_0 = \frac{2q_0}{a_0 Ma_0} \qquad (2.85)$$

可见，单位面积流量与动压关系有如下关系：动压越大，单位面积的质量流量越大；飞行马赫数越小，单位面积的质量流量越大。因此，为了获得一定的质量流量从而保持需要的推力，与其他飞行器相比，高超声速飞行器一般具有非常长的前体压缩面，即大的进气（捕获）面积 A_0。

根据式（2.85），在高度和马赫数平面上绘制等质量流量曲线如图 2.13 所示，可见等质量流量飞行轨迹并不与等动压飞行轨迹重合。

$$Ma_0 = \frac{\text{const}}{\rho_{SL} a_{SL}} \frac{\rho_{SL}}{\rho_0} \frac{a_{SL}}{a_0} \qquad (2.86)$$

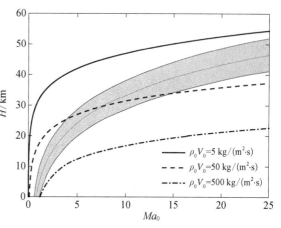

图 2.13 高度-马赫数平面上的等质量流量曲线

3. 等来流雷诺数飞行

雷诺数是流体力学中表征黏性影响的相似准则数，其物理意义是惯性力与黏性力的量级之比，其计算式如下：

$$Re_{L,0} = \frac{\rho_0 V_0 L}{\mu_0} = \frac{\rho_0 a_0 Ma_0 L}{\mu_0} \qquad (2.87)$$

其中，特征长度 L 取为飞行器的特征尺寸，如对高超声速飞行器可取为 30 m。这样可得

$$Ma_0 = \text{const} \frac{\mu_{SL}}{\rho_{SL} a_{SL} L} \frac{\mu_0}{\mu_{SL}} \frac{\rho_{SL}}{\rho_0} \frac{a_{SL}}{a_0} \qquad (2.88)$$

根据式（2.87），在高度和马赫数平面上绘制等来流雷诺数曲线，如图 2.14 所示。

下面简单讨论一下绘制来流雷诺数飞行曲线的重要意义。

① 因为空气的黏性系数在超燃冲压发

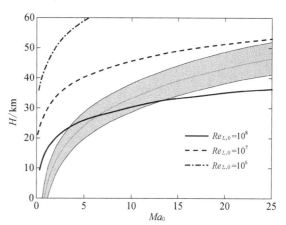

图 2.14 高度-马赫数平面上的等来流雷诺数曲线

动机工作高度范围内变化不大,因此等来流雷诺数飞行轨迹和等自由来流质量流飞行轨迹形状类似。

② 雷诺数决定了边界层流动的性质,根据雷诺数大小可以判定流动状态为:层流、湍流或层流向湍流的转捩区。层流流动时黏性摩擦力小、壁面热流小,并能比较确定地计算出来;遭遇逆压梯度或者激波时,容易分离,导致当地压阻、热流增大;湍流时边界层位移厚度增大,减小了下游进气道捕获的空气流流率;流动转捩的机理仍在研究中,流动转捩通常用临界雷诺数判断,影响转捩的因素很多。

③ 对于飞行器,在马赫数小于 10 时,通常认为当 $Re_{L,0} > 10^7$ 时,发生转捩。边界层稳定性分析理论指出,临界雷诺数随着马赫数的增大而增大,当来流马赫数超过 20,直到 $Re_{L,0} > 10^8$ 时,才会发生自然转捩;因此,当来流马赫数较低时,湍流占主导;当来流马赫数较高时,层流占主导。

2.4　飞行器的质量系统

飞行器的系统质量包括有效载荷 m_{pa}、空壳质量(又称为惰性质量)m_e、燃料(或推进剂)质量 m_f,这些质量之和统称为起飞前质量(或初始质量),用符号 m_i 表示。

有效载荷质量是指除空壳质量和燃料质量以外的系统质量,包括控制系统、电子系统、导航系统、燃料存储和供给系统的结构质量等。

》》 2.4.1　燃料质量分数

携带燃料质量与初始质量的比,称为燃料质量分数。下面首先介绍吸气式推进飞行器在巡航条件下的燃料质量分数,然后再讨论火箭式推进飞行器的燃料质量分数。

1. 吸气式推进的巡航飞行器

考虑采用吸气式推进系统的飞行器,其在巡航飞行条件下,满足如下关系:

$$D = T = F(1 - \phi_e) \tag{2.89}$$

$$L = W = m g_0 \tag{2.90}$$

根据吸气式发动机总效率的表达式(2.35)可得

$$D = T = F(1 - \phi_e) = \frac{\eta_0 H_f(1 - \phi_e)}{V_0} \cdot \frac{dm_f}{dt} \tag{2.91}$$

同时,根据升力系数和阻力系数的定义,有

$$L = \frac{C_L}{C_D} T \tag{2.92}$$

此外,航程 Ra 与巡航速度 V_0 的关系可用式(2.93)表示:

$$\frac{\mathrm{dRa}}{\mathrm{d}t} = V_0 = V \tag{2.93}$$

将式(2.92)和式(2.93)代入(2.91),可得

$$m g_0 \frac{C_D}{C_L} = \frac{\eta_0 H_f(1 - \phi_e)}{\dfrac{\mathrm{dRa}}{\mathrm{d}t}} \frac{\mathrm{d}m_f}{\mathrm{d}t} \tag{2.94}$$

注意到

$$\frac{\mathrm{d}m_f}{\mathrm{d}t} = -\frac{\mathrm{d}m}{\mathrm{d}t} \tag{2.95}$$

所以有

$$\frac{\mathrm{d}m}{m} = -\left[\frac{g_0}{\eta_0 H_f(1 - \phi_e)\dfrac{C_L}{C_D}}\right]\mathrm{dRa} = -B\mathrm{dRa} \tag{2.96}$$

其中,$B = \dfrac{g_0}{\eta_0 H_f(1 - \phi_e)\dfrac{C_L}{C_D}}$,称为航程因子。

积分式(2.96),得到 Breguet 航程公式,即

$$\frac{m_{\mathrm{final}}}{m_i} = \exp\left[-\frac{g_0 \mathrm{Ra}}{\eta_0 H_f(1 - \phi_e)\dfrac{C_L}{C_D}}\right] = \mathrm{e}^{-B\mathrm{Ra}} \tag{2.97}$$

这样,燃料的质量分数计算公式为

$$\Pi_f = \frac{m_i - m_{\mathrm{final}}}{m_i} = 1 - \frac{m_{\mathrm{final}}}{m_i} = 1 - \mathrm{e}^{-B\mathrm{Ra}} \tag{2.98}$$

根据式(2.98)可知,燃料质量分数随着发动机整体效率、燃料放热、升阻比的增加而减少,随着发动机外部阻力系数、航程的增加而增加;反过来,如果飞行器燃料质量分数等是确定的,那么,它的整体效率可以确定为

$$\eta_0 = \frac{g_0 \mathrm{Ra}}{H_f(1 - \phi_e)\dfrac{C_L}{C_D}\ln\left(\dfrac{1}{1 - \Pi_f}\right)} \tag{2.99}$$

根据式(2.98)和式(2.99)可以得到燃料质量分数、整体效率等参数与航程指数 $B\mathrm{Ra}$ 的关系,分别如图 2.15 和图 2.16 所示。

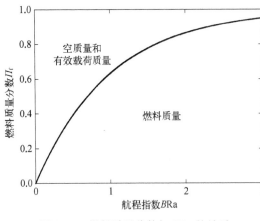

图 2.15　燃料质量分数与 $B\mathrm{Ra}$ 的关系

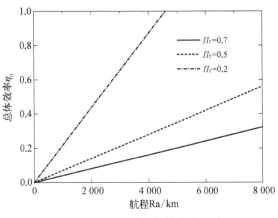

图 2.16　整体效率与航程的关系

$(1 - \phi_e) C_L/C_D = 4.5$; $H_f = 44\,786\ \mathrm{kJ/kg}$

2. 火箭式推进的巡航飞行器

考虑采用火箭式推进系统的飞行器巡航飞行条件,即

$$D = T = F(1 - \phi_e) \tag{2.100}$$

将推力 F 与比冲的关系式代入式(2.100),得到航程因子为

$$B = \cfrac{1}{I_{sp} V_e (1 - \phi_e) \cfrac{C_L}{C_D}} \tag{2.101}$$

进一步,确定燃料质量分数如下:

$$\varPi_f = \frac{m_i - m_{final}}{m_i} = 1 - \frac{m_{final}}{m_i} = 1 - \mathrm{e}^{-B\mathrm{Ra}} \tag{2.102}$$

在火箭的燃料质量分数等确定之后,比冲可以按式(2.103)计算:

$$I_{sp} = \cfrac{\mathrm{Ra}}{V_e (1 - \phi_e) \cfrac{C_L}{C_D} \ln\left(\cfrac{1}{1 - \varPi_f}\right)} \tag{2.103}$$

根据式(2.103)可以得到火箭发动机比冲与航程 Ra 的关系,如图 2.17 所示。

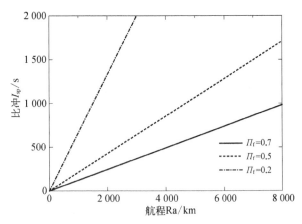

图 2.17　比冲与航程的关系

$(1 - \phi_e) C_L/C_D = 4.5$; $V = 1\,500\ \mathrm{m/s}$

3. 吸气式推进的跨大气飞行器

跨大气飞行器是指既能在大气层内飞行,又能进入特定轨道的飞行器。随着航空航天技术的发展,一种可能的跨大气飞行器是从地面水平起飞,在大气层加速飞行后进入某特定轨道,完成任务后能够安全再入并水平着陆的空天飞机。

对于该种类型的飞行器,从飞行方程出发,将飞行方程(2.67)两边同乘瞬时速度后得

$$m V \frac{\mathrm{d}V}{\mathrm{d}t} = m \frac{d}{\mathrm{d}t}\left(\frac{V^2}{2}\right) = (T - D)V - m g \frac{\mathrm{d}r}{\mathrm{d}t} \tag{2.104}$$

r 是飞行器的轨道半径,如图 2.18 所示。根据轨道与飞行的关系

$$\frac{\mathrm{d}r}{\mathrm{d}t} = V\sin\theta \tag{2.105}$$

利用推力和总效率关系式

$$\eta_0 = \frac{F V_0}{H_f \dot{m}_f} \tag{2.106}$$

$$D = T = F(1 - \phi_e) \tag{2.107}$$

$$V_0 = V \tag{2.108}$$

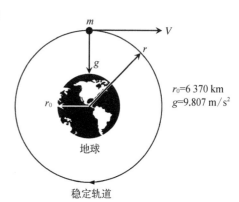

图 2.18　飞行轨道与飞行参数示意图

得

$$\frac{\mathrm{d}m}{m} = -\left[\frac{\mathrm{d}\left(\dfrac{V^2}{2}\right) + g\mathrm{d}r}{\eta_0 H_f\left(1 - \dfrac{D + D_e}{F}\right)}\right] \tag{2.109}$$

对式(2.109)积分,得到任务完成后最终质量和初始质量的比为

$$\frac{m_{\text{final}}}{m_i} = \exp\left[-\frac{\left(\dfrac{V_{\text{final}}^2}{2} - \dfrac{V_i^2}{2}\right) + \displaystyle\int_i^{\text{final}} g\mathrm{d}r}{\eta_0 H_f\left(1 - \dfrac{D + D_e}{F}\right)}\right] \tag{2.110}$$

从而得到燃料质量分数为

$$\Pi_f = 1 - \frac{m_{\text{final}}}{m_i} = 1 - \exp\left[\frac{\left(\dfrac{V_{\text{final}}^2}{2} - \dfrac{V_i^2}{2}\right) + \displaystyle\int_i^{\text{final}} g\mathrm{d}r}{\eta_0 H_f\left(1 - \dfrac{D + D_e}{F}\right)}\right] \tag{2.111}$$

定义质量比轨道能量,即

$$\mathrm{oe} = \frac{\text{轨道能量}}{m} = \left(\frac{V_{\mathrm{final}}^2}{2} - \frac{V_{\mathrm{i}}^2}{2} \right) + \int_{r_0}^{r} g \mathrm{d}r \qquad (2.112)$$

则根据上面的分析,有

$$\varPi_{\mathrm{f}} = 1 - \frac{m_{\mathrm{final}}}{m_{\mathrm{i}}} = 1 - \exp\left[\frac{\mathrm{oe}}{\eta_0 H_{\mathrm{f}} \left(1 - \dfrac{D + D_{\mathrm{e}}}{F} \right)} \right] \qquad (2.113)$$

对轨道能量进一步计算,如下:

$$\int_{r_0}^{r} g \mathrm{d}r = \int_{r_0}^{r} g_0 \left(\frac{r_0}{r} \right)^2 \mathrm{d}r = g_0 r_0 \left(1 - \frac{r_0}{r} \right) \qquad (2.114)$$

$$\frac{V^2}{2} = \frac{gr}{2} = \frac{g_0 r}{2} \left(\frac{r_0}{r} \right)^2 = \frac{g_0 r_0}{2} \left(\frac{r_0}{r} \right) \qquad (2.115)$$

从而,质量比轨道能量可表示为

$$\frac{\mathrm{oe}}{g_0 r_0} = \frac{1}{2} \frac{r_0}{r} + \left(1 - \frac{r_0}{r} \right) \qquad (2.116)$$

其中,右边第一项的物理意义是动能;第二项的物理意义是势能。根据式(2.116)可以画出轨道能量与轨道半径的关系,如图 2.19 所示。

忽略初始速度,轨道上忽略升力,飞行器在轨道 r 上稳定运行,则有 $V^2/r = g$,那么,

$$\varPi_{\mathrm{f}} = 1 - \frac{m_{\mathrm{final}}}{m_{\mathrm{i}}} = 1 - \exp\left[\frac{g_0 r_0 \left(1 - \dfrac{r_0}{2r} \right)}{\eta_0 H_{\mathrm{f}} \left(1 - \dfrac{D + D_{\mathrm{e}}}{F} \right)} \right] \qquad (2.117)$$

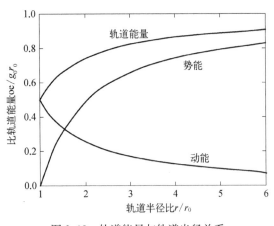

图 2.19　轨道能量与轨道半径关系

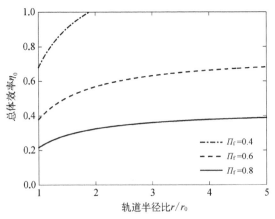

图 2.20　整体效率与轨道半径的关系
$1 - (D + D_{\mathrm{e}})/F = 0.75$; $H_{\mathrm{f}} = 119\,954$ kJ/kg

此外,根据式(2.117),可以得到吸气推进的跨大气飞行器的总效率与轨道半径的关系,

如式(2.118)所示。图 2.20 更加直观地展示两者之间的关系。从图中可以看出,当燃料质量分数保持不变时,随着轨道高度的增加,总效率先迅速增大后缓慢增大;在相同的轨道高度上,随着燃料质量分数的增大,总效率单调减小。

$$\eta_0 = \frac{g_0 r_0 \left(1 - \dfrac{r_0}{2r}\right)}{H_f \left(1 - \dfrac{D + D_e}{F}\right) \ln \left(\dfrac{1}{1 - \Pi_f}\right)} \tag{2.118}$$

4. 火箭式推进的跨大气飞行器

基于火箭式推进的跨大气飞行器可进行类似分析,将推力与比冲换算关系式代入飞行方程,可推导得

$$\frac{\mathrm{d}m}{m} = -\left[\frac{\mathrm{d}\left(\dfrac{V^2}{2}\right) + g\,\mathrm{d}r}{g_0 I_{sp} V \left(1 - \dfrac{D + D_e}{F}\right)}\right] \tag{2.119}$$

对于近地轨道飞行, r/r_0 非常接近于 1,这时候势能与动能相比可以忽略。从而可以得到燃料质量分数:

$$\Pi_f = 1 - \exp\left[-\frac{\sqrt{g_0 r_0}}{g_0 I_{sp}\left(1 - \dfrac{D + D_e}{F}\right)}\right] \tag{2.120}$$

得到燃料质量分数后,可进一步得到比冲与轨道和燃料质量分数的关系如下:

$$I_{sp} = \frac{\sqrt{g_0 r_0}}{g_0 \left(1 - \dfrac{D + D_e}{F}\right) \ln \left(\dfrac{1}{1 - \Pi_f}\right)} \tag{2.121}$$

图 2.21 给出了一个典型的近地轨道火箭推进的飞行器比冲与燃料质量分数的关系。

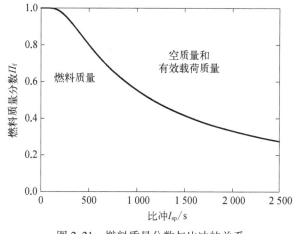

图 2.21　燃料质量分数与比冲的关系
$(D + D_e)/F = 0;\ r/r_0 = 1.0$

<<　**2.4.2　空质量分数**

飞行器系统的空质量包括:结构、控制面、航空导航设备、起降装置、推进发动机、燃料系

统(罐、油路、法门、泵等)、操纵控制装置、环
境控制机器、热管理系统、人员保证品、逃生
装置等。空质量分数定义为飞行器系统的空
质量与初始质量之比,即

$$\Pi_e = \frac{m_e}{m_i} \qquad (2.122)$$

设计开始时,必须对空质量进行很好的估
算,决定飞行器设计项目是否值得进一步发展,
然而,目标空质量分数是系统最后被确定的性
能参数之一。因此,对于空质量分数,非常强调
初始估算。图 2.22 给出了现有飞行器空质量
分数和初始质量之间的关系。

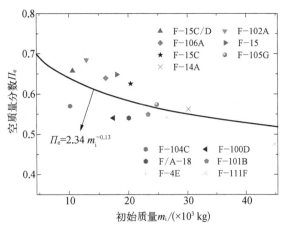

图 2.22　空质量分数和初始质量关系

≫ 2.4.3　初始质量比

初始质量比是航空宇航系统最直接和重要的指标之一,它指初始质量和有效载荷的质量
比,定义式为

$$\frac{m_i}{m_{pa}} = \Gamma = \frac{1}{1 - \Pi_e - \Pi_f} \qquad (2.123)$$

通常来讲,飞行器系统的设计目标就是使初始质量比尽可能小。

由于有效载荷质量一般预先知道,因此初始质量比用来计算起飞或者发射时的系统质量,
其倒数就是有效载荷质量分数。

空质量分数和燃料质量分数增加一点就会导致初质量比增加很大,反之亦然,这意味
着两者之间存在非常强烈的非线性关系。随着空质量分数和燃料质量分数的增加,初质量
比增大。

一个成功设计的飞行器系统一般要达到需求和容许的平衡,通常按照如下流程进行:
① 预先给定飞行器的有效载荷,一般是由客户提出要求,根据任务要求确定初质量。
② 根据目前结构和材料的属性,确定空质量分数。
③ 考虑推进系统和飞行器性能要求,确定燃料分数。

≫ 2.4.4　吸气式推进的总效率与质量系统的关系

1. 采用吸气式推进的巡航飞行器

将式(2.123)代入式(2.99),得到巡航飞行时吸气式推进系统的总效率,可表示为

$$\eta_0 = \frac{g_0 Ra}{H_f(1 - \phi_e)\dfrac{C_L}{C_D}\ln\left(\dfrac{1}{\Pi_e + 1/\Gamma}\right)} \qquad (2.124)$$

可见,其与燃料释热、升阻比、安装阻力、空质量分数(或燃料质量分数)、初始质量比有关。图 2.23 和图 2.24 分别给出了采用不同燃料时吸气式推进方式的总效率与飞行器质量系统的关系。

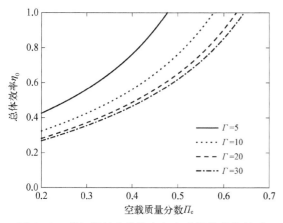

图 2.23　碳氢燃料总体效率与空质量分数的关系
$Ra = 8\,000\,\mathrm{km}$;$(1-\phi_e)C_L/C_D = 4.5$;$H_f = 44\,786\,\mathrm{kJ/kg}$

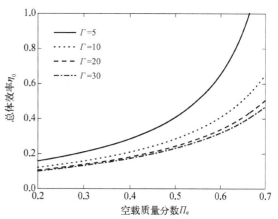

图 2.24　氢燃料总体效率与空质量分数的关系
$Ra = 8\,000\,\mathrm{km}$;$(1-\phi_e)C_L/C_D = 4.5$;$H_f = 119\,954\,\mathrm{kJ/kg}$

2. 吸气式推进的跨大气飞行器

将式(2.123)代入式(2.118),得到跨大气飞行时吸气式推进系统的总效率,可表示为

$$\eta_0 = \frac{g_0 r_0\left(1 - \dfrac{r_0}{2r}\right)}{H_f\left(1 - \dfrac{D + D_e}{F}\right)\ln\left(\dfrac{1}{\Pi_e + 1/\Gamma}\right)}$$

(2.125)

可见,其与燃料释热、外部阻力、空质量分数、初始质量比等因素均有关。图 2.25 给出了采用氢燃料的吸气推进的飞行器跨大气飞行时总效率与飞行器质量系统的关系。

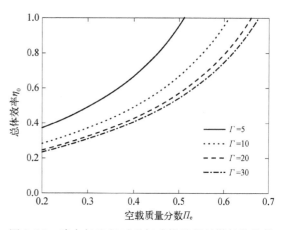

图 2.25　跨大气飞行时吸气式推进器氢燃料的总体效率与空质量分数的关系
$(D + D_e)/F = 0.2$;$r/r_0 = 1.05$;$H_f = 119\,954\,\mathrm{kJ/kg}$

▶▶ 2.4.5　多级飞行案例分析

飞行器为了完成飞行任务,有时需要采用多级的推进系统,如多级火箭等。下面以两级飞行为例进行分析。

在两级飞行中,每一级的初始质量可以写为如下形式:

$$m_{i1} = m_{pa1} + m_{e1} + m_{f1} \tag{2.126}$$

$$m_{i2} = m_{pa2} + m_{e2} + m_{f2} \tag{2.127}$$

同时,两级之间有如下关系:

$$m_{pa} = m_{pa2} \quad m_{pa1} = m_{i2} \quad m_i = m_{i1} \tag{2.128}$$

那么,初质量比为

$$\Gamma = \frac{m_i}{m_{pa}} = \frac{m_{i1}}{m_{pa2}} = \frac{m_{i1}}{m_{pa1}} \frac{m_{pa1}}{m_{pa2}} = \Gamma_1 \Gamma_2 \tag{2.129}$$

其中,两级推进系统各自的初始质量比分别为

$$\Gamma_1 = \frac{m_{i1}}{m_{pa1}} = \frac{1}{1 - \Pi_{e1} - \Pi_{f1}} \tag{2.130}$$

$$\Gamma_2 = \frac{m_{i2}}{m_{pa2}} = \frac{1}{1 - \Pi_{e2} - \Pi_{f2}} \tag{2.131}$$

1. 两级均采用吸气式推进方式

如果两级动力均采用吸气式推进方式,则两级燃料质量分数分别为

$$\Pi_{f1} = 1 - \exp\left[\frac{oe}{\eta_0 H_f\left(1 - \dfrac{D + D_e}{F}\right)}\right]_1 \tag{2.132}$$

$$\Pi_{f2} = 1 - \exp\left[\frac{oe}{\eta_0 H_f\left(1 - \dfrac{D + D_e}{F}\right)}\right]_2 \tag{2.133}$$

这样,可以确定两级推进系统的初质量比为

$$\Gamma = \Gamma_1 \Gamma_2 = \frac{1}{(e^{-\alpha \Lambda_1} - \Pi_{e1})[e^{-(1-\alpha)\Lambda_2} - \Pi_{e2}]} \tag{2.134}$$

其中,

$$\Lambda_1 = \frac{oe}{\left[\eta_0 H_f\left(1 - \dfrac{D + D_e}{F}\right)\right]_1} \tag{2.135}$$

$$\Lambda_2 = \frac{oe}{\left[\eta_0 H_f\left(1 - \dfrac{D + D_e}{F}\right)\right]_2} \tag{2.136}$$

这里,α 为能量分级指标(energy split)。

假设两级系统性能相同,即

$$\Lambda_1 = \Lambda_2 = \Lambda \qquad (2.137)$$

$$\Pi_1 = \Pi_2 = \Pi \qquad (2.138)$$

那么得

$$\Gamma = \frac{1}{(e^{-\alpha\Lambda} - \Pi_e)[e^{-(1-\alpha)\Lambda} - \Pi_e]}$$
$$(2.139)$$

如果 $\alpha = 0.5$,那么得

$$\Gamma = \frac{1}{(e^{-\Lambda/2} - \Pi_e)^2} \qquad (2.140)$$

据此,可以得到两级吸气式飞行的初始质量比与空质量分数和能量分级指标的关系,如图 2.26 所示。

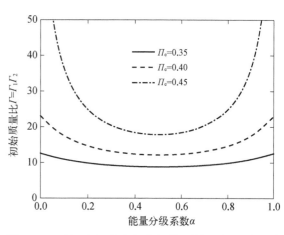

图 2.26　两级吸气式飞行的初始质量比与空质量分数、能量分级指标的关系
$$\Lambda = 0.75$$

2. 第一级采用吸气式推进第二级采用火箭式推进

若两级动力的第一级采用吸气式推进,第二级采用火箭式推进,则可按照与前一节类似的思路分析。分别联立式(2.113)和式(2.130)、式(2.120)和式(2.131),可以得到第一级和第二级的初始质量比为

$$\Gamma_1 = \frac{1}{e^{-\alpha\Lambda_1} - \Pi_{e1}} \qquad (2.141)$$

$$\Gamma_2 = \frac{1}{e^{-(1-\sqrt{\alpha})\Lambda_2} - \Pi_{e2}} \qquad (2.142)$$

其中,

$$\Lambda_1 = \frac{g_0 r_0 \left(1 - \dfrac{1}{2}\dfrac{r_0}{r}\right)}{\left[\eta_0 H_f\left(1 - \dfrac{D + D_e}{F}\right)\right]_1} \qquad (2.143)$$

$$\Lambda_2 = \frac{\sqrt{g_0 r_0}}{g_0\left[I_{sp}\left(1 - \dfrac{D + D_e}{F}\right)\right]_2} \qquad (2.144)$$

从而飞行器整体的初始质量比可表示为

$$\Gamma = \Gamma_1 \Gamma_2 = \frac{1}{(e^{-\alpha \Lambda_1} - \Pi_{e1})[e^{-(1-\sqrt{\alpha})\Lambda_2} - \Pi_{e2}]}$$

$$(2.145)$$

据此,可以得到飞行器初始质量比与空质量分数和能量分级指标的关系,如图 2.27 所示。

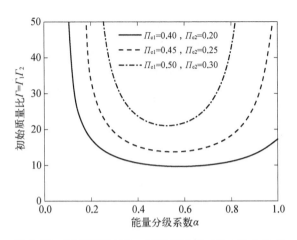

图 2.27　两级飞行(第一级吸气推进,第二级火箭推进)的初始质量比与空质量分数、能量分级指标的关系

$$\Lambda_1 = 0.75; \Lambda_2 = 2.015$$

第 3 章　航空宇航推进的基础知识

航空航天推进系统涉及流动、传热、燃烧、结构、机械、强度、控制、制造、实验等多个学科。本章将针对涉及的气动热力主要基础知识进行简要介绍,其他关于结构强度、控制与机械制造的知识请读者阅读相关专业书籍。本章分为 6 节,分别介绍基本热力学参数与过程、一维流动模型及方程、超声速流动中的波、燃料和推进剂、高超声速空气动力学基础、飞行器推进方式的选择等内容。

3.1　基本热力学参数与过程

本章的研究对象是气体,首先回忆关于气体的几个基本概念。

完全气体(perfect gas)指不考虑气体分子间作用力和分子体积,满足状态方程的气体,不同于理想气体(ideal gas),即无黏气体。

量热完全气体(calorically perfect gas)指在一定温度条件下,分子只有平动和转动,比热容和比热比均为常数(不随温度变化)的气体。

热完全气体(thermally perfect gas)指在一定温度条件下,气体分子振动能被激发,比热容不再保持常数,但仍然满足状态方程的气体。

真实气体(real gas)包括高温真实气体和高压真实气体两个方面,在气体压力较高时,需要考虑分子间作用力和分子体积,而在温度较高时需要考虑分子的离解等化学反应,从而气体变成多组元混合气,物性参数发生变化。

3.1.1　基本热力学参数

滞止状态是指流动可逆绝热,并且不用通过任何外部功减速到静止的状态。当气流由一定的流动状态 0 等熵地变化到滞止状态 t 时,状态 t 对应的参数就称为气体的滞止参数(或总参数),而状态 0 对应的参数就是静参数。因为滞止状态是经历等熵变化得到的,所以静熵等于总熵。根据滞止状态的定义,气体的总能守恒,所以总焓与静焓之间满足如下关系:

$$h_t = h_0 + \frac{V_0^2}{2} \tag{3.1}$$

假定气体为量热完全气体,则焓可以表示为定压比热容与温度的乘积,基于此,可以得到总温与静温关系表达式(注意这里认为比热容是常量)为

$$T_t = T_0 + \frac{V_0^2}{2c_p} \tag{3.2}$$

考虑到当地马赫数(有时也称为飞行马赫数) $Ma_0 = V_0/a_0 = V_0/\sqrt{\gamma R T_0}$,则式(3.2)可以进一步表示为

$$T_t = T_0\left(1 + \frac{\gamma - 1}{2}Ma_0^2\right) \tag{3.3}$$

根据吉布斯(Gibbs)方程可以得到压力与温度的等熵关系(3.1.2 节介绍),据此可将滞止压力与静压的关系表示成当地马赫数的关系,如下:

$$p_t = p_0\left(1 + \frac{\gamma - 1}{2}Ma_0^2\right)^{\frac{\gamma}{\gamma - 1}} \tag{3.4}$$

同样,根据密度与压力之间的等熵关系,得到滞止密度与静密度之间满足如下关系:

$$\rho_t = \rho_0\left(1 + \frac{\gamma - 1}{2}Ma_0^2\right)^{\frac{1}{\gamma - 1}} \tag{3.5}$$

　　再次强调,式(3.3)~式(3.5)适用于量热完全气体,滞止参数与静参数的关系可用当地马赫数和气体比热比表示。图 3.1 给出了空气($\gamma = 1.4$)滞止参数与静参数的比值随着马赫数的变化关系,可见随着马赫数的增大,变化最小的是温度比,其次是密度比,压力比的变化最为显著。例如,在 $Ma_0 = 6.0$ 时,总压与静压的比是 1 000 的量级,而总温与静温的比仅是 10 的量级,因此,图 3.1 的纵坐标采用指数坐标表示。对于在大气中做高超声速飞行的飞行器,当飞行马赫数更高时会造成分子离解以及空气和氮气分子的电离,以及其他化学反应发生,导致前面的假设无法满足,那么式(3.1)~式(3.5)将不再适用。

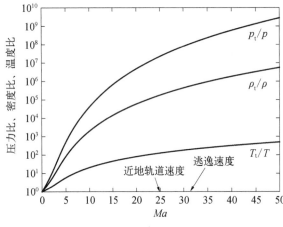

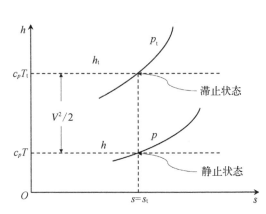

图 3.1　量热完全气体总参数和静参数随飞行马赫数的变化规律($\gamma = 1.4$)

图 3.2　气体的状态在 $h - s$ 图上的表示

　　在航空宇航推进领域经常要用到 $h - s$ 图,如图 3.2 所示,利用焓的定义确定气体的状态。对于气体的滞止状态用 Gibbs 方程,得

$$\Delta s = c_p \ln \frac{T_{t2}}{T_{t1}} - R\ln \frac{p_{t2}}{p_{t1}} \tag{3.6}$$

　　对于绝热流动,因为总温不变,式(3.6)右边第一项恒等于零,由于存在耗散(如摩擦损失等),因此,熵必然增大,从而气体的总压一定是减小的。所有存在耗散的绝热流动都会造成

总压减小,总压可以作为衡量流动损失的量,因此,绝热流动中总压比与熵增的关系式为

$$\frac{p_{t2}}{p_{t1}} = e^{-\frac{\Delta s}{R}} \tag{3.7}$$

总压减小对于推进系统是重要的影响,总压越大,工质做功的效率越高。因此,推进系统中也常用总压损失来衡量内流道的流动特性。例如,从内流道位置 1 到位置 2 处,总压损失定义为 $\Delta p = p_{t1} - p_{t2}$。

上述概念在本书后文中进气道、燃烧室以及尾喷管性能分析中将会频繁使用。

>> 3.1.2　基本热力学过程

这里主要介绍两类热力学过程,等熵过程与多变过程。

等熵过程中,熵保持不变,根据 Gibbs 方程,气体的压力比和温度比满足如下关系:

$$\frac{p_2}{p_1} = \left(\frac{T_2}{T_1}\right)^{\frac{c_p}{R}} = \left(\frac{T_2}{T_1}\right)^{\frac{\gamma}{\gamma-1}} \tag{3.8}$$

根据理想气体状态方程,将温度比用密度比代替,得

$$\frac{p_2}{p_1} = \left(\frac{\rho_2}{\rho_1}\right)^{\gamma} \tag{3.9}$$

式(3.9)适用于量热完全气体。

气体与外界没有热量交换的过程就是绝热过程,航空航天推进系统中的压缩和膨胀过程往往可近似看作绝热过程。由定义可知,在绝热过程中 $q = 0$、$\delta q = 0$,在推进领域,常用到的性质是总温不变。应当注意,等熵过程一定是可逆绝热过程,而绝热过程不一定是等熵过程。

实际的热力学过程通常不是严格的绝热过程,但气体的状态变化往往遵循一定的规律,状态点的 p、v 可以整理成 $pv^k = \text{const}$ 的形式,这样的过程称为多变过程,其中,k 称为多变指数。对于同一个多变过程,k 为定值,但对于不同多变过程,k 值不同,一些复杂的热力学过程可以看作分段多变过程。当多变指数取不同值时,表现出不同的性质。例如:

① 当 $k = 0$ 时,$pv^0 = p = \text{const}$,为等压过程;

② 当 $k = 1$ 时,$pv^1 = pv = \text{const}$,为等温过程;

③ 当 $k = \gamma$ 时,$pv^{\gamma} = \text{const}$,为绝热过程;

④ 当 $k = \pm\infty$ 时,$pv^k = \text{const}$,进一步变换为 $p^{1/k} v = \text{const}1$,可见当 $k = \pm\infty$ 时,$v = \text{const}2$,为等容过程。

在航空发动机压气机中的气态压缩过程就是一个典型的多变过程,多变指数 k 通常小于空气的绝热指数 γ(即比热比)。

3.2　一维流动模型与方程

>> 3.2.1　数学物理模型

一维定常流动模型常用于发动机内流道气动热力过程的分析。

采用一维定常流动研究的意义主要体现在如下几个方面。

① 气流物理量仅是某一个坐标的函数,如 $\phi = \phi(x)$,流动参数只沿流动方向变化而在同一截面上是均匀的。

② 即使对于三维流动,气体沿微元管的运动类似一维流动,往往可以给出解析解,可用于研究可压缩流规律。

③ 等截面、缓变截面管道的流动(拉瓦尔喷管)等,都可用一维定常流动模型研究。

在工程中,一维定常流动研究的各种问题具有真实的应用背景:各种推进系统的尾喷管中的流动可简化为变截面管流问题;壁面摩擦相当于体积力的影响,考虑壁面摩擦的管流可按照摩擦管流问题分析;加热管流模型可用于分析发动机壁面加热或冷却问题;固体火箭发动机、天然气输送管道主管道流动则对应添质管流模型。

下面针对图 3.3 所示的一维定常流动模型进行讨论分析。

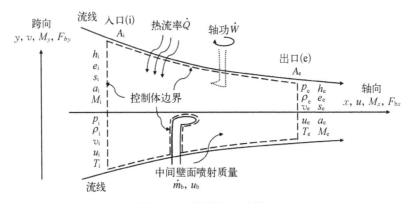

图 3.3 一维定常流动模型

图 3.3 所示的一维定常流动模型具有一般性,考虑了截面的变化,壁面热流(气动热或者冷却)和添质(推进剂或者燃料喷射),还考虑了轴功(可能为输入或者输出)。该模型遵循以下基本假设。

① 流动定常,控制方程中所有的非定常项为零。因此,对如下情况不适用:内流道发生高速振荡,发动机工作中发生快速变化,如进气道不启动、启动过程等。

② 气体为完全气体,且化学热力学性质已知,即成分组成确定,物性参数可定。

③ 忽略重力、加速度、电磁场等对流体运动和流体能量的影响。

因此,遵循如上假设的一维定常流动的微分型控制方程可写成如下形式。

连续方程:

$$\frac{\mathrm{d}\rho}{\rho} + \frac{\mathrm{d}V}{V} + \frac{\mathrm{d}A}{A} - \frac{\mathrm{d}\dot{m}}{\dot{m}} = 0 \tag{3.10}$$

动量方程:

$$\frac{\mathrm{d}p}{p} + \gamma Ma^2 \cdot \frac{\mathrm{d}V}{V} - F_{bx} = 0 \tag{3.11}$$

能量方程:

$$\frac{\Gamma}{\gamma - 1} \frac{\mathrm{d}T_t}{T_t} - \frac{\mathrm{d}Q}{a^2} = 0 \tag{3.12}$$

状态方程：

$$\frac{\mathrm{d}p}{p} - \frac{\mathrm{d}\rho}{\rho} - \frac{\mathrm{d}T}{T} = 0 \tag{3.13}$$

总温方程：

$$\frac{\mathrm{d}T_t}{T_t} - \frac{\mathrm{d}T}{T} - \frac{(\gamma - 1)Ma^2}{\Gamma} \frac{\mathrm{d}Ma}{Ma} = 0 \tag{3.14}$$

总压方程：

$$\frac{\mathrm{d}p_t}{p_t} - \frac{\gamma Ma^2}{\Gamma} \frac{\mathrm{d}Ma}{Ma} - \frac{\mathrm{d}p}{p} = 0 \tag{3.15}$$

冲量方程：

$$\frac{\mathrm{d}I}{I} - \frac{\mathrm{d}A}{A} - \frac{\mathrm{d}p}{p} - \frac{2\gamma Ma^2}{1 + \gamma Ma^2} \frac{\mathrm{d}Ma}{Ma} = 0 \tag{3.16}$$

其中，$\Gamma = 1 + (\gamma - 1)Ma^2/2$；$I$ 为冲量函数；F_{bx} 为合外力（摩擦力、推力等）在 x 方向的分力。

对于实际问题，当面积变化规律 $A(x)$、与外界交换的质量流率 $\dot{m}(x)$、加热量 $Q(x)$ 以及摩擦系数、比热比等参数已知时，可以联立式（3.10）~式（3.16），求解得到出口位置马赫数、静压、静温、冲量等流动参数。

虽然上述模型和方程非常简单，但是在本书后文的冲压发动机分析时将会发挥重要的作用，利用上述方程甚至可以确定发动机工作模态的气动热力参数。

3.2.2　喉部与流量壅塞

对于几何截面缓变的一维定常流动，几何上满足 $\mathrm{d}A/A_0 \ll \mathrm{d}x/L$，其中，$A_0$ 是通道进口截面积，L 是通道长度。对于边界层完全附着且厚度远小于管道侧向尺度的高雷诺数流动，运用无黏流假设即可较好地估计流动参数沿流向的变化规律。根据 3.2.1 节建立的一维流动数学模型，当系统与外界没有质量和热量的交换，并且没有轴功时，控制方程可简化为如下形式：

① 连续方程为

$$\frac{\mathrm{d}A}{A} + \frac{\mathrm{d}\rho}{\rho} + \frac{\mathrm{d}V}{V} = 0 \tag{3.17}$$

② 流向动量守恒方程为

$$\rho V \mathrm{d}V = -\mathrm{d}p \tag{3.18}$$

③ 能量方程为

$$\mathrm{d}h_t = \mathrm{d}h + V\mathrm{d}V = 0 \tag{3.19}$$

如果流动等熵,则压力和密度还满足等熵关系 $p/\rho^{\gamma} = \mathrm{const}$,写成如下导数形式:

$$\frac{\mathrm{d}p}{p} - \gamma\frac{\mathrm{d}\rho}{\rho} = 0 \tag{3.20}$$

将动量方程两边同时除以 $\mathrm{d}\rho$ 并化简得

$$\frac{\mathrm{d}\rho}{\rho} = -\frac{V\mathrm{d}V}{a^2} \tag{3.21}$$

用式(3.21)替换连续方程(3.17)中的密度比,并化简后得

$$(Ma^2 - 1)\frac{\mathrm{d}V}{V} = \frac{\mathrm{d}A}{A} \tag{3.22}$$

式(3.22)将流动截面积变化与速度变化联系起来,据此很容易得到气体准一维定常绝热流动满足如下性质:① 在亚声速流动中($Ma < 1$),截面积增大,流速减小,反之,流速增大,这与不可压流动一致;② 在超声速流动中($Ma > 1$),截面积增大,流速增大,反之,流速减小;③ 当 $Ma = 1$ 时,由式(3.22)得到 $\mathrm{d}A = 0$,即气流出现声速的截面是流道截面变化的极值点,在等熵流动假设下,还可进一步证明是极小值点。

根据上述分析,气流通过一个收缩-扩张通道时,可以由超声速减速为亚声速,此时在流道截面积最小的位置必然有 $Ma = 1$,这个截面积最小的位置称为喉部(或临界截面)。同理,亚声速气流通过收缩-扩张通道后也可以加速为超声速,此时仍然有喉部马赫数等于1。需要注意,超声速气流经过收缩-扩张通道后并不一定减速为亚声速,还取决于出口背压,只有当最小截面满足 $Ma = 1$ 时,才是喉部。

上面的知识可能出现在气体力学相关的专业书籍中,本书仍然强调其重要性,读者在后文学习"双模态超燃冲压发动机"的时候会体会作者的用意。

定义单位面积上通过的质量流量为流量密度,用 q_m 表示。根据定义,流量密度与马赫数满足如下关系:

$$q_m Ma = \rho V = \sqrt{\gamma p_t \rho_t}\, Ma\left(1 + \frac{\gamma-1}{2}Ma^2\right)^{-\frac{\gamma+1}{2(\gamma-1)}} \tag{3.23}$$

将式(3.23)对 Ma 求导,可以看出,在相同的滞止状态下,$Ma = 1$ 对应的流量密度最大,图3.4很好地证明了这一点。对于变截面定常等熵流动,当最小截面处达到 $Ma = 1$ 时,通道的流量达到给定滞止参数下的最大值,此时称流动达到壅塞状态,该最大流量又称为壅塞流量。

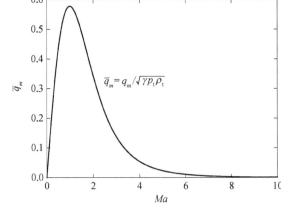

图3.4 等熵流动中流量密度与马赫数的关系

3.2.3 热壅塞

热壅塞是指加热量取某个合适的值或在某个合适的区间时,工质在发动机喷管喉部之前,

如果是超声速将减为声速,如果是亚声速可增加到声速,如果继续增加燃料量(加热量),则喉部的速度不会进一步提高,导致热量在喉部持续聚集,发动机无法进入正常工作的状态。下面通过一维定常流动模型介绍热壅塞的物理意义。

对于如图 3.5 所示的一维加热无摩擦等截面流动,假定流体为完全气体且不考虑黏性的影响,这种流动问题称为瑞利(Rayleigh)流动。对 Rayleigh 流动的分析在很多流体力学以及推进原理相关教科书上很容易找到,这里不再详细推导,仅以该问题为背景,讨论热壅塞的物理含义和产生机制。

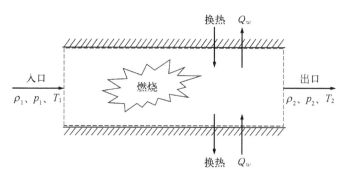

图 3.5　一维加热等截面流动

在 Rayleigh 流动中,流动截面的流量密度 q_m 为定值,各截面的平均速度可表示为 $u = q_m v$,其中 v 为比容积,则动量方程可写为如下形式:

$$p + q_m^2 v = \text{const} \tag{3.24}$$

式(3.24)确定了 Rayleigh 流动中压强 p 和比容积 v 之间满足的唯一关系,在 $p-v$ 图上是一条斜率为 $-q_m^2$ 的直线,即 Rayleigh 线。温度 T、熵 s 等都可以表示为 p 和 v 的函数,因此,也可以在 $T-s$ 图上画出 Rayleigh 线,如图 3.6 所示。从图中可以看出,Rayleigh 线分为亚声速和超声速两个分支,由壅塞点 C 分隔。无论入口是超声速还是亚声速流动,加热都使流动靠近壅塞点(壅塞倾向),而冷却都将使流动远离壅塞点。最高温度出现在马赫数等于 $1/\sqrt{\gamma}$ 的位置,这说明进一步加热将使静温减小到出口声速条件,但是随着热量的增加,总温还将继续增大,

导致出口达到壅塞状态的加热量称为临界加热量,记为 Q^*。综上所述,无论入口流动状态如何,随着系统加热量的逐渐增加,出口的流动状态都将向壅塞点靠近,当加热量达到临界加热量 Q^* 时,出口达到壅塞状态。与流动的壅塞不同,该壅塞状态是由热量添加造成的,因此称为热壅塞。

当加热量达到临界值 Q^* 后,如果继续增加,出口的流动状态会怎样变化呢?当入口初始流态为亚声速时,如果加热量超过临界值时,由出口壅塞导致的气流压力上升将影响到入口,导致入口马赫数下降、流量密

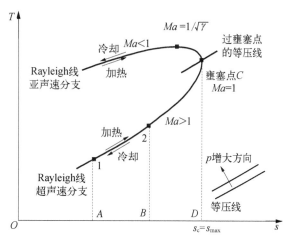

图 3.6　瑞利线在 $T-s$ 图上的表示

度 q_m 减小,从而使入口状态转移到另一条 Rayleigh 线上,如图 3.7 中虚线所示,流量密度减小导致新 Rayleigh 线向右上方移动。当入口初始流态为超声速时,如果加热量与临界值相比,增加一个小量 δQ 时,通常流动通道中将形成正激波,使得流动状态由超声速分支跳到同一条 Rayleigh 线的亚声速分支上,如图 3.7 中点画线所示,然后沿亚声速分支变化,如果加热量比临界值增加一个有限大小的量时,正激波将移出管道而在入口前形成脱体激波,此时,整个管道内的流动均为亚声速状态。

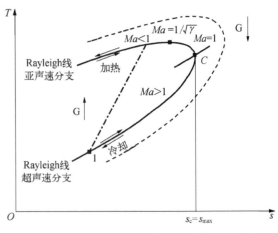

图 3.7　加热量超过临界值之后瑞利线的变化

上述内容在分析加力燃烧室或者冲压发动机内流动时将会发挥重要作用。

3.2.4　静焓-动能图

1. 冲量函数与流推力函数

首先定义冲量函数为

$$I = pA + \dot{m}V = pA(1 + \gamma Ma^2) \tag{3.25}$$

根据冲量函数进一步定义流推力函数为

$$Sa = \frac{I}{\dot{m}} = \frac{pA}{\dot{m}} + V = V\left(1 + \frac{RT}{V^2}\right) \tag{3.26}$$

那么,第 2 章介绍的吸气式发动机比推力(单位质量流量的推力)可表示为

$$\frac{F}{\dot{m}} = V_e\left(1 + \frac{RT_e}{V_e^2}\right) - V_i\left(1 + \frac{RT_i}{V_i^2}\right) = Sa_e - Sa_i \tag{3.27}$$

显然,它是发动机进出口截面上流推力函数值之差。如果知道了不同流动位置上的流推力函数的值,就很容易计算出比推力。

推力一般通过压力作用在壁面上产生,因此,壁面必须有扩张段才能有推力分量。对于等截面燃烧室,一般并不直接产生推力。

2. 参数无量纲化

通常使用发动机入口能量参考值作为无量纲化的参数,即入口总静焓 $c_p T_{ti}$ 作为参考量,因此存在:

无量纲静焓能 H 为

$$H = \frac{c_p T}{c_p T_{ti}}$$

无量纲动能 K 为

$$K = \frac{V^2}{2c_p T_{ti}}$$

无量纲流推力函数为

$$\Phi = \frac{\text{Sa}}{\sqrt{c_p T_{ti}}} = \sqrt{\frac{1}{2}\left(\frac{2c_p T_{ti}}{V^2}\right)\left[2\left(\frac{V^2}{2c_p T_{ti}}\right) + \frac{\gamma - 1}{\gamma}\left(\frac{c_p T}{c_p T_{ti}}\right)\right]} \qquad (3.28)$$

3. 静焓-动能平面图

1）范诺线

对于与外界没有质量、热量、轴功交换的一维定常流动,可以写出其无量纲的能量守恒方程为

$$\frac{c_p T}{c_p T_{ti}} + \frac{V^2}{2c_p T_{ti}} = 1 \qquad (3.29)$$

将其画在以 $H - K$ 为变量的相平面,得到如图 3.8 所示的直线,该直线即是常说的范诺(Fanno)线。

2）Rayleigh 线

对于等截面通道中的流动,流动控制方程可简化为如下形式。

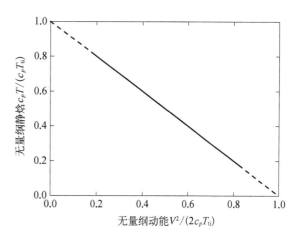

图 3.8　总能守恒时无量纲的静焓与动能关系图(Fanno 线)

质量守恒为
$$\rho_i V_i = \rho_e V_e,\ \text{即}\ \rho V = \text{const1} \qquad (3.30)$$

动量守恒为
$$p_i + \rho_i V_i^2 = p_e + \rho_e V_e^2,\ \text{即}\ p + \rho V^2 = \text{const2} \qquad (3.31)$$

气体同时满足理想气体状态方程:
$$p = \rho R T \qquad (3.32)$$

将式(3.30)~式(3.32)代入流推力函数的定义式得

$$\text{Sa} = V\left(1 + \frac{RT}{V^2}\right) = \frac{1}{V}(RT + V^2) = \frac{\rho}{\text{const1}} \cdot \frac{\text{const2}}{\rho} = \text{const} \qquad (3.33)$$

从而无量纲流推力函数满足

$$\Phi = \frac{\text{Sa}}{\sqrt{c_p T_{ti}}} = \text{const} \qquad (3.34)$$

将其写为无量纲的静焓和动能的形式,即

$$\Phi = \frac{\text{Sa}}{\sqrt{c_p T_{ti}}} = \sqrt{\frac{1}{2}\left(\frac{2c_p T_{ti}}{V^2}\right)\left[2\left(\frac{V^2}{2c_p T_{ti}}\right) + \frac{\gamma - 1}{\gamma}\left(\frac{c_p T}{c_p T_{ti}}\right)\right]} \qquad (3.35)$$

因此,在 $H-K$ 平面上做出满足式(3.35)中关系的曲线就是瑞利线,如图 3.9 所示。根据 Rayleigh 线的物理意义,在等截面燃烧室中进行的流动燃烧过程中,静焓与动能的值沿着 Rayleigh 线变化。

根据马赫数的定义 $Ma^2 = V^2/\gamma RT$,可以进一步写为 $H-K$ 的变量关系,即

$$Ma^2 = \frac{2}{\gamma - 1} \frac{\dfrac{V^2}{2c_p T_{ti}}}{\dfrac{c_p T}{c_p T_{ti}}} \tag{3.36}$$

那么等马赫数线在 $H-K$ 相平面上是从原点发出的射线,不同斜率表示马赫数的大小不同。

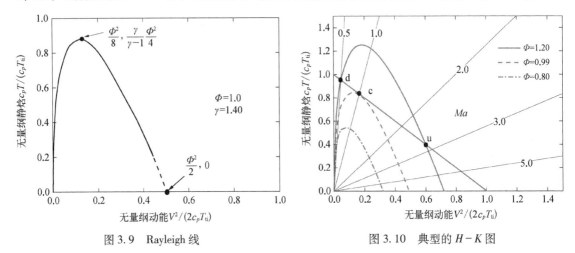

图 3.9　Rayleigh 线　　　　　　　　图 3.10　典型的 $H-K$ 图

在无量纲焓 H 和无量纲动能 K 平面上可以作出反映各种热力学关系的曲线图,如等马赫数线、范诺线、瑞利线等,它们可以进一步用来分析冲压发动机内流道中的复杂流动过程,如图 3.10 所示。

3.3　超声速流动中的波

3.3.1　激波的产生与分类

在亚声速流动中,扰动会同时向上游和下游传播,如绕流问题,流线在到达物面之前会做出调整以适应物体"占据"的空间,亚声速翼型绕流前缘"上洗流"现象就是流线调整的例证。在超声速流动中,扰动只能向下游传播,因此流动不得不在作用区域内突然做出调整。对于小扰动,作用域是马赫锥,如图 3.11 所示。对于大扰动,如有迎角的物体绕流,这种"调整"会产生一系列压缩波和膨胀波,这就是超声速绕流的特征。由于流动参数的阶跃特性,在气体动力学中有限压缩波称为激波。图 3.12 给出了一个菱形翼型有迎角超声速绕流流场的示意图。

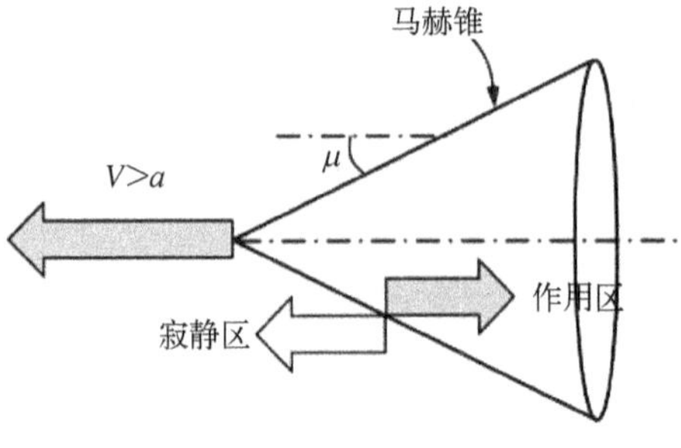

图 3.11　超声速流动的影响域

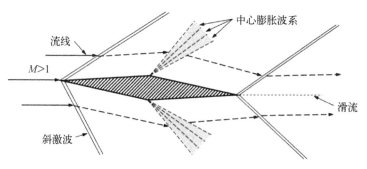

图 3.12　菱形翼型超声速绕流流场

激波可以分为正激波、斜激波和圆锥激波。与气流速度方向垂直的物理量间断面称为正激波。关于正激波的产生有两个经典的模型,一个是无限长等截面管道和活塞模型,一个是激波管模型。在实际流动中,很多时候激波与流动方向不垂直,此时产生的平面激波就是斜激波,菱形前缘的压缩波就是斜激波,它使气流的流动方向转为平行于物体表面。超声速气流中锥体绕流会产生圆锥激波,如图 3.13 所示,当攻角为零时,流场轴对称,并且激波与圆锥同轴。圆锥激波不同于斜激波,波后气流不能立即转为平行于锥体表面的均匀气流,否则流线逐渐远离锥体轴线,流通截面不断增大,这样不满足连续方程。圆锥激波的基本假设是,在以锥体轴线为轴的相同锥面上的气流参数相同。根据这一假设,气流经过圆锥激波后,流线连续转折,并以锥体母线为渐近线逐渐靠拢。轴对称的圆锥激波没有长度量,锥角 θ 是该问题的唯一变量。

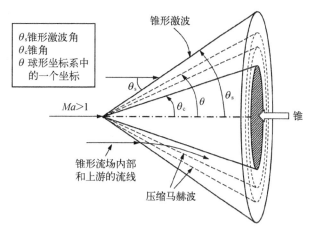

θ_s 锥形激波角
θ_c 锥角
θ 球形坐标系中的一个坐标

图 3.13　锥形激波流场示意图

3.3.2　激波理论分析

1. 正激波理论

激波可以是在气体中运动的,也可以是驻定的,为了分析方便,始终将坐标系固定在激波上,建立如图 3.14 所示的控制体,两侧面积均取单位面积,且平行于激波表面。原本由于物理量在激波面上存在间断,因此只能采用积分形式的守恒方程。

根据正激波相容条件,可以得到激波前后气流参数关系式,即正激波过程的兰金-雨贡纽关系式:

$$\frac{\rho_2}{\rho_1} = \frac{(\gamma + 1)Ma_1^2}{2 + (\gamma - 1)Ma_1^2} \qquad (3.37)$$

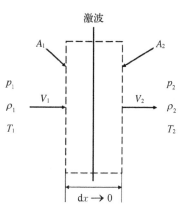

图 3.14　正激波控制体示意图

$$\frac{p_2}{p_1} = 1 + \frac{2\gamma}{\gamma + 1}(Ma_1^2 - 1) \tag{3.38}$$

$$\frac{T_2}{T_1} = \frac{[2\gamma Ma_1^2 - (\gamma - 1)][(\gamma - 1)Ma_1^2 + 2]}{(\gamma + 1)^2 Ma_1^2} \tag{3.39}$$

激波前后马赫数之间的关系式为

$$Ma_2^2 = \frac{1 + (\gamma - 1)Ma_1^2/2}{\gamma Ma_1^2 - (\gamma - 1)/2} \tag{3.40}$$

需要说明的是,激波是绝热压缩过程,因而激波前后滞止温度相等,即 $T_{t2} = T_{t1}$,但同时激波过程不可逆,伴随有熵的增加,因而激波后总压会有损失,通过简单推导,可得到激波前后总压比与波前马赫数的关系:

$$\frac{p_{t2}}{p_{t1}} = \left[\frac{(\gamma + 1)Ma_1^2}{2 + (\gamma - 1)Ma_1^2}\right]^{\frac{\gamma}{\gamma - 1}} \left(\frac{2\gamma}{\gamma + 1}Ma_1^2 - \frac{\gamma - 1}{\gamma + 1}\right)^{\frac{1}{1 - \gamma}} \tag{3.41}$$

前文指出,总压损失对于发动机是不利的,因此在发动机内流道中人们总是尽可能地避免或者减弱激波带来的损失。例如,冲压发动机中,一旦内流道中或者在进气道入口前产生激波,其造成的总压损失会非常大,通常会造成发动机无法工作或者进气道不启动。另外,即使必须使用激波减缩增压的发动机部件,也尽可能地使用多道强度相对弱的激波,如后面的斜激波,从而尽可能地降低总压损失。

2. 斜激波理论

如前所述,斜激波是在激波间断面与气流流动方向不垂直的情况下产生的。当超声速来流遇到小的内折时,在转折处产生平面斜激波,并且波后气流与转折后的壁面平行,如图 3.15 所示。其中,物面的内折角 θ 就是气流的偏转角,β 称为激波角,它是激波面与来流方向的夹角,当 $\beta = \pi/2$ 时,来流与激波间断面垂直,相当于正激波;当 $\beta = \mu$ 时,即为微弱扰动的马赫角,此时不再是激波,因此,平面斜激波的激波角应满足 $\mu < \beta < \pi/2$。对于平面斜激波,与斜激波间断面平行的速度分量在激波前后保持不变,而与斜激波间断面垂直的速度分量满足正激波关系式,因此,可以建立斜激波的相容关系式。

将正激波关系式中区分激波前后参数的下标"1"和"2"分别换成"1n"和"2n",将总焓 h_t 换成 $h_t' = h_0 - V_t^2/2$,则正激波相容关系式就转化为斜激波关系式,因此,通过

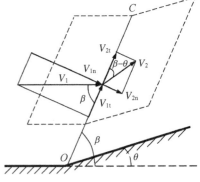

图 3.15　斜激波前后气流的几何关系

与正激波类似的分析,可以得到激波前后参数比与马赫数的关系式,如下:

$$\frac{\rho_2}{\rho_1} = \frac{(\gamma + 1)Ma_1^2 \sin^2\beta}{2 + (\gamma - 1)Ma_1^2 \sin^2\beta} \tag{3.42}$$

$$\frac{p_2}{p_1} = \frac{2\gamma}{\gamma + 1}Ma_1^2\sin^2\beta - \frac{\gamma - 1}{\gamma + 1} \tag{3.43}$$

$$\frac{T_2}{T_1} = \frac{\left[2\gamma Ma_1^2\sin^2\beta - (\gamma - 1)\right]\left[(\gamma - 1)Ma_1^2\sin^2\beta + 2\right]}{(\gamma + 1)^2 Ma_1^2\sin^2\beta} \tag{3.44}$$

$$\frac{p_{t2}}{p_{t1}} = \left[\frac{(\gamma + 1)Ma_1^2\sin^2\beta}{2 + (\gamma - 1)Ma_1^2\sin^2\beta}\right]^{\frac{\gamma}{\gamma - 1}}\left(\frac{2\gamma}{\gamma + 1}Ma_1^2\sin^2\beta - \frac{\gamma - 1}{\gamma + 1}\right)^{\frac{1}{1 - \gamma}} \tag{3.45}$$

利用能量守恒方程(3.45)可以得到斜激波前后气流速度满足如下关系:

$$V_{1n}V_{2n} = \frac{2(\gamma - 1)}{\gamma + 1}\left(h_t - \frac{V_t^2}{2}\right) = (a^0)^2 - \frac{\gamma - 1}{\gamma + 1}V_1^2\cos^2\beta \tag{3.46}$$

其中,a^0 为临界声速。

根据几何关系,有

$$\tan\beta = \frac{V_{1n}}{V_t}, \quad \tan(\beta - \theta) = \frac{V_{2n}}{V_t} \tag{3.47}$$

代入式(3.46),化简得

$$\tan\theta = 2\cot\beta\frac{Ma_1^2\sin^2\beta - 1}{Ma_1^2(\gamma + \cos 2\beta) + 2} \tag{3.48}$$

式(3.48)是激波角与气流转折角之间的关系,如图 3.16 所示。

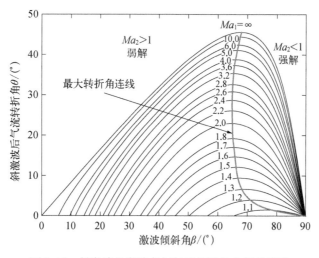

图 3.16 斜激波的激波角与气流折转角之间的关系

将式(3.48)对 β 求导,可以求出对应于 Ma_1 最大的气流转折角,转折角超过这个值,则满足斜激波相容关系的解 β 不存在。转折角取最大值对应斜激波由附体转变为脱体的特殊情况,当转折角大于 θ_{max} 时,激波脱体。前文提到,超声速来流遇到小的内折时在转折处产生平面斜激波,当内折较大时产生曲面斜激波,即脱体激波,如图 3.17 所示的钝体绕流,其前端内

折角为 $\pi/2$,远大于来流马赫数对应的最大转折角,因此产生脱体激波。

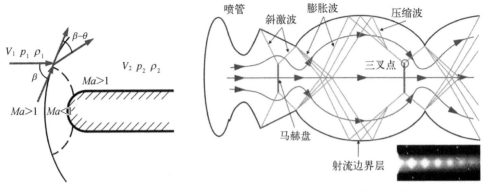

图 3.17　脱体激波示意图　　　　　　图 3.18　超声速喷管出口波系

在航空航天推进领域,常见的流动过程需要用到斜激波理论分析的案例,如图 3.18 所示的尾喷管的流动。超声速喷管的出口马赫数 Ma_e 和出口压力 p_e 是给定的,外界环境背压为 p_b,如果 $p_e < p_b$,就会产生斜激波,以适应出口压力,此时斜激波的方向取决于背压大小。

3. 激波的相交、反射与干扰

高超声速飞行器及其动力系统中存在非常复杂的激波现象,这不仅包括激波与激波、激波与膨胀波组成的复杂波系,这些激波、膨胀波、波系还存在相交与反射的问题,与此同时,它们相互之间以及与边界层之间还存在相互干扰的问题,如图 3.19 所示。

下面简要介绍激波的相交与反射。斜激波打在固壁或对称面上会发生折转形成反射波。根据物理条件的不同,激波反射有两种基本的形式——正规反射(规则反射)和马赫反射(不规则反射)。

马赫数为 Ma_0 的水平超声速来流遇到楔角为 θ_w 的尖楔之后发生折转,并且在折转处产生一道斜激波,这就是入射波。折转后气流方向与楔面平行,遇到水平固壁后气流方向再次折转到沿着水平壁面,因而必然产生第二道斜激波。

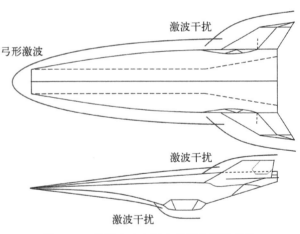

图 3.19　高超声速飞行中的复杂激波现象

如果来流参数和尖楔角度满足一定条件,使得第二道斜激波不脱体,那么,两道斜激波相交于固壁上的同一点,此时,第二道斜激波就是反射波,两道斜激波在固壁上的交点称为反射点。这种反射称为规则反射或正规反射,如图 3.20 所示。

对于发生正规反射的流场,入射激波是直的斜激波,因此,(1)区为均匀超声速区,气流方向与楔面平行,反射激波在靠近反射点附近的一段也是直的斜激波,其后方区域(2)也是均匀的超声速区,气流方向与固壁平行。此外,气流绕过尖楔尾端会产生膨胀波系,膨胀波系将与反射激波相交,使得反射激波发生弯曲,这就是激波与膨胀波的干扰问题。

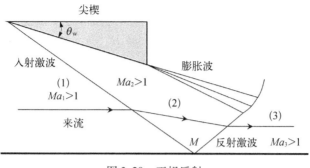

图 3.20　正规反射

如果内折很大,超过反射激波作为附体斜激波对应的气流偏转角,就会发生后面介绍的马赫反射。因此发生正规反射存在允许的最大气流偏转角 θ_{wmax},它对应反射激波脱体的角度,一般记为 $\theta^D = \theta_{wmax}$。下面求 θ_{wmax} 与来流马赫数的关系。

设 Ma_1 为来流马赫数, Ma_2 为经过入射激波后的马赫数, Ma_3 为经过反射激波后的马赫数, θ_w 为尖楔角度,也等于经历入射激波后的气流偏转角, β_1 为第一道斜激波的角度, β_2 为第二道斜激波(相对于流区流动方向)的角度。为了求解与 Ma_1 相对应的 θ_{wmax},需要先求经过入射激波后的流动参数。应用斜激波理论,有

$$\tan\theta_w = 2\cot\beta_1 \frac{Ma_1^2\sin^2\beta_1 - 1}{Ma_1^2(\gamma + \cos 2\beta_1) + 2} \tag{3.49}$$

$$Ma_2^2 = \frac{(\gamma - 1)Ma_1^2 + 2}{2\gamma Ma_1^2\sin^2\beta_1 - (\gamma - 1)} + \frac{2Ma_1^2\cos^2\beta_1}{(\gamma - 1)Ma_1^2\sin^2\beta_1 + (\gamma - 1)} \tag{3.50}$$

由于 θ_w 和 Ma_1 是给定的,因此,由式(3.49)和式(3.50)可以唯一确定 β_1 和 Ma_2。应当注意,假设入射激波是附体激波,因此,取弱激波对应的解。入射激波在下面的固壁反射,产生的反射激波的激波角与波后马赫数仍然用同样的关系式确定。反射激波也是由气流遇到等效内折 $\theta_2 = \theta_w$ 产生的,因此可得

$$\tan\theta_w = 2\cot\beta_2 \frac{Ma_2^2\sin^2\beta_2 - 1}{Ma_2^2(\gamma + \cos 2\beta_2) + 2} \tag{3.51}$$

$$Ma_3^2 = \frac{(\gamma - 1)Ma_2^2 + 2}{2\gamma Ma_2^2\sin^2\beta_2 - (\gamma - 1)} + \frac{2Ma_2^2\cos^2\beta_2}{(\gamma - 1)Ma_2^2\sin^2\beta_2 + 2} \tag{3.52}$$

如果等效折角较小,那么反射激波仍然附体,由式(3.51)和式(3.52)就可以取弱激波解,唯一地确定 β_2 和 Ma_3。为了求 θ_{wmax},先求 θ_{2max},即反射激波脱体对应的气流偏转角。设此时反射激波对用的激波角为 β_{2max},两者满足:

$$\sin^2\beta_{2max} = \frac{1}{\gamma Ma_2^2}\left[\frac{\gamma + 1}{4}Ma_2^2 - 1 + \sqrt{(1 + \gamma)\left(1 + \frac{\gamma - 1}{2}Ma_2^2 + \frac{\gamma + 1}{16}Ma_2^4\right)}\right] \tag{3.53}$$

$$\tan\theta_{2max} = \frac{2\left[(Ma_2^2 - 1)\tan^2\beta_{2max} - 1\right]}{\tan\beta_{2max}\left[(\gamma Ma_2^2 + 2)(1 + \tan^2\beta_{2max}) + Ma_2(1 - \tan^2\beta_{2max})\right]} \tag{3.54}$$

由于反射激波后的马赫数 Ma_2 已经按前面的式子求出,因此由式(3.53)和式(3.54)可以唯一地确定 θ_{2max}。最后令 $\theta^D = \theta_{wmax} = \theta_{2max}$,不同的来流马赫数对应地能产生正规反射的最大允许气流偏转角 $\theta^D = \theta_{wmax}(Ma_1)$。

如果 $\theta_w > \theta^D$,那么反射激波相当于一个脱体激波,声速点前为一段强激波,声速点后为一段弱激波,如图 3.21 所示。由斜激波理论可知,图 3.22 中(2)区的马赫数小于(1)区,在相同的气流转折角条件下,反射激波更容易脱体,如果反射激波满足激波脱体条件,入射斜激波将发生另外一种形式的壁面反射——马赫反射或不规则反射。马赫反射的流场结构如图 3.22 所示,入射激波与反射激波交点 M 不在反射面上,M 点与固壁之间有一道强激波,因此,M 点称为三叉点。三叉点与固壁之间的强激波通常又称为马赫杆,它与反射面垂直于一点 N,N 点称为反射点。从三叉点还有一条延伸到下游的滑移线,在 M 点附近滑移线向下偏转,随后与尖楔尾端产生的膨胀波系相交后转平,从 E 点开始又向上偏转,则 E 点就是喉部,喉部与马赫杆之间的区域(3)为亚声速区,喉部下游在滑移线以下的区域(4)为超声速区,反射激波与滑移线之间接近 M 点的区域多数情况下是超声速区,但是也存在是亚声速的情况。入射波与反射波之间的区域是均匀流,与正规反射一样,该区参数完全取决于来流参数和尖楔角度。

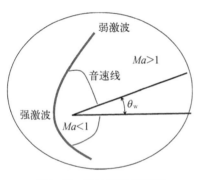

图 3.21 激波脱体示意图

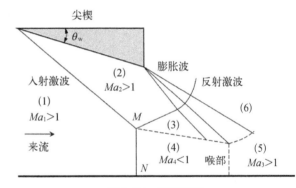

图 3.22 马赫反射

其实 $\theta > \theta^D$ 不是产生马赫反射的唯一条件,只是充分条件。从压力变化的角度来分析,气流经正规反射中的入射激波和反射激波后压力由 p_1 变至 p_3。在马赫杆靠近物面的地方,相当于正激波,气流经正激波压力由 p_1 变至 p_4。当气流偏转角 $\theta = \theta_w$ 比较小时,入射激波和反射激波都很弱,所以 $p_4 > p_3$。当 θ 很大时,计算表明 $p_4 < p_3$,即经过两段较强的斜激波后的压增大于经过一道正激波引起的压增。因此,对于给定的来流马赫数,必然存在某临界气流偏转角 $\theta^N = \theta^N(Ma_1)$,使得当 $\theta = \theta^N$ 时,有 $p_4 = p_3$。下面来求 $\theta^N = \theta^N(Ma_1)$。

为了求解 $\theta^N(Ma_1)$,需要用到下面的公式:

对于入射激波,有

$$\frac{p_2}{p_1} = \frac{2\gamma}{\gamma + 1}Ma_1^2\sin^2\beta_1 - \frac{\gamma - 1}{\gamma + 1} \tag{3.55}$$

对于反射激波,有

$$\frac{p_3}{p_2} = \frac{2\gamma}{\gamma + 1}Ma_2^2\sin^2\beta_2 - \frac{\gamma - 1}{\gamma + 1} \tag{3.56}$$

对于正激波,有
$$\frac{p_4}{p_1} = 1 + \frac{2\gamma}{\gamma+1}(Ma_1^2 - 1) \tag{3.57}$$

由前面的斜激波关系式得到 Ma_2、Ma_3、β_1、β_2 后,就可以按上面的压力关系确定 p_2、p_3、p_4。若用数值方法求解,过程如下:对于给定的来流马赫数,首先取较小的 θ,由斜激波关系式得到 Ma_2、Ma_3、β_1、β_2,再由上面的压力关系得到 p_2、p_3、p_4。如果 $p_3 < p_4$,那么增大 θ,重复计算,当 $p_3 = p_4$ 时,对应的 θ 就是 $\theta^N(Ma_1)$。

条件 $p_3 = p_4$ 称为压力平衡关系。如果 $\theta < \theta^N(Ma_1)$,那么 $p_3 < p_4$,则不可能出现马赫杆,因为这样压力不平衡。如果 $\theta = \theta^N(Ma_1)$,那么正好可以出现马赫反射,此时马赫杆为高度接近 0 的正激波。如果 $\theta > \theta^N(Ma_1)$,则可以出现马赫反射,但为了使得压力平衡,滑移线方向(从而速度方向)略向下倾。假设滑移线与反射面的夹角为 θ_s,那么反射激波相当于是在减小了的等效角度为 $\theta = \theta_w - \theta_s$ 的尖楔上产生的,压力 p_3 会回落到基本满足压力平衡关系。

把 θ^D 和 θ^N 随马赫数变化的两个计算结果画在一张图上,如图 3.23 所示,可见两者不重合,并且两条曲线把平面分成三个区。前面提到,对于给定的来流马赫数,如果 $\theta > \theta^D$,则肯定出现马赫反射;对于给定的来流马赫数,如果 $\theta < \theta^N$,则肯定出现正规反射;由于 $\theta^D > \theta^N$,所以存在未知区间 $\theta^N < \theta < \theta^D$。从理论上讲,在该区间既可出现马赫反射,也可以出现正规反射,因此称为双解区域。正规反射和马赫反射之间有滞后回线现象。在实验中,给定来流马赫数,逐渐增大气流偏转角,当 $\theta < \theta^N$ 时,为正规反射。进入双解区域 $\theta^N < \theta < \theta^D$ 后,仍为

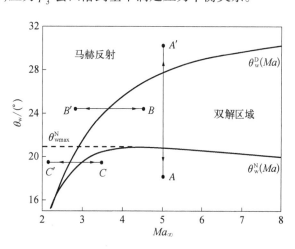

图 3.23　不同类型激波反射出现的区域

正规反射。直到 $\theta > \theta^D$ 时才出现马赫反射。给定来流马赫数,逐渐降低气流偏转角,当 $\theta > \theta^D$ 时,为马赫反射。进入双解区域 $\theta^N < \theta < \theta^D$ 后,仍为马赫反射。直到 $\theta < \theta^N$ 时才出现正规反射。具体而言,从正规反射的区域出发,变化参数 Ma_∞($C \rightarrow C'$)或 θ_w($A \rightarrow A'$),越过曲线 $\theta_w = \theta_w^N(Ma_\infty)$ 进入双解区域,则流场中仍然维持正规反射;继续变化参数,使之越过曲线 $\theta_w = \theta_w^D(Ma_\infty)$,则正规反射会突变为马赫反射。反之,从马赫反射的区域出发,进入双解区域($C' \rightarrow C$,$A' \rightarrow A$),流场中仍然维持马赫反射,只有越过参数范围曲线 $\theta_w = \theta_w^N(Ma_\infty)$ 后,马赫反射才会突变为正规反射。

在真实流动中还存在两道斜激波相交的情况,此时,两道斜激波相交后会反射出另外两道斜激波,图 3.24 给出了两道斜激波相交示意图。两股气流交会后只能沿一个共同的方向流动,因此,两道入射激波都要发生转折,但是转折角可能不同,在两道入射激波的交点处反射两道新的斜激波。如果两入射波的强度相等,则会合后的气流方向与来流方向相同。可以利用斜激波关系式定量分析这一过程,定解条件是反射激波后气流速度(大小和方向)相同,压力相等($p_{1b} = p_{2b}$)。如果两入射波的强度不等,两反射波后气流速度仍然相同,但是不再与来流

方向平行。根据图 3.24(b)所示的情形,反射后 1b 和 2b 两个区的压力相等,气流速度方向相同,但大小可以不等,因此,两区存在沿气流方向的间断(滑移线)。

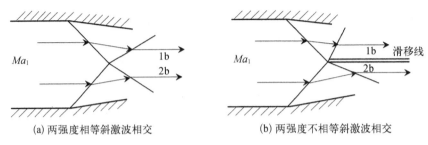

(a) 两强度相等斜激波相交　　　　　　　(b) 两强度不相等斜激波相交

图 3.24　两斜激波的相交

3.3.3　膨胀波

绝热膨胀过程不能发生间断,当超声速气流绕凸角或者连续凸面流动时会发生连续等熵膨胀,形成一系列膨胀波,这种流动又称为 Prandtl-Mayer 流动。膨胀波是高速流动中经常出现的另外一种波,又称为稀疏波。简单膨胀过程可通过 Prandtl-Mayer 方程求解:

$$\nu(Ma) = \sqrt{\frac{\gamma + 1}{\gamma - 1}} \arctan \sqrt{\frac{\gamma - 1}{\gamma + 1}(Ma^2 - 1)} - \arctan\sqrt{Ma^2 - 1} \qquad (3.58)$$

其中,ν 称为 Prandtl-Mayer 角,其物理意义是:气流从马赫数 1.0 膨胀到 Ma 时的气流所需转折角度。当 $Ma \to \infty$ 时,$\nu = \nu_{\max} = \dfrac{\pi}{2}\left(\sqrt{\dfrac{\gamma + 1}{\gamma - 1}} - 1\right)$,这是等熵膨胀的最大气流转折角,对于 $\gamma = 1.4$ 的空气,$\nu_{\max}$ 约为 130.5°。

对于如图 3.25 所示的超声速气流绕二维凸角的流动,若已知来流马赫数 Ma_1 和气流转折角 α,则膨胀前后的 Prandtl-Mayer 角满足式(3.59),据此可求出膨胀之后的马赫数 Ma_2。

$$\nu(Ma_2) - \nu(Ma_1) = \alpha \qquad (3.59)$$

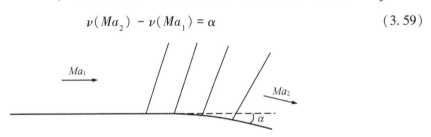

图 3.25　超声速气流绕凸角的流动示意图

3.4　燃料和推进剂

3.4.1　燃料(吸气式发动机)

对于推进系统,燃料最主要的作用是将存储的化学能通过燃烧反应转化为热能,随后通过膨胀部件进一步转化为动能,最终为飞行器提供推力,因此,反应热是燃料的重要指标之一。

反应热通常指化学反应在恒压且不做非膨胀功情况下发生后,生成物的温度降到反应物初始温度时,系统放出或吸收的热量。着火温度是指燃料在空气或者氧气氛围中加热时达到连续燃烧的最低温度。着火温度代表点火的难易程度,例如,冲压发动机在低马赫数起动时,进入燃烧室的气流温度会比较低,就需考虑燃料的着火温度。表 3.1 给出了航空航天推进系统常用的几种燃料及其热值、着火温度参数。

表 3.1　航空航天推进系统常见燃料

燃料类型	分子式	热值 H_f/(kJ/kg)	着火温度/K
氢	H_2	119 954.00	845.15
甲烷	CH_4	50 010.00	810.15
乙烷	C_2H_6	47 484.00	745.15
己烷	C_6H_{14}	45 100.00	498.15
辛烷	C_8H_{18}	44 786.00	479.15
JP-7	$C_{12}H_{25}$	43 903.00	514.15
JP-10	$C_{10}H_{16}$	42 100.00	518.15

航空航天推进系统常用的燃料主要有氢燃料和碳氢燃料两类,表 3.2 给出了这两类燃料的优缺点对比情况。

表 3.2　氢燃料与碳氢燃料的比较

燃料类型	优 势	劣 势
氢燃料	燃烧迅速; 单位质量的含能量高; 点火延迟时间短; 燃烧当量范围宽	不易控制; 密度极低,所需的存储空间大; 容易发生爆炸
碳氢燃料	容易存储,操作简单; 存储密度是氢燃料的 11 倍,所需存储空间小; 单位体积的含能量比氢燃料高 3.5 倍; 安全性能高于氢燃料; 现有条件下地面测试的可能性高	热值低; 混合前需要快速蒸发; 点火延迟时间长,燃烧缓慢,高温燃烧结焦问题; 燃烧极限窄,着火延迟长

综上所述,燃料的选择应根据具体的任务要求和发动机状态,综合考虑热值、密度、着火温度等参数进行选择。甲烷燃料通常在飞行马赫数达到 6.0 以上时使用;JP-10 常用于导弹和PDE 设计;JP-7 在军事上具有广泛的应用,并且冷却能力强;碳氢燃料通常在飞行马赫数小于 8.0 时使用;氢燃料在飞行马赫数大于 8.0 时有较好的性能。

3.4.2　推进剂(火箭发动机)

推进剂对于火箭发动机的比冲性能具有显著影响。同时,推进剂的质量占整个火箭飞行器起飞总质量的比例非常大,其密度直接决定飞行器和发动机的结构质量和结构尺寸,进而影响推进剂的体积能量密度和发动机的总体性能。从密度的角度考虑,显然气态的推进剂不大可能使用,常见的火箭发动机推进剂主要有固态和液态两种形式。下面对两种形式的火箭发动机推进剂进行简要介绍。更加详细的讨论和分析,读者可以参考火箭发动机相关的专著或者教材。

液体火箭发动机推进剂由一种或几种独立的液态物质组合而成,每一种物质称为推进剂的组元,组成推进剂的组元可能是燃料(酒精、煤油、液氢)、氧化剂(如液氧、硝酸)、能自身分解的包含燃料成分和氧化剂成分的复合物或混合物。

对于液体推进剂的要求主要有以下几个方面。

① 能量特性。要求推进剂有较高的比冲和能量密度特性,能量特性是衡量推进剂性能最重要的指标,在工程实践中,并不是能量特性越高越好,要根据任务需求综合考虑。

② 输送性能。发动机工作时,推进剂从储箱经管路被输送到燃烧室,因此要求黏性小,且黏性随温度的变化小。此外,为减小泵前压力和输送过程中出现气蚀的可能性,要求推进剂的饱和蒸气压低。

③ 点火燃烧性能。它主要是指推进剂的着火延迟时间(自燃推进剂)和点火延迟时间(非自然推进剂)短,一般要求不超过 30 ms,这样可以避免推力室内因推进剂积聚造成的压力峰或爆炸。

④ 冷却性能。因为火箭发动机燃烧室内温度非常高,推进剂通常作为冷却介质流过燃烧室夹层来冷却燃烧室内壁,这就要求推进剂具有良好的冷却性能。具体来说,就是在夹层内不产生气泡,有良好的热稳定性、相对高的临界温度和沸点,不产生结焦和腐蚀。

⑤ 良好的安全使用性能。因为推进剂在运输和使用过程中难免会遇到高温、高压、高速等极端条件,从使用安全的角度考虑,就要求推进剂对机械冲击和突然压缩不敏感,热爆炸和热分解温度高,尤其是单组元推进剂,对于用于大型运载火箭的推进剂还要求无毒或者低毒,以免造成污染。

⑥ 经济性好。具体来讲,就是推进剂的来源要广,推进剂的工艺要成熟,成本要低。

按照储存性能,液体推进剂可以分为以下几类。

① 地面可存储液体推进剂,是指在地面环境中无需外加能量进行加热熔化或冷却液化便可长期存储的液体推进剂,肼类、胺类、烃类以及导弹用的硝基氧化剂均属此类。

② 空间可存储液体推进剂,通常指在地面环境中不可储存或难以储存,但在空间环境中可以储存的液体推进剂,其储存性与具体的储存方案、储箱压力和热环境有关,如氨。

③ 低温推进剂,是指经低温液化的气体推进剂,储存时通常还需要放气和控制蒸发的措施,如液氧($-183℃$)、液氢($-253℃$)等。

按照组元的数目,液体推进剂可以分为:

① 单组元推进剂;

② 双组元推进剂;

③ 多组元推进剂。

下面以双组元推进剂为例,简要介绍一下推进剂的常见组元以及混合比的确定方法。

双组元液体推进剂的燃料组元有氢、胺类、烃类、醇类、肼及其衍生物、混肼、混胺、油肼等近30 种,如表 3.3 所示。氧化剂组元通常有氧、过氧化氢、氟类、硝酸与四氧化二氮的混合系列、四氧化二氮与一氧化氮的混合等 10 多种,如表 3.4 所示。在我国目前使用的液体火箭发动机中,如长征火箭系列,大多采用了肼类和四氧化二氮的推进剂组合,这两种推进剂组合属于低温自燃推进剂,也就是不需要额外的点火而能够自燃且维持稳定燃烧的推进剂,这种推进剂不仅在蒸发后的气相中发生剧烈的化学反应,而且在形成的液相混合物中也会发生一定程度的化学反应。

表 3.3　常见的双组元液体推进剂的燃料组元

类或系	举　　例
氢　类	液氢(H_2)
醇　类	甲醇(CH_3OH)、乙醇(C_2H_5OH)、异丙醇(C_3H_7OH)、糖醇(C_5H_5OH)
肼　类	肼(N_2H_4)、一甲基肼 MMH($CH_3N_2H_3$)、偏二甲基肼 UDMH$[(CH_3)_2N_2H_2]$
胺　类	氨(NH_3)、乙基二胺$[C_2H_4(NH_2)_2]$、二乙基三胺$[H(C_2H_4NH)_2NH_2]$、三乙胺$[(C_2H_5)_3N]$
苯胺类	苯胺(CHNH)、二甲基苯胺$[(CH)CHNH]$
烃　类	煤油($C_{12}H_{13}$)、甲烷(CH_4)、乙烷(C_2H_6)、丙烷(C_3H_8)
混肼系	混肼-I(50%肼+50%UDMH)、混肼-II(50%MMH+50%UDMH)
混胺类	混胺-I(50%二甲基苯胺+50%三乙胺)
胺肼系	胺肼-I(10%UDMH+90%二乙基三胺)、胺肼-II(60%UDMH+40%二乙基三胺)
油肼系	油肼-I(60%煤油+40%UDMH)

表 3.4　常见的双组元液体推进剂的氧化剂组元

类或系	举　　例
液　氧	液氧(O_2)
过氧化氢	过氧化氢(H_2O_2)
氟　类	液氟(F_2)、三氟化氯(ClF_3)、五氟化氯(ClF_5)
硝基类	硝酸(HNO_3)、四氧化二氮(N_2O_4)
硝基系	硝酸-15(85%HNO_3+15%NO_2)
	硝酸-20(80%HNO_3+20%NO_2)
	硝酸-27(73%HNO_3+27%NO_2)
	硝酸-40(60%HNO_3+40%NO_2)
混氮类	MON-10(90%N_2O_4+10%NO)
	MON-30(70%N_2O_4+30%NO)

　　双组元液体推进剂还存在燃料和氧化剂组元的配比问题,通过混合比(氧燃比)来表征。双组元推进剂的混合比是指氧化剂组元与燃料组元的质量流量之比,即

$$OF = \frac{\dot{m}_o}{\dot{m}_f} \tag{3.60}$$

　　混合比决定了燃气的成分,进而决定了发动机性能。混合比确定的原则是获得尽可能高的比冲或者尽可能大的燃烧温度与产物分子量比值。

　　不同种类的液体推进剂在液体火箭发动机中均有应用,它们各有优缺点,因而具有不同的应用场合。例如,可存储的双组元推进剂,因其能量高、易存储,无论自燃与否,均适合于导弹动力系统;低温推进剂,尤其是液氧和烃类推进剂,因其能量高、价格低,非常适合于大型运载火箭;单组元推进剂,系统简单,适用于各类小推力推进装置。

在火箭发动机中既是能量载体,又是工质来源,由燃料、氧化剂和其他成分组成的橡胶类或塑料类固态含能混合物就是固体推进剂。使用固体推进剂的火箭发动机就称为固体火箭发动机。

固体推进剂通常需要满足以下几个方面的要求。

① 具备所需的能量特性,推进剂的能量特性由比冲和密度之积来表征,高的比冲可以在相同推力条件下减少所需的推进剂量,或者在相同的推进剂量下获得更大有效载荷或更大射程,而大的密度可减小推进剂和火箭的尺寸。

② 具有良好的内弹道性能,内弹道特性通常以推进剂的燃速、燃速的压力指数、燃速的温度系数来表征,推进剂的燃速应当能在较大范围内调节,以适应不同使用条件,燃速再现性要好,同时燃速受燃烧室压力和环境初温的影响要小。

③ 具有良好的力学性能,主要是说推进剂应有良好的延伸率、抗拉强度、抗压强度和松弛模量,以保证在制造、储存、点火和燃烧过程中具有一定的完整性。

④ 具有良好的燃烧特性,具体指侵蚀燃烧效应低,推进剂燃烧的临界压力低,有良好的燃烧稳定性。

⑤ 具有良好的经济性,是指推进剂的原材料、加工制造成本低。

⑥ 具有良好的使用性能,包括有良好的物理、化学安定性,以及最小的危险性和易于储存、运输等。

根据氧化剂和燃料的分布,固体推进剂可以分为双基推进剂、复合推进剂、复合改性双基推进剂等类型。图 3.26 给出了不同推进剂类型的比冲随燃速和密度的变化规律。

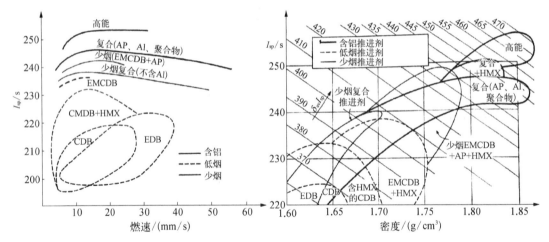

图 3.26　固体推进剂的性能

所谓双基推进剂是指氧化剂和燃料在同一分子结构中的固体推进剂,通常由一种固体成分——硝化纤维素(NC)吸收液体硝化甘油(NG),再加上少量的添加剂组成。这两种主要成分都是爆炸性的,起到燃烧剂和氧化剂的作用。根据成型工艺,又可以分为挤压双基推进剂(EDB)、浇注双基推进剂(CDB)、改性浇注双基推进剂(MCDB)、弹性改性浇注双基推进剂(EMCDB)等类型。

复合推进剂是一种非均相的固体混合物,氧化剂晶体和燃烧剂粉末在诸如聚丁二烯的合成橡胶(或塑料)的机体中混合,通常燃烧剂粉末为高氯酸铵(AP)晶体、铝粉,而氧化剂为液态羟基聚丁二烯(HTPB)、聚丙二醇(PPG)。通常分为传统复合推进剂、改性复合推进剂、高能复合推进剂、低能复合推进剂等类型。

在双基推进剂中加入一些铝粉、AP 和黏合剂就得到复合改性双基推进剂,这种类型的推进剂会成为有烟推进剂。

在双基推进剂和复合推进剂中,通常由氧化剂、燃烧剂、黏合剂、增塑剂、固化剂等组成。

3.5　高超声速空气动力学基础

3.5.1　高超声速流动的基本特征

高超声速(hypersonic)一词由我国科学家钱学森提出,并于 1946 年首次使用。关于高超声速流动的定义历来说法不一,如 1970 年 1 月,Roe 在比利时冯·卡门研究所的讲座中提出:

"Almost everyone has their own definition of the term hypersonic. If we were to conduct something like a public opinion poll among those present, and asked everyone to name a Mach number above which the flow of a gas should be described as hypersonic, there would be a majority of answers round about 5 or 6, but it would be quite possible for someone to advocate, and to defend, numbers as small as 3, or as high as 12."

上述这对话表明,对高超声速的定义可能并没有严格的马赫数下限。因此,有时候人们把"高超声速效应"比较明显的流动视为高超声速流动,如流动发生了局部高温效应、高空低密度效应、薄激波层、厚熵层、强的黏性相互作用,如图 3.27 所示。

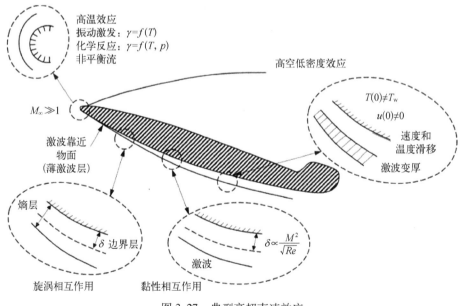

图 3.27　典型高超声速效应

图 3.27 中的激波层是指激波与物面构成的流动区域。激波层很薄,即激波非常贴近物面,这是高超声速流动的重要特征之一。在 Re 很低时,黏性附面层很厚,因此,整个激波层内必须考虑黏性;在 Re 很高时,激波层可认为是无黏的,可采用无黏流的近似方法分析。自由来流马赫数 Ma_0 越大,激波越强,波后气体的压缩程度也越大。如果考虑真实气体效应,则激波

层会更薄。此外,激波后与激波前的密度比比较大,例如,如果按完全气体的正激波公式,当来流马赫数非常大时,正激波前后密度比约为1/6,而阿波罗飞船再入时,由于存在后面提到的高温真实气体效应,激波前后的密度比约为1/20。

考虑如图3.28所示的尖楔绕流,由斜激波关系式(3.48)可知:

$$\sin\beta = \frac{1}{Ma_\infty} + \frac{\gamma+1}{2}\frac{Ma_\infty}{\sqrt{Ma_\infty^2-1}}\sin\theta \quad (3.61)$$

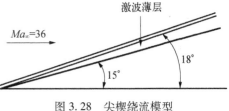

图3.28　尖楔绕流模型

当来流马赫数 Ma_0 为36,楔角 θ 为15°,并且按完全气体取 $\gamma=1.4$ 时,计算得到激波角 β 等于18°,可见此时激波已非常贴近物面。当来流马赫数 $Ma_0 \to \infty$ 时,由式(3.61)化简得到激波角与楔角的近似关系满足:

$$\sin\beta \approx \frac{\gamma+1}{2}\sin\theta \quad (3.62)$$

对于高超声速流动,穿过激波后气体的温度非常高,导致化学反应的发生,同时高温气体的比热比远小于1.4,当空气温度接近8 000 K时,比热比接近1.0。由式(3.62)可知,当 $\gamma \to 1.0$ 时, $\beta \to \theta$,即高温效应使得激波更贴近物面。

3.5.2　实验中获得高马赫数的方法

高超声速实验研究的首要条件是获得高马赫数的流动环境。实验方式一般分为地面实验和飞行实验。下面研究具体如何在实验中模拟高马赫数。根据总温与静温的关系,可以得

$$Ma = \frac{V}{a} = \frac{V}{\sqrt{\gamma R T}} = \frac{V}{\sqrt{\gamma R}}\sqrt{\frac{T_t}{1+\frac{\gamma-1}{2}Ma^2}} \quad (3.63)$$

当马赫数足够大时,由式(3.63)可以得

$$Ma^2 = \frac{\sqrt{2}}{\sqrt{\gamma R(\gamma-1)}}V\sqrt{T_t} \quad (3.64)$$

因此,为了得到高马赫数,增加气流速度 V ,或增加总温 T_t 。对于地面实验,如果总温很高(高焓风洞,如图3.29和图3.30所示),那么携带化学反应的高温高速气流极容易损坏地面设备,除非实验时间极短。因此可以考虑从减小总温的角度来模拟高马赫数,即保持总温为常温,通过膨胀将静温减小,得到声速极限 $a=\sqrt{\gamma R T} \to 0$,由此获得高马赫数,即 $Ma=V/a$, V 固定, a 减小, $Ma \to \infty$ 。但对于实际飞行,来流静温是恒定的,因此在飞行实验中,需要用高速来获得高马赫数,即 $Ma=V/a$, V 增加, a 固定, $Ma \to \infty$ 。在实际飞行中,飞行器头部产生弓形激波,激波后温度急剧增高。因出现离解和电离等吸热化学反应,温度会略有下降。以马赫数为32.5为例,来流静温为283 K,如果比热比取1.4,若按完全气体计算,飞行器头部温度接近60 000 K,因吸热化学反应存在,实际温度为10 000 K左右。

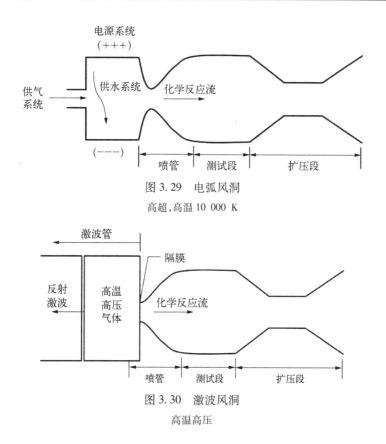

图 3.29　电弧风洞

高超,高温 10 000 K

图 3.30　激波风洞

高温高压

3.6　飞行器推进方式的选择

推进方式具有不同的高度速度特性,飞行器可以根据工作包线选择不同的推进方式。图 3.31 给出了常见的航空航天推进系统工作的高度和马赫数范围。

3.6.1　燃气涡轮发动机的工作范围

航空燃气涡轮发动机包括涡轮喷气(涡喷)发动机、涡轮风扇(涡扇)发动机、涡轮螺旋桨(涡桨)发动机和涡轮轴(涡轴)发动机四类。其中,涡轮轴发动机与其他三类不同,发动机排气不产生反作用推力,流出燃气发生器后的高温高压燃气的可用能量全部用于驱动动力涡轮(或称自由涡轮),动力涡轮的输出功可以用来驱动直升机的旋翼、地面车辆、发电机、舰船等。

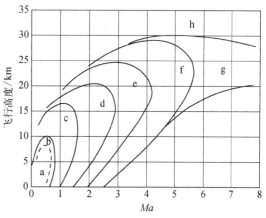

图 3.31　常见航空航天推进系统工作范围

a－活塞发动机;b－涡桨发动机;c－涡扇发动机;d－涡喷发动机;e－带加力燃烧室的涡喷发动机;f－亚燃冲压发动机;g－超燃冲压发动机;h－火箭发动机

在航空领域,涡轴发动机是旋翼飞行器的唯一动力选择,其工作范围与旋翼飞行器一致。

涡轮螺旋桨发动机的结构简图如图 2.5 所示,涡桨发动机同样带有动力涡轮,动力涡轮输出功供给螺旋桨。流经螺旋桨的空气动量增加,根据动量定理,螺旋桨(或飞行器)获得反作用推力,此外,发动机排气仍可产生一部分推力。涡桨发动机可看作涵道比非常大(30~100)的涡扇发动机,大涵道比的直接影响是发动机排气速度较低,从而推进效率很高。然而,螺旋桨的高效稳定工作要求叶尖位置的马赫数要小于1.3,这一限制条件决定了涡桨发动机的工作范围,目前最先进的涡桨发动机巡航马赫数在0.7~0.8,而传统涡桨发动机的巡航马赫数仅为0.4~0.6;此外,大尺寸的螺旋桨往往需要配备减速箱,从而发动机的质量和系统复杂度增加,随之而来的是可靠性和维护性能的下降。图3.32和图3.33分别给出了典型螺旋桨的效率随飞行速度的变化规律以及不同类型燃气涡轮发动机的推进效率随飞行速度的变化规律,由此可见,涡轮螺旋桨发动机适合低速飞行。

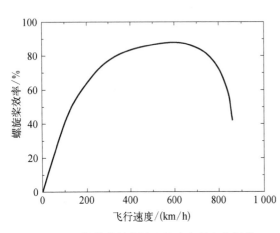

图 3.32　螺旋桨效率随飞行速度的变化规律　　　　图 3.33　几类燃气涡轮发动机的推进效率随飞行速度的变化关系

　　涡扇发动机的工作范围还与其涵道比有关,对于大涵道比涡扇发动机,在第 2 章已经提到,具有推力大、油耗低等显著优势,然而由于发动机迎风面积大,在超声速飞行时,进气截面产生的气动阻力迅速增大,因此,大涵道比涡扇发动机仅适合做亚声速巡航飞行,是大型客机或运输机的理想动力系统。对于小涵道比涡扇发动机,尽管油耗特性不如大涵道比发动机,但其进气截面小,具有较好的高速特性,因而是军用歼击轰炸机的理想动力系统。由涡扇发动机的速度特性(在第 8 章详细介绍)可知,发动机的比推力随着飞行马赫数的增大逐渐减小,耗油率随着飞行马赫数的增大而逐渐升高。飞行马赫数过高,发动机性能迅速恶化,不能继续保证飞行器对动力的需求,通常燃气涡轮发动机的最大工作马赫数不超过 3.0。下面从气动角度分析,根据理想气体等熵流动的基本方程,速度冲压与飞行马赫数的关系如式(3.65)所示。式中,Ma_3 是冲压结束(即燃烧室入口)马赫数,对于常规涡轮发动机,Ma_3 约为 0.3,Ma_0 为入口马赫数,根据式(3.65),当飞行马赫数为 3 时,速度冲压(增压比)已达 35,与目前先进涡轮发动机压缩部件的增压能力相当,说明此时压气机已成多余部件。

$$\pi = \frac{\left(1 + \dfrac{\gamma - 1}{2}Ma_0^2\right)^{\frac{\gamma}{\gamma-1}}}{\left(1 + \dfrac{\gamma - 1}{2}Ma_3^2\right)^{\frac{\gamma}{\gamma-1}}} \tag{3.65}$$

涡喷发动机相当于涡扇发动机涵道比取 0 的极限情况,因此,前面对于涡扇发动机的分析同样适用于涡喷发动机。此外,涵道比越小,发动机的最大工作马赫数越高。这是因为,飞行马赫数越高,燃烧室入口温度越高,从而空气的冷却能力下降,然而由于入口截面的限制,无法增加空气流量,即在高速飞行条件下,空气显得非常"珍贵",外涵道气流既不参与燃烧,又不参与冷却,这在高速飞行情况下,相当于"浪费",不利于发动机的正常工作,因此,当飞行马赫数非常高时,采用涡喷发动机更有利。

3.6.2　冲压发动机的工作范围

根据燃烧室中发生的燃烧过程的类型,冲压发动机可分为亚燃冲压发动机和超燃冲压发动机两种类型。

基于亚声速燃烧技术的冲压发动机就是亚燃冲压发动机,其结构示意图如图 3.34 所示。在亚燃冲压发动机中,随着飞行器向前飞行,空气被压缩进入进气道;进气道和扩压器使得进入的空气减速增压;喷注的燃料在燃烧室内与空气混合、燃烧;燃烧火焰通过稳焰环保持稳定;高温热燃气通过尾喷管喷注,获得高于入口的气流速度。图 3.35 给出了亚燃冲压发动机内气流参数沿流向的变化规律。可见,随着流动向下游发展,气流压力增加,在燃烧室位置达到最大;进气道使得气流速度降低,在燃烧室中变化不显著,为亚声速,经尾喷管膨胀,速度显著增大,以超声速排出。亚燃冲压发动机具有如下几个显著的优点:① 除了进排气部分可能存在调节机构,几乎没有运动部件,结构简单、重量轻;② 在大气层内高速飞行时更加有效的推进系统;③ 飞行器的飞行速度越高,冲压发动机工作性能越好,直至气动损失占据主导。同时,亚燃冲压发动机还存在一些不足:① 当飞行马赫数大于 5 时,亚燃冲压发动机效率变得很低;② 冲压发动机无法零速起动,需要其他推进系统助推。

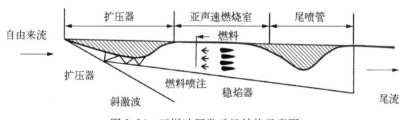

图 3.34　亚燃冲压发动机结构示意图

基于超声速燃烧技术的冲压发动机就是超燃冲压发动机,其结构示意图如图 3.36 所示。与亚燃冲压发动机不同,超燃冲压发动机燃烧室内的气流是超声速的,因此燃烧过程在超声速流动中进行,并且没有稳焰器。超燃冲压发动机具有以下几个优点:① 没有或者几乎没有运动部件,结构简单,可靠性高;② 氧化剂直接来自外界大气,在结构上无需储箱、管路等供给部件;③ 可在高超声速条件下使用,并且比冲较高;④ 经济性好、可重复使用。

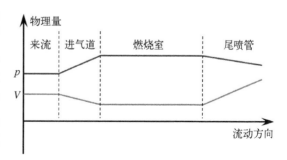

图 3.35　亚燃冲压发动机内气体基本参数沿流向的变化规律

其不足之处主要变现为:① 无法零速起动,需要使用助推发动机将飞行器加速到较高的马赫数之后才能启动工作;② 对压力和温度有严格的要求,需要喷注的燃料实现极高效混合;③ 飞行器和发动机结构的温度较高,对冷却系统的要求高;④ 研发成本高。

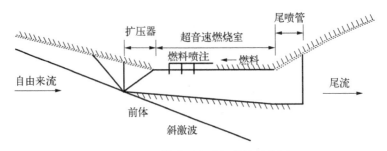

图 3.36　超燃冲压发动机结构示意图

　　吸气式推进系统在大气层内具有明显的优势,然而在飞行马赫数大于 3.0 时,燃气涡轮发动机遇到了严重的温度障碍,如前所述。在 $Ma = 3 \sim 5$ 时,亚燃冲压发动机具有良好的性能。当飞行马赫数继续增大,若燃烧室入口仍保持亚声速,则根据总温守恒,燃烧室入口静温会非常高,而考虑到结构强度的要求,燃烧室出口温度无法进一步提升,为此只能减少供油量,这将导致循环热效率迅速降低。与此同时,燃烧室入口静温过高,燃料喷入燃烧室内的高温气流中会发生强烈的热分解,热分解会吸收大量热量,可能导致燃烧室出口气流温度低于入口。而且,把高超声速气流到减小到亚声速时必然通过正激波才能实现,这一过程的压力损失极大。因此,当 $Ma > 5$ 时,应当采用超燃冲压发动机。

　　从结构材料方面考虑,燃烧室进口空气静温与来流马赫数的关系如式(3.66)所示,经过简单的计算发现,当来流马赫数 $Ma = 6.0$ 时,燃烧室入口静温约为 $T_3 = 1\,600\,K$,此温度已超过钢的熔化温度;当来流马赫数 $Ma = 8.0$ 时,燃烧室入口静温约为 $T_3 = 2\,700\,K$,此时,碳氢燃料喷入燃烧室内的高温气流中会发生强烈的热分解,可能出现燃烧室出口燃气温度低于进口温度的情况;当来流马赫数 $Ma = 10.0$ 时,燃烧室进口静温约为 $4\,000\,K$,相当于温度为 $5\,500\,K$ 的理想气体的焓值,说明此时以煤油为燃料的亚燃冲压发动机已不能产生推力。

$$\frac{T_3}{T_0} = \frac{1 + \dfrac{\gamma - 1}{2}Ma_0^2}{1 + \dfrac{\gamma - 1}{2}Ma_3^2} \tag{3.66}$$

　　根据以上分析,能够实现高超声速飞行的动力装置目前来说只有火箭发动机和超燃冲压发动机,其中,火箭发动机的比冲一般不超过 $400\,s$,超燃冲压发动机的比冲可达 $2\,500\,s$ 左右。根据齐奥尔科夫斯基公式(3.67),在实现相同的速度增量时,由于火箭发动机比冲较小,因此其推进剂质量比将非常大,换言之,其有效载荷非常小,运载能力非常低,燃料消耗非常大,相比之下,超燃冲压发动机具有较大优势。因此,超燃冲压发动机是高超声速飞行的最佳方式。

$$\Delta V = I_{sp} \ln\left(\frac{m_i}{m_{final}}\right) \tag{3.67}$$

3.6.3　火箭发动机的工作范围

就目前已经投入工程应用的航空航天推进系统而言,火箭发动机是除组合推进系统以外的唯一一种可以实现从地面零速起飞到太空中高马赫数飞行全任务包线工作的推进方式。火箭发动机的工作原理决定了其推力的产生不受飞行速度和大气环境的限制(但是大气环境对推力的大小有直接影响)。

稳定工作范围宽广、推力高(单台推力为百万牛顿)、推重比高(大于 100)是火箭发动机相比于喷气发动机的显著优势,然而,其缺点也是非常明显的。因为无法利用大气中的氧,其燃料和氧化剂均需自身携带,所以其比冲非常低,通常不超过 400 s,比冲小的直接影响是飞行器的有效载荷比低。如图 3.37 所示,以液氢液氧为推进剂的液体火箭发动机的比冲通常在 350~390 s,若以此火箭发动机为推进装置实现单级入轨,则推进剂的质量分数将达到 0.875~0.905,这甚至比蛋黄、蛋清占整枚鸡蛋的比例还要大,目前的材料和结构设计水平是无法保证的。因此,目前的火箭都是多级的,三级居多。

根据所携带推进剂的物理状态不同,可分为液体火箭发动机、固体火箭发动机和固液混合火箭发动机。

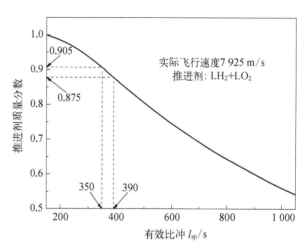

图 3.37　实现入轨时发动机推进剂质量比随比冲的变化关系

固体火箭发动机具有如下典型特征: ① 几乎没有活动部件,也没有推进剂储箱、种类和数量繁多的阀门及管路,因而零件数目少,结构简单; ② 使用方便,维护简单,固体装药或自由装填或浇注成型,均可长时间储存,随时准备待发; ③ 组成简单,零部件少,因而可靠性高,现代固体火箭发动机的可靠度已经高达 99% 以上,高于液体火箭发动机; ④ 由于固体推进剂密度大,而且推进剂全部装入燃烧室内,因此其有较高的质量比(推进剂质量与发动机总质量之比),同时这也使得其与液体火箭发动机相比,具有较小的体积,因此体积比冲大; ⑤ 勤务操作简便,发射准备时间短,地面设备少,易于人员和设备的进入和撤出,能快速响应攻击目标; ⑥ 不论是制造成本,还是使用成本,都比液体火箭发动机的成本低很多。与此同时,固体火箭发动机还存在以下几点不足: ① 固体推进剂能量一般低于液体推进剂,因而固体火箭发动机的比冲较低; ② 固体火箭发动机难以实施冷却措施的情况和装药尺寸的限制决定了其工作时间短; ③ 固体火箭发动机的装药是一定的,则点火工作后,就按预定的推力方案工作,推力大小的可调性差; ④ 由于固体推进剂的燃速随外界环境(初温)的变化而变化,因此发动机性能受外界环境影响大; ⑤ 保证发动机稳定燃烧的临界压力高。

基于上述特征,固体火箭发动机在航空航天、国民经济建设中均有广泛应用,包括: ① 其广泛应用在各类无控火箭弹和战术导弹上,对于大型战略导弹,包括陆基发射或海基发射的战略导弹及中、远程导弹也都采用多级固体火箭发动机作为动力装置,另外,由于其结构简单、操作简便和快速出击,也用于反导导弹武器的动力装置; ② 固体火箭发动机已广泛应用于各类航天飞行器和大型运载火箭上,它可以作为大型运载火箭的助推器,或作为运载火箭的顶级发动机,在航天器上,可以作为近地点和远地点加速发动机、变轨发动机、返回制动发动机;③ 固体火箭发动机可用作飞机起飞的助推动力装置,从而大大缩短飞机起飞滑行距离或在短时间内迅速爬高,也可以作为飞行员的救生椅的弹射动力装置;④ 固体火箭发动机在民用领域也有很多应用,如探空火箭、防冰雹火箭、人工降雨火箭、灭火火箭等。

液体火箭发动机是发展得最完善且应用广泛的一种化学能火箭发动机,有下列典型特征:① 液体火箭发动机具有比冲高、推质比高等高性能指标,高压液氧/烃为推进剂的液体火箭发动机比冲可以达到 3 300~3 500 m/s,液氢/液氧发动机可以达到 4 460 m/s,要比固体火箭发动机比冲(2 000~2 700 m/s)高很多,现代泵压式液体火箭发动机的推质比已经达到 1.0~1.3 kN/kg,而普通的涡喷发动机或冲压发动机的推质比分别为 50 N/kg 和 70 N/kg;② 液体火箭发动机的主要性能参数——推力的大小在较大范围内可控和可调节,如登月舱的降落发动机,其推力调节比的范围为 1~10,从而保证了登月舱的安全着陆,另外,液体火箭发动机可按需要多次启动和关机,实现长时间连续工作,也可以脉冲工作,发动机推力方向的调节也很方便;③ 液体火箭发动机可用推进剂作冷却剂,对推力室进行有效冷却,大吨位的储箱可以储存足够的推进剂,从而保证发动机长时间地可靠工作。与固体火箭发动机相比,液体火箭发动机最大的不足是结构复杂,随之而来的就是可靠性下降。

目前,液体火箭发动机广泛地应用在运载火箭、航天器和战略导弹上,在航天推进系统中占有主导地位。其应用的领域可以分为以下几个方面:① 大型运载火箭的主推进系统和辅助推进系统多采用液体火箭发动机,如主发动机、助推级、上面级以及游动发动机、姿态控制发动机等多是液体火箭发动机;② 航天飞机的运载和轨道推进系统也采用液体火箭发动机作动力装置,此外其轨道机动、姿态控制及某些辅助动力装置均使用液体火箭发动机;③ 在各种卫星、飞船及行星探测器等航天器上,需要许多完成各种功能的动力装置,如轨道修正和变换、姿态控制、推进剂沉底与液面保持、星球着陆与起飞、机动飞行以及远地点和近地点推进等都是由液体火箭发动机来完成的;④ 长期以来,战略导弹和部分战术导弹的动力装置多以液体火箭发动机为主,尽管部分已经为固体火箭发动机所取代,但由于液体火箭发动机的大推力和性能可控可调等特点,目前仍然是战略导弹的主要动力。

第4章 航空宇航推进系统的 循环或工作过程分析

航空燃气涡轮发动机、冲压发动机和火箭发动机大多属于喷气式推进,是当前航空航天飞行器动力系统的主要方式。本章分为3节,将从结构组成、工作过程、热力循环过程等方面分别对三种发动机进行介绍。最后,以亚燃和超燃冲压发动机为例,介绍静焓-动能相平面图在发动机循环(总体性能)过程分析方面的应用。

4.1 发动机的结构组成与工作过程

4.1.1 航空燃气涡轮发动机

航空燃气涡轮发动机主要有四种构型:涡轮喷气发动机(涡喷发动机)、涡轮风扇发动机(涡扇发动机)、涡轮螺旋桨发动机(涡桨发动机)、涡轮轴发动机(涡轴发动机),如图4.1所示。它们在结构上的共同点是,都有压气机、燃烧室、涡轮等核心部件。由压气机、燃烧室、涡轮构成的"单元"直接决定了航空燃气涡轮发动机的性能,航空发动机工程领域通常将这一"单元"称为"核心机",也称为"燃气发生器",如图4.2所示。

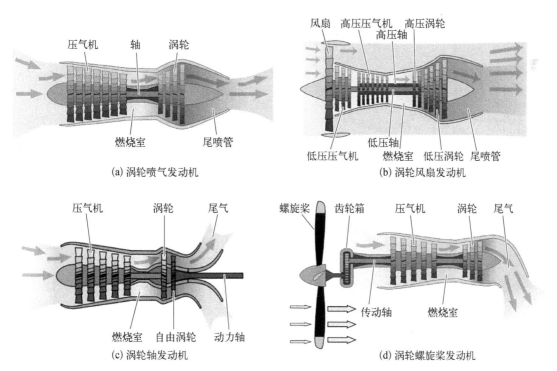

(a) 涡轮喷气发动机

(b) 涡轮风扇发动机

(c) 涡轮轴发动机

(d) 涡轮螺旋桨发动机

图 4.1 四种航空燃气涡轮发动机的结构示意图

在核心机基础上,通过增加功能部件可以演化成各种不同的发动机形式。

1. 典型结构

如图 4.1(a)所示,涡轮喷气发动机主要由进气道、压气机、燃烧室、涡轮、尾喷管五个部件组成。对于大推力涡喷发动机,由于压气机级数较多,为了扩大发动机的稳定工作范围,通常将压气机和涡轮分为两组,即低压压气机和低压涡轮、高压压气机和高

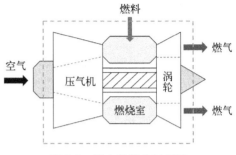

图 4.2　核心机结构示意图

压涡轮,其中低压压气机由低压涡轮驱动,高压压气机由高压涡轮驱动,高、低压转子的转速不同。对于军用涡喷发动机,有时需要推力在短时间内得到大幅提升以满足飞机加速或机动飞行要求,因此,在涡轮和尾喷管之间通常设置有加力燃烧室。

在燃气发生器的前后分别添加风扇、动力涡轮,核心机演化为涡扇发动机。动力涡轮将燃气的内能进一步转化为动能,同时输出机械功,为风扇提供动力。因此,现代涡扇发动机一定是多转子布局的,一般为双转子,也有少数涡扇发动机为三转子布局。同时,涡扇发动机的结构形式使得发动机内有两个气流通道——内涵道和外涵道,内涵道气流进入核心机,进一步参与压缩、燃烧、膨胀后排出,而外涵道气流不进入核心机。

根据在排出发动机之前内外涵道气流是否混合,涡扇发动机可分为混合排气涡扇发动机和分别排气涡扇发动机两类,如图 4.3 所示。

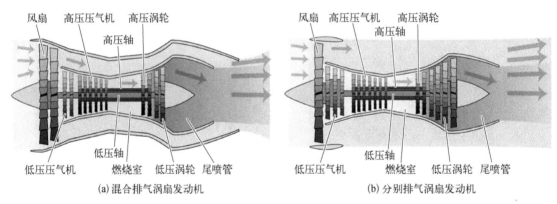

(a)混合排气涡扇发动机　　　　　　　　　　(b)分别排气涡扇发动机

图 4.3　涡扇发动机的典型结构

在燃气发生器的前后分别设置螺旋桨和动力涡轮,核心机演化为涡桨发动机,其中螺旋桨的功耗由动力涡轮提供,同时,由于螺旋桨的直径较大,考虑到结构强度的限制,其转速要显著低于动力涡轮,因此,螺旋桨推进器通常需要配备一个减速箱。

在燃气发生器之后设置动力涡轮,动力涡轮后面连着输出轴,动力涡轮将燃气的内能转化为动能,同时输出轴功,这就演化为涡轴发动机,如图 4.1(c)所示。涡轴发动机是直升机的动力装置,涡轴发动机输出轴功带动旋翼,由旋翼产生飞行所需的升力。与其他三类燃气涡轮发动机不同,涡轴发动机不直接产生推力,而是输出轴功率,因此,它并不属于喷气式推进器,本书后面不再对该种发动机展开讨论。

2. 发动机特征截面编号

特征编号的基本原则是：① 沿流动方向区分发动机的不同部件,设定特征截面;② 特征截面一般位于部件连接处;③ 在每一个特征截面处,流动参数只用一个物理值代表;④ 与一维定常流动假设相一致。下面以图示的方式给出燃气涡轮发动机的特征截面编号。图 4.4 ~ 图 4.7 中,各特征截面的物理意义见表 4.1。

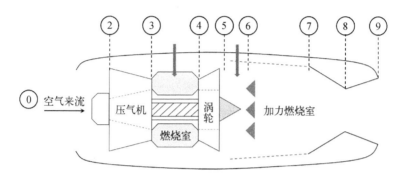

图 4.4 带加力燃烧室的涡喷发动机特征截面编号

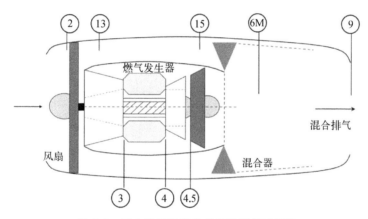

图 4.5 混合排气涡扇发动机特征截面编号

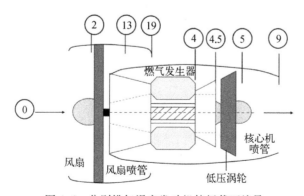

图 4.6 分别排气涡扇发动机特征截面编号

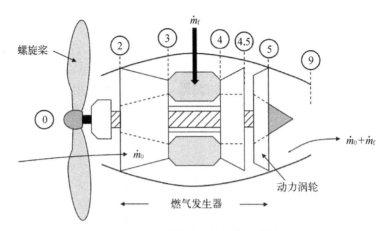

图 4.7　涡桨发动机特征截面编号

表 4.1　航空燃气涡轮发动机的特征截面及其编号

编　号	物　理　意　义	编　号	物　理　意　义
0	来流空气	7	喷管入口
2	压气机(或风扇)入口	8	喷管喉部
3	主燃烧室入口截面	9	喷管出口
4	高压涡轮入口截面	13	风扇出口
4.5	低压涡轮入口	15	混合器入口(外涵道)
5	低压涡轮出口	19	发动机出口截面(外涵道)
6	加力燃烧室入口		

3. 航空燃烧涡轮发动机基本工作过程

对于航空燃气涡轮发动机,燃料与空气在燃烧室内燃烧释放的热能首先转化为工质的焓,随后经膨胀作用进一步转化为工质的动能,工质排出后,发动机获得反作用推力并传递至飞行器,进而能量进一步转化为飞行器的动能。这就是空气喷气发动机能量转化的基本过程。涡桨发动机的推力由两部分组成,其中绝大部分推力来自螺旋桨,同时,发动机排气还可以产生一小部分推力。涡轴发动机的排气几乎不产生推力,推力和升力同样来自旋翼。

空气进入燃气涡轮发动机之后主要经历以下几个过程:在风扇和压气机中增压,在燃烧室中与喷入的燃料掺混、燃烧,在涡轮中膨胀加速并吹动涡轮做功,涡轮出口的气流焓值仍很高,因此进入尾喷管中继续膨胀加速,最后从喷管出口高速排出。当然,燃料和空气在燃烧室内的燃烧过程需要满足一定的燃烧条件,如适当的化学当量比、可能的稳焰方式等。

根据推进效率的定义可知,发动机排气速度与进气速度的比值越小,推进效率越高。与涡喷发动机相比,涡扇发动机空气质量流量大,气流流过发动机后的增速小,因而推进效率高,涡扇发动机在低速飞行时经济性显著提升。涡桨发动机相当于涵道比更高的涡扇发动机,可认为涵道比在 30~100,因此,其在低速飞行时经济性能更好。

4.1.2　冲压发动机

根据燃烧室内发生的过程是亚声速燃烧还是超声速燃烧,冲压发动机包含亚燃冲压发动机和超燃冲压发动机两种类型。

1. 典型结构

图 4.8 给出了亚燃冲压发动机和超燃冲压发动机的典型结构示意图。可以看出,与燃气涡轮发动机和火箭发动机相比,冲压发动机的机构非常简单,主要包括进气道、燃烧室、尾喷管三大核心部件。然而,亚燃和超燃这两类冲压发动机的三大部件有显著差异。

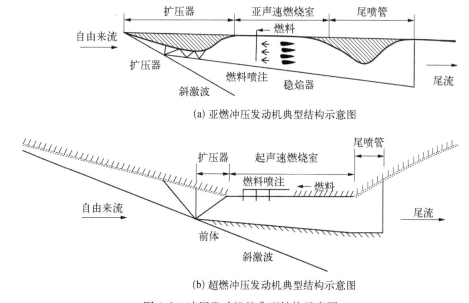

(a) 亚燃冲压发动机典型结构示意图

(b) 超燃冲压发动机典型结构示意图

图 4.8　冲压发动机的典型结构示意图

从结构上分析,亚燃冲压发动机的进气道是典型的先收缩后扩张型通道,有几何喉道,而超燃冲压发动机的进气道是收缩型通道,无几何喉道。亚燃冲压与超燃冲压划分的依据就在燃烧室内的燃烧过程是亚声速还是超声速,亚声速燃烧和超声速燃烧过程的区别,导致亚燃冲压发动机与超燃冲压发动机的燃烧室结构有较大区别。亚燃冲压发动机的燃烧室中的火焰稳定器通常为环形稳焰结构,而超燃冲压发动机中的稳焰结构通常为壁面凹腔,又称为壁龛。尾喷管的区别与进气道类似,亚燃冲压发动机的尾喷管仍是一个典型的拉瓦尔喷管,先收缩再扩张,有几何喉道,而超燃冲压发动机的尾喷管只有扩张段,无几何喉道。此外,对于超燃冲压发动机,由于燃烧室入口温度较高,气流冷却性能下降,常规冷却方式已无法满足需求,因此,超燃冲压发动机的燃烧室应当包括一些特殊的冷却结构。

2. 特征截面编号

冲压发动机特征截面的选定与燃气涡轮发动机相一致,但由于缺少风扇、压气机、涡轮等部件,因此,与这些部件相关的特征截面不出现。下面给出亚燃和超燃冲压发动机的特征截面编号,如表 4.2 和图 4.9 所示。

表 4.2　冲压发动机的特征截面及其编号

编　号	物　理　意　义	编　号	物　理　意　义
0	自由来流条件 外压缩开始点	4	燃烧室出口 内膨胀开始点 尾喷管入口
1	外压缩结束点 内压缩开始点 进气道入口	9	内膨胀结束点 尾喷管出口 外膨胀开始点
3	进气道出口 燃烧室入口	10	外膨胀结束点

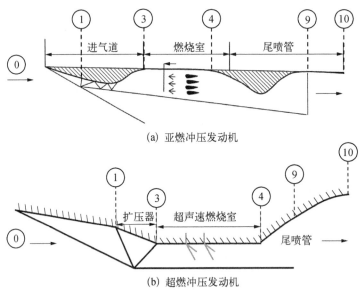

图 4.9　冲压发动机特征截面的选取和编号

3. 冲压发动机基本工作过程

冲压发动机与燃气涡轮发动机(不包含涡轴发动机)同属空气喷气发动机,它们都是在大气层内工作的热机和推进器的组合体。燃料与空气混合燃烧后生成高温高压的工质,工质的焓需要通过膨胀作用进一步转化为动能。对于冲压发动机,工质在燃烧前需要增压,但冲压发动机没有像燃气涡轮发动机那样旋转压缩部件,它是依靠对高速空气的减速作用实现增压,即所谓的"冲压"。因此,冲压发动机只能在高速条件下工作。

由前文可知,冲压发动机的部件主要包括进气道、燃烧室、尾喷管,其工作过程为空气在进气道中减速增压、在燃烧室中与燃料混合燃烧、高焓工质在喷管中膨胀加速排出后产生推力这三个基本工作过程。

⪢⪢ 4.1.3　火箭发动机

按照工作时所使用的初始能源的类型不同,火箭发动机可分为化学能火箭发动机、核能火箭发动机、电能火箭发动机等几种类型。下面的讨论主要针对目前应用最为广泛的化学能火箭发动机展开。

1. 典型结构

化学能火箭发动机是指以推进剂的化学能作为初始能源的火箭发动机,根据推进剂的物理状态不同,又可细分为液体火箭发动机、固体火箭发动机、固液混合火箭发动机三种类型。图 4.10~图 4.12 分别给出了三类化学能火箭发动机的结构和系统简图。虽然支撑火箭发动机工作的部件或者系统非常庞杂,但是无论是哪种类型的火箭发动机,都主要包括三个基本单元:① 推进剂,它是初始能量来源;② 燃烧室,它是化学能转化为工质内能的场所;③ 喷管,它是工质内能转化为动能的场所。

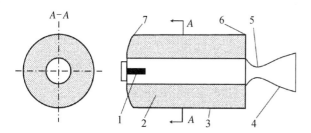

图 4.10　固体火箭发动机系统简图

1-点火器装置;2-固体推进剂装药;3-燃烧室壳体;4-喷管;5-喉衬;6-后连接裙;7-前连接裙

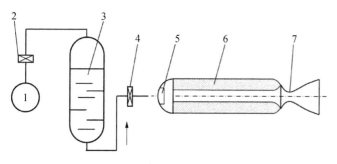

图 4.12　固液混合火箭发动机系统简图

1-高压气瓶;2-减压器;3-液体氧化剂;4-阀门;5-喷注器;6-固体燃烧剂;7-喷管

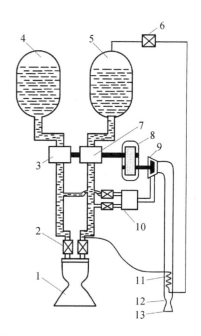

图 4.11　泵压式液体火箭发动机系统简图

1-推力室;2-阀门;3-燃料泵;4-燃料储箱;5-氧化剂储箱;6-储箱加压阀门;7-氧化剂泵;8-齿轮箱;9-涡轮;10-燃气发生器;11-热交换器;12-排气管道;13-涡轮排气喷管

2. 火箭发动机基本工作过程

火箭发动机所携带的推进剂在燃烧室中被点燃,推进剂的部分化学能通过燃烧转化为燃烧产物的内能,燃烧产物变成高温(2 000~3 500 K)、高压(4~20 MPa,甚至更高)的工质,高熔工质随后进入收缩扩张型喷管,在喷管中膨胀、加速,将内能转化为动能,随后以数倍声速的速度排出,从而火箭发动机获得反作用推力。

火箭发动机的基本工作过程就是将自身携带的推进剂化学能转化为工质推进功的过程,因此,火箭发动机具有面积扩张比非常大的尾喷管。

4.2　发动机的热力循环过程

航空燃气涡轮发动机、冲压发动机、火箭发动机既是热机又是推进器,它们都遵循一定的热力循环。下面将根据热力学的基本知识,对这些发动机的热力循环进行分析和计算。

4.2.1　航空燃气涡轮发动机

1. 理想循环

航空燃气涡轮发动机的实际热力学过程非常复杂,基于一些合理假设可将实际热力学过程理想化,从而得到燃气涡轮发动机的理想循环。发动机的理想循环分析对于研究循环参数对热力循环过程和发动机性能的影响规律具有重要作用。航空燃气涡轮发动机的理想循环基于以下基本假设。

① 工质为完全气体,比热容为常量,不随气体温度而变化。

② 各热力学过程均无损失。

③ 燃烧过程看作热量添加过程,不考虑质量的添加和工质组分的变化。

④ 工质经历一系列平衡过程后重新回到原始状态。

基于以上基本假设,以涡喷发动机为例,燃气涡轮发动机的理想循环由等熵压缩(压气机内的增压过程)、等压加热(燃烧室燃烧过程)、等熵膨胀(尾喷管的膨胀加速过程)、等压放热(假想的尾气在大气环境中的放热过程)四个热力学过程组成,属于布雷顿循环,在 $p-v$ 图和 $T-s$ 图上的表示如图 4.13 所示。

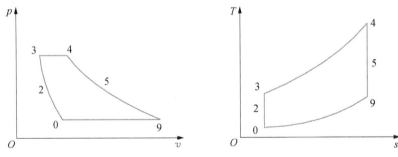

图 4.13　布雷顿循环在 $p-v$ 图和 $T-s$ 图上的表示

由热力学知识可知,理想循环在 $p-v$ 图上所围成的封闭图形的面积就是理想循环功,用 L_{id} 表示。根据能量守恒定理,单位质量流量工质的理想循环功可表示为

$$L_{id} = q_1 - q_2 \tag{4.1}$$

其中,q_1 为循环加热量,即燃烧室的加热量, $q_1 = c_p(T_{t4} - T_{t3})$;q_2 为循环放热量,即喷管喷出工质的排热损失,$q_2 = c_p(T_9 - T_0)$ 。 燃烧室出口和入口的总焓差为加热量,T_{t4} 为燃烧室出口温度,T_{t3} 为燃烧室入口总温。可见,理想循环功由加热量转换而来,但是加热量不能全部转化为理想循环功,总是伴随有热量的损失,这部分损失主要包含于排出的高温尾气中。根据气流从发动机入口到出口截面的能量守恒方程,可得

$$c_p T_0 + \frac{1}{2} V_0^2 + L_c + q_1 - L_T = c_p T_9 + \frac{1}{2} V_9^2 \tag{4.2}$$

其中，L_c 为压气机对工质做功；L_T 为工质对涡轮做功，发动机稳定工作时，$L_c = L_T$。式(4.1)可写为

$$L_{id} = \frac{1}{2}(V_9^2 - V_0^2) \tag{4.3}$$

这说明理想循环功主要用于增加工质的动能。

理想循环功与加热量的比值定义为理想循环的热效率，记为 η_{ti}，则

$$\eta_{ti} = \frac{L_{id}}{q_1} = \frac{q_1 - q_2}{q_1} = 1 - \frac{q_2}{q_1} = 1 - \frac{T_9 - T_0}{T_{t4} - T_{t3}} = 1 - \frac{T_9(1 - T_0/T_9)}{T_{t4}(1 - T_{t3}/T_{t4})} \tag{4.4}$$

由于 0—3 和 4—9 是等熵过程，因此，可得

$$\frac{T_{t4}}{T_9} = \left(\frac{p_{t4}}{p_9}\right)^{\frac{\gamma-1}{\gamma}} = \left(\frac{p_{t3}}{p_0}\right)^{\frac{\gamma-1}{\gamma}} = \frac{T_{t3}}{T_0} \tag{4.5}$$

将式(4.5)代入理想循环热效率的表达式(4.4)，可得

$$\eta_{ti} = 1 - \frac{1}{T_{t4}/T_9} = 1 - \frac{1}{\pi^{\frac{\gamma-1}{\gamma}}} \tag{4.6}$$

其中，$\pi = p_{t3}/p_0$ 为循环总增压比。由式(4.6)可知，理想循环热效率 η_{ti} 仅与循环总增压比 π 有关，且随着 π 的增大，η_{ti} 单调增大。当 $\pi = 1$ 时，$\eta_{ti} = 0$。另外，当 π 增大时，T_{t3} 随之增大，如图 4.14 所示，在 $T_{t3} = T_{t4}$ 的极限条件下，理想循环功趋于零，此时热力循环转变为高循环增压比的卡诺循环，由热力学知识可知，温度在 T_0 和 T_{t4} 之间的卡诺循环热效率为

$$\eta_{ti\text{-}Carnot} = 1 - \frac{T_0}{T_{t4}} \tag{4.7}$$

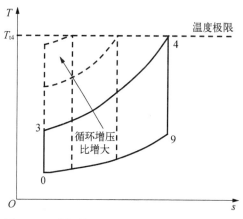

图 4.14　增加循环增压比对布雷顿循环的影响

涡轮喷气发动机理想循环(遵循布雷顿循环)的热效率与循环增温比 τ ($\tau = T_{t4}/T_0$) 无关，而对于实际循环过程，循环热效率则与增温比有关。在循环增压比一定时，循环增温比越高，发动机的循环热效率越高，如图 4.15 所示。

根据理想循环功定义，其等于加热量与循环热效率的乘积，因此，理想循环功的表达式可进一步写为

$$L_{id} = q_1 \eta_{ti} = c_p T_0 \left(\tau - \pi^{\frac{\gamma-1}{\gamma}}\right)\left(1 - \frac{1}{\pi^{\frac{\gamma-1}{\gamma}}}\right) \tag{4.8}$$

其中,τ 为循环增温比。可见,影响理想循环功的两个主要因素是循环增温比和循环增压比。

由式(4.8)可知,在外界环境温度和循环增压比一定时,理想循环功 L_{id} 随着增温比 τ 的增大单调增大,这是因为,τ 增大则燃烧室出口总温 T_{t4} 增大,意味着循环加热量 q_1 增大,从而 L_{id} 增大。由式(4.3)可知,L_{id} 主要用于增加工质动能,所以,T_{t4} 增大,则发动机的单位推力增大,这意味着在相同的推力要求下,发动机的尺寸和质量减小。可见,增大燃烧室出口总温 T_{t4} 是提升推重比的重要措施。

根据式(4.8)画出理想循环功随循环增压比的变化规律,如图 4.16 所示。可见,当 $\pi=1$ 时,$L_{id}=0$,因为此时 $\eta_{ti}=0$;当 $\pi=\pi_{max}$ 时,$L_{id}=0$,因为此时压缩终了总温 T_{t3} 与燃烧室出口总温 T_{t4} 相等,从而循环加热量 $q_1=0$。从物理本质上讲,理想循环功由循环加热量 q_1 和热效率 η_{ti} 两个因素决定,由图 4.15 可知,随着增压比 π 的增大,η_{ti} 先急剧增大后缓慢增大。循环加热量 q_1 随着 π 的增大而单调减小。当 π 从 1.0 开始逐渐增大时,起初 η_{ti} 的

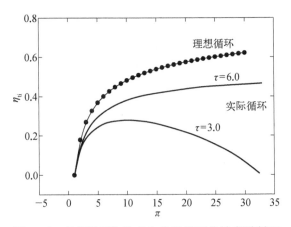

图 4.15　理想循环热效率和实际循环热效率随循环增压比的变化

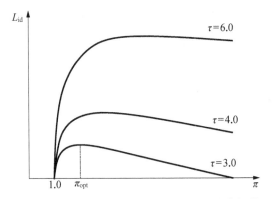

图 4.16　理想循环功随增压比、增温比的变化规律

增大对 L_{id} 的变化起主导作用,L_{id} 逐步增大到最大值,随后 q_1 的减小逐步发挥主导作用,从而 L_{id} 开始递减。这使得 L_{id} 取最大值的最佳增压比 π_{opt} 是存在的,图 4.16 还给出了循环增温比 τ 取不同值时 L_{id} 随 π 的变化规律,可见最佳增压比 π_{opt} 的大小与 τ 正相关。将 L_{id} 的表达式 (4.8)对 π 求导,可得最佳增压比的计算式如下:

$$\pi_{opt} = \tau^{\frac{\gamma}{2(\gamma-1)}} \tag{4.9}$$

以上是针对最简单的涡喷发动机的理想循环展开分析的,对于更为复杂的带加力涡喷发动机、涡扇发动机的理想循环可类比分析。

带加力涡喷发动机的理想循环如图 4.17 所示,可以看出,理想循环由两个封闭图形组成,0—3—4—9—0 构成主循环,5—7—9ab—9—5 构成加力循环。加力涡喷发动机的理想循环功等于循环总加热量与放热量之差。显然,带加力涡喷发动机理想循环过程封闭的面积增大,因此理想循环功增大。同时,当主循环参数给定时,加力温度越高,理想循环功越大。相比于主燃烧过程,加力燃烧

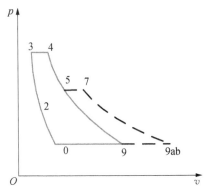

图 4.17　带加力涡喷发动机的理想循环

过程是在较低的压力条件下进行的,循环放热量势必增大,因此,加力过程使得理想循环热效率下降。

图 4.18 给出了分别排气涡扇发动机内外涵道的理想循环,由于外涵道气流不经历加热过程,因此,外涵道不产生循环功,整个发动机的理想循环功等于内涵道气流的理想循环功。图 4.19 给出了混合排气涡扇发动机的理想循环,内涵道气流混合过程损失的功与外涵道气流获得的功相等,即图中 a 和 b 两个区域的面积相等。根据能量守恒定律可以证明,当混合排气涡扇发动机理想循环与涡喷发动机理想循环的循环增压比和增温比分别相等时,这两种循环的理想循环功和热效率也分别相等。

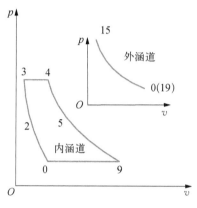

图 4.18　分别排气涡扇发动机的理想循环　　　图 4.19　混合排气(不加力)涡扇发动机的理想循环

2. 实际循环

工质在发动机中经历的热力学过程都伴有流动损失,在燃烧前后工质的成分也会发生变化,并且工质比热容、比热比等参数随着成分和温度而变化。因此,在发动机的实际循环中,气流经历的压缩和膨胀过程均为多变非等熵过程,加热过程为非等压(压力减小)加热过程。实际循环又称为多变循环过程。图 4.20 给出了涡喷发动机的实际循环。

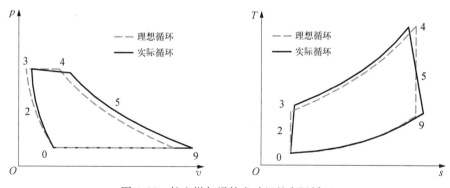

图 4.20　航空燃气涡轮发动机的实际循环

实际循环在 $p-v$ 图上所围成封闭图形的面积称为指示功,记为 L_i,等于多变膨胀功 L_{np} 与多变压缩功 L_{nc} 之差,即

$$L_i = L_{np} - L_{nc} = \frac{1}{2}(V_9^2 - V_0^2) + L_{net} + L_{rp} + L_{rc} \tag{4.10}$$

其中，L_{net} 表示螺旋桨、旋翼或风扇的功耗；L_{rp} 表示膨胀过程的摩擦功；L_{rc} 表示压缩过程的摩擦功。

循环指示功的前两项定义为实际循环的有效功，记为 L_e，则

$$L_e = \frac{1}{2}(V_9^2 - V_0^2) + L_{net} = L_i - (L_{rp} + L_{rc}) \tag{4.11}$$

对于涡喷发动机，$L_{net} = 0$，由式（4.11）可知，实际循环有效功全部转换为工质动能；对于涡轴发动机，工质动能增加很少，循环有效功几乎全部用于驱动旋翼；对于涡桨发动机，有效功大部分转化为螺旋桨推进器的功耗，小部分转换为工质动能；对于涡扇发动机，L_{net} 用于驱动风扇。

实际循环有效功与循环加热量之比定义为实际循环热效率，由于各种损失的存在，实际循环热效率小于理想循环热效率。

理想循环是实际循环的极限，实际循环过程的损失越小，越趋于理想循环，同时，理想循环参数（增压比 π 和增温比 τ）变化对于循环有效功和热效率的影响规律定性地适用于实际循环。循环有效功 L_e 随增温比 τ 的增大而单调增大，提高涡轮前温度始终是提高推重比的重要措施；存在最佳增压比 π_{opt} 使得循环有效功最大，且 π_{opt} 随着 τ 的增大而增大；为了获得最大的实际循环功，应在提高涡轮前温度的同时适当提高增压比。

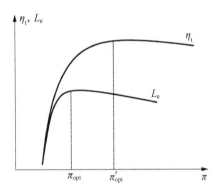

图 4.21　对应最大循环有效功的最佳增压比与对应最大热效率的最佳增压比

随着增压比的增大，实际循环热效率先增大后减小，即存在使得热效率取最大值的最佳增压比 π'_{opt}，如图 4.21 所示，对应于最大循环有效功的最佳增压比小于对应于最大热效率的最佳增压比，即 $\pi_{opt} < \pi'_{opt}$。

3. 循环计算

为了对航空燃气涡轮发动机的热力循环进行计算，首先需要建立气流在各主要部件中所经历的热力学过程的数学模型。

1）进气道

进气道的主要作用是为压气机输送适当流量和马赫数的低畸变空气，亚声速压气机要求轴向进气马赫数在 0.5~0.6，因此，当飞行马赫数较高时，就需要通过进气道降低来流速度。进气道最主要的性能参数是总压恢复系数，对于设计良好的亚声速进气道，总压恢复系数可达到 0.995~0.997，而超声速进气道通常有明显的总压损失，来流马赫数越大，总压损失越显著，下面给出两种进气道总压恢复标准：

$$\begin{cases} \sigma_i = 1 - 0.1(Ma_0 - 1)^{1.5} & Ma_0 > 1 & \text{AIA 标准} \\ \sigma_i = 1 - 0.075(Ma_0 - 1)^{1.35} & 5 > Ma_0 > 1 & \text{MIL-E-5008B} \\ \sigma_i = 800/(Ma_0^4 + 935) & Ma_0 > 5 & \text{MIL-E-5008B} \end{cases} \tag{4.12}$$

将两种总压恢复标准与正激波进气道进行对比，如图 4.22 所示，可见，在 $Ma_0 = 5$ 之前，飞机工业协会（AIA）标准比美国国防部 MIL - E - 5008B 标准保守。

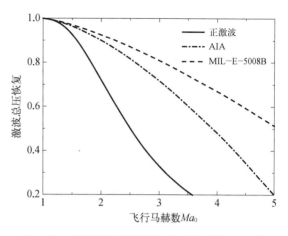

图 4.22　各种进气道总压恢复系数评估标准比较

2）压气机

将工质在压气机中的热力学过程看作多变压缩过程，定义理想过程所需要的功与实际消耗功之比为压气机的绝热效率，记为 η_c；定义多变压缩功与总功之比为多变效率，记为 e_c。绝热效率与多变效率之间是相关的。

根据多变压缩过程的性质，绝热效率可以由压气机的增压比和增温比表示出来：

$$\eta_c = \frac{\pi_c^{\frac{\gamma-1}{\gamma}} - 1}{\tau_c - 1} \tag{4.13}$$

根据多变效率的定义，多变压缩过程总温和总压的变化满足如下关系：

$$\frac{\mathrm{d}p_t}{p_t} = \frac{\gamma e_c}{\gamma - 1} \frac{\mathrm{d}T_t}{T_t} \tag{4.14}$$

对式（4.14）从压气机入口到出口积分，得

$$\frac{p_{t3}}{p_{t2}} = \pi_c = \left(\frac{T_{t3}}{T_{t2}}\right)^{\frac{\gamma e_c}{\gamma-1}} = (\tau_c)^{\frac{\gamma e_c}{\gamma-1}} \tag{4.15}$$

联立式（4.13）和式（4.15），可得到两类效率之间的关系式：

$$\eta_c = \frac{\pi_c^{\frac{\gamma-1}{\gamma}} - 1}{\pi_c^{\frac{\gamma-1}{\gamma e_c}} - 1} \tag{4.16}$$

压气机绝热效率是增压比的函数，而多变效率与压比相互独立，在非设计工况下，e_c 仍可看作常数。现代压气机多变效率的典型值在 0.88~0.92。

3）燃烧室

在实际燃烧室中，由于壁面摩擦、湍流混合和化学反应的存在，气流通过燃烧室的流动过程存在总压损失。Kerrebrock 给出了一个燃烧室总压恢复系数 σ_b 与平均马赫数 Ma_b 的近似关系式，为

$$\sigma_b \approx 1 - \varepsilon \frac{\gamma Ma_b^2}{2} \qquad 1 < \varepsilon < 2 \tag{4.17}$$

　　燃烧过程可简化为一个添热添质过程,对燃烧室入口和出口截面建立质量和能量守恒方程:

$$\dot{m}_4 = \dot{m}_0 + \dot{m}_f = \dot{m}_0(1 + f) \tag{4.18}$$

$$\dot{m}_0 h_{t3} + \dot{m}_f H_f \eta_b = (\dot{m}_0 + \dot{m}_f) h_{t4} = \dot{m}_0(1 + f) h_{t4} \tag{4.19}$$

其中,f 表示燃料和空气的质量比;H_f 为燃料的热值;η_b 为燃烧效率;定义为反应实际放热量与燃料热值之比。

　　加力燃烧室的简化分析过程与之类似,后面不再单独展开讨论。需要注意的是,在发动机工作过程中,加力燃烧室并不是一直工作,这对加力燃烧室的总压损失有影响。显然,加力燃烧室工作时,总压损失更大,因此,在具体分析时,应对两种状态的总压损失加以区别。

　　4) 涡轮

　　工质在涡轮中的热力学过程可以简化为一个多变膨胀过程,与压气机中多变压缩过程的分析类似,首先定义绝热膨胀效率 η_t 和多变膨胀效率 e_t。

　　根据多变膨胀过程的性质,绝热效率可以由涡轮的落压比 π_t 和落温比 τ_t 表示出来,为

$$\eta_t = \frac{1 - 1/\tau_t}{1 - \pi_t^{(1-\gamma)/\gamma}} \tag{4.20}$$

其中,$\tau_t = T_{t4}/T_{t5}$;$\pi_t = p_{t4}/p_{t5}$。

　　涡轮的落压比与落温比之间满足如下关系:

$$\tau_t = \pi_t^{\frac{(\gamma-1)e_t}{\gamma}} \tag{4.21}$$

将式(4.21)代入绝热效率的表达式,得到两类效率之间的关系如下:

$$\eta_t = \frac{1 - 1/\tau_t}{1 - \tau_t^{-1/e_t}} \tag{4.22}$$

　　由式(4.22)可知,涡轮绝热效率 η_t 随着落温比 τ_t 的增大而增大,这意味着涡轮级数增加,涡轮绝热效率增大。这与压气机中的趋势相反,压气机中,多级压气机的绝热效率低于单级压气机。这可以从能量传递的角度简单分析,因为涡轮膨胀过程是能量从燃气传递到涡轮的过程,能量增加,燃气在离开涡轮前将能量传递给涡轮的可能性增大,而压气机增压过程是能量从压气机传递到工质的过程,级数增大,损失增大。

　　5) 混合器

　　混合排气涡扇发动机在喷管之前还有一个部件——混合器。为简化分析,假定混合器是一个等直通道,如图 4.23 所示,混合器出口气体的比定压热容 c_{pm} 和比定容热容 c_{vm} 由两股掺混气流的质量加权平均得到,比热比 γ_m 为两个参数的比值,即

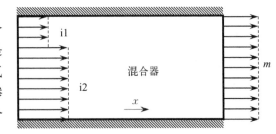

图 4.23　混合器控制体模型示意图

$$c_{pm} = \frac{\dot{m}_{i1}c_{pi1} + \dot{m}_{i2}c_{pi2}}{\dot{m}_{i1} + \dot{m}_{i2}}, \quad \gamma_m = \frac{\dot{m}_{i1}c_{pi1} + \dot{m}_{i2}c_{pi2}}{\dot{m}_{i1}\left(\dfrac{c_{pi1}}{\gamma_{i1}}\right) + \dot{m}_2\left(\dfrac{c_{pi2}}{\gamma_{i2}}\right)} \tag{4.23}$$

混合器模型的另一个重要性质是,混合器进口处参与混合的两股气流的静压相等。基于这一基本性质,并假定混合流动无摩擦损失,对混合器进口和出口建立质量守恒与动量守恒方程:

$$p_m\left[1 + \gamma_m Ma_m^2\right]\left(1 + A_{i2}/A_{i1}\right) - p_{i1}\left[\left(1 + \gamma_{i1}Ma_{i1}^2\right) + \left(A_{i2}/A_{i1}\right)\left(1 + \gamma_{i2}Ma_{i2}^2\right)\right] = 0 \tag{4.24}$$

$$\begin{aligned}
&\frac{p_m Ma_m \sqrt{1 + (\gamma_m - 1)Ma_m^2/2}}{\sqrt{\gamma_m R_m T_m}}\left(1 + \frac{A_{i2}}{A_{i1}}\right) \\
&= \frac{p_{i1}Ma_{i1}\sqrt{1 + (\gamma_{i1} - 1)Ma_{i1}^2/2}}{\sqrt{\gamma_{i1}R_{i1}T_{i1}}} + \frac{p_{i2}Ma_{i2}\sqrt{1 + (\gamma_{i2} - 1)Ma_{i2}^2/2}}{\sqrt{\gamma_{i2}R_{i2}T_{i2}}}\frac{A_{i2}}{A_{i1}}
\end{aligned} \tag{4.25}$$

联立以上两个方程,便可求出混合器出口压力和马赫数。出口温度则可通过能量守恒方程直接求出。

6) 尾喷管

燃气涡轮发动机的喷管通常为收缩扩张型通道,即拉瓦尔喷管,有三种工作状态:临界、亚临界和超临界。喉部 $Ma = 1$,喉部下游为超声速气流,喷管出口静压等于环境压力(完全膨胀)的状态,称为临界状态;当喷管处于超临界状态时,喉部 $Ma = 1$,此时可以通过增大喷管出口面积,使得出口静压等于环境压力,使喷管回到临界状态,然而出口面积的最大值有限制;当喷管处于亚临界状态时,喉部 $Ma < 1$,喉部下游为亚声速流动。下面给出喷管流动的计算过程。

① 假定喷管喉部 $Ma = 1$,即 8 截面速度系数 $\lambda_8 = 1$;由流量公式 $\dot{m}_8 = k_m p_{t8}A_8 q(\lambda_8)/\sqrt{T_{t8}}$ 计算出喉部面积 A_8,将 $p_9 = p_0$ 代入 $\pi(\lambda_9) = p_9/p_{t9}$,求出 λ_9;由 9 截面的流量公式计算出 A_9;判断 A_9 是否达到最大允许值,如果大于最大允许值,则将 A_9 取为最大允许值,代入流量公式,重新计算 λ_9。

② 将 λ_9 代入式(4.26),得到出口马赫数 Ma_9 如下:

$$\lambda^2 = \frac{\dfrac{\gamma + 1}{2}Ma^2}{1 + \dfrac{\gamma - 1}{2}Ma^2} \tag{4.26}$$

③ 根据总温与静温关系得到喷管出口静温 T_9,进而求出出口气流速度 V_9。

基于以上分析模型,根据发动机的工作过程沿流向依次进行各特征截面的流动参数计算,便可完成对燃气涡轮发动机的循环计算。

4.2.2　冲压发动机

1. 热力循环过程

与航空燃气涡轮发动机一样,冲压发动机的热力循环过程同样是布雷顿循环,主要包括压缩、等压加热、膨胀、假想的等压放热四个过程,如图 4.24 所示。

① 压缩过程 0—3。自由来流空气的绝热压缩,从来流温度 T_0 加热到 T_3;由壁面摩擦和激波过程导致的不可逆损失,使得工质的熵由 s_0 增大到 s_3;如果压缩过程可逆(没有熵增),则压缩可视为等熵压缩(工程实际中摩擦不可避免,没有理想压缩)。

② 等压(熵增)加热过程 3—4。工质温度从燃烧室入口 T_3 升至燃烧室出口 T_4,不考虑添质和化学组分变化;动量守恒方程表明速度无变化;直接积分 Gibbs 方程可得到熵增。

③ 绝热膨胀过程 4—10。从燃烧室静压 $p_4 = p_3$ 膨胀到自由态压力 $p_{10} = p_0$,假设尾气流完全膨胀

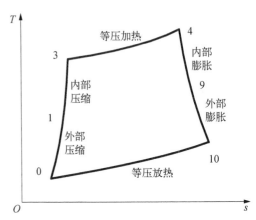

图 4.24　冲压发动机的热力循环过程

到周围环境大气的压力。摩擦和激波过程导致过程不可逆,从而熵由 s_4 增大到 s_{10}。如果没有不可逆过程,膨胀被视为绝热等熵膨胀。

④ 等压放热过程 10—0。这个过程与等压燃烧过程相似,热量被充分地释放到周围环境大气中,因此,认为速度不变,即过程中的速度与绝热膨胀过程结束时的速度相同。从能量的观点来看,这里被释放到大气中的热量等效于燃烧加入的但并没有转化成循环功的那部分热量。这个过程是为封闭循环过程假想的等压无摩擦过程。

2. 最大允许压缩温度

增大燃烧室入口和出口温度有益于提高循环热效率,然而,燃烧室入口温度不能无限制地增大,通常限制其低于某一温度值,以避免出现过度离解。如果压缩温度值过高,为了保证性能指标达到要求,则燃烧室出口温度必然会很高。如果燃烧尾气温度过高,尾气流中空气发生过度离解(部分能量变成离解能,通过复合反应恢复的能量很少),使得这种燃烧释热的增益作用被淹没掉了。确定冲压发动机进气道最大允许压缩温度需要综合理论计算、经验判断等方式,它与飞行高度、马赫数、入口损失、燃料种类、燃料/空气比、燃烧室和排气系统几何形状等诸多因素有关。

冲压发动机最大允许压缩温度的变化范围很窄,通常要求在 1 440~1 670 K 范围内,因此,可以选择一个合理的代表温度值 $T_3 = 1\,500\sim1\,600\ \mathrm{K}$。整体绝热压缩过程中空气表现为量热完全气体,忽略离解过程,则燃烧室中工质比热比可以取为 $\gamma_c = 1.36$。

3. 燃烧室入口条件

对压缩温度 T_3 的限制直接导致对燃烧室入口马赫数 Ma_3 的限制。对于绝热压缩过程,总

温不变,即

$$T_t = T_0\left(1 + \frac{\gamma_c - 1}{2}Ma_0^2\right) = T_3\left(1 + \frac{\gamma_c - 1}{2}Ma_3^2\right) \tag{4.27}$$

则燃烧室入口马赫数由式(4.28)计算:

$$Ma_3 = \sqrt{\frac{2}{\gamma_c - 1}\left[\frac{T_0}{T_3}\left(1 + \frac{\gamma_c - 1}{2}Ma_0^2\right) - 1\right]} \tag{4.28}$$

对式(4.28)进行分析,可得如下结论。

① 若 $Ma_0 < \sqrt{\frac{2}{\gamma_c - 1}\left(\frac{T_3}{T_0} - 1\right)}$,则式(4.28)无解,此时,$T_3 > T_t$。

② 若 $Ma_0 > \sqrt{\frac{2}{\gamma_c - 1}\left[\frac{T_3}{T_0}\left(\frac{\gamma_c + 1}{2}\right) - 1\right]}$,则 $Ma_3 > 1$,即燃烧室入口超声速,这是超声

速燃烧的前提(超燃冲压发动机)。

③ 根据高超声速飞行的限制条件,有

$$\frac{Ma_3}{Ma_0} = \sqrt{\frac{T_0}{T_3}} \tag{4.29}$$

根据式(4.28)可以得到自由来流马赫数与燃烧室入口马赫数的对应关系,如图4.25所示。从图中可以看出,为保证超声速燃烧,若 T_3/T_1 取为7,则来流马赫数至少应为 $Ma_0 \approx 6.4$。

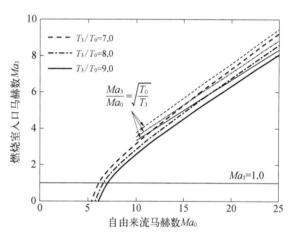

图4.25　燃烧室入口马赫数与来流马赫数的关系

4. 冲压发动机的流推力函数分析

回顾第3章中关于流推力函数的定义,如下。

冲量函数为

$$I = pA + \dot{m}V \tag{4.30}$$

流推力函数:单位质量流率的冲量变化为

$$Sa = \frac{I}{\dot{m}} = V + \frac{pA}{\dot{m}} \tag{4.31}$$

根据质量流率的定义式 $\dot{m} = \rho V A$,可得

$$I = pA(1 + \gamma Ma^2) \tag{4.32}$$

$$Sa = V\left(1 + \frac{RT}{V^2}\right) \tag{4.33}$$

流推力函数部件分析的目的是找到驻点 10 的流推力函数 Sa_{10} 和流通面积 A_{10}。因此，可对发动机中的每个部件进行单独分析，这是因为它们进行了不同类型的热力学过程。有时也进行"部件群"简化，例如，压缩部件群中包括压缩面、进气道、扩压器、弓体等，但不考虑部件细节。

1）压缩过程分析

把发生在"压缩部件群"中的热力学过程描述成一个简单的压缩过程，定义循环静温比为压缩终了静温与压缩初始静温的比值，用符号 φ 表示；绝热压缩效率用符号 η_c 表示。假定任务来流参数已知，循环静温比 φ 已知，则分析过程如下所示。

流推力函数 Sa_0 为

$$Sa_0 = V_0 \frac{1 + R T_0}{V_0^2} \tag{4.34}$$

燃烧室入口温度 T_3 为

$$T_3 = \varphi T_0 \tag{4.35}$$

燃烧室入口速度 V_3 为

$$V_3 = \sqrt{V_0^2 - 2c_{pc} T_0 (\varphi - 1)} \tag{4.36}$$

燃烧室入口的流推力函数 Sa_3 为

$$Sa_3 = V_3 \frac{1 + R T_3}{V_3^2} \tag{4.37}$$

燃烧室入口静压 p_3 为

$$p_3 = p_0 \left[\frac{\varphi}{\varphi(1 - \eta_c) + \eta_c} \right]^{\frac{c_{pc}}{R}} \tag{4.38}$$

燃烧室入口截面积 A_3 为

$$A_3 = \varphi \frac{p_0}{p_3} \frac{V_0}{V_3} A_0 \tag{4.39}$$

2）燃烧过程分析

燃烧过程可看作加热和添质过程，针对燃烧部件（直通道、等截面或者等扩张通道），假定燃料释热值 H_f、燃烧效率 η_b 已知，同时，引入如下四个新物理量：燃料喷注轴向速度比 V_{fx}/V_3；燃料喷注速度比 V_f/V_3；燃烧器等效阻力系数 $C_f A_w/A_3$；绝对静焓（参考温度）$c_{pb}(T - T^0) = h$，其中，T^0 表示绝对静焓的参考温度，由于燃料的可感知静焓 h_f 与 H_f 相比很小，在后续分析中忽略 h_f 的影响。

对于等压燃烧过程，利用第 3 章讨论的一维定常流动模型，其分析过程如下。

燃烧室出口速度 V_4 为

$$V_4 = V_3 \left[\frac{1 + f \dfrac{V_{fx}}{V_3}}{1 + f} - \frac{C_f \dfrac{A_w}{A_3}}{2(1 + f)} \right] \tag{4.40}$$

燃烧室出口温度 T_4 为

$$T_4 = \frac{T_3}{1 + f} \left\{ 1 + \frac{1}{C_{pb} T_3} \left[\eta_b f H_f + f h_f + f C_{pb} T^0 + \left(1 + f \frac{V_f^2}{V_3^2} \right) \frac{V_3^2}{2} \right] \right\} - \frac{V_4^3}{2 C_{pb}} \tag{4.41}$$

燃烧室面积比 A_4 / A_3 为

$$\frac{A_4}{A_3} = (1 + f) \frac{T_4}{T_3} \frac{V_3}{V_4} \tag{4.42}$$

燃烧室出口流推力函数 Sa_4 为

$$\mathrm{Sa}_4 = V_4 \left(1 + \frac{R T_4}{V_4^2} \right) \tag{4.43}$$

如果燃烧室为等截面通道,则燃烧方式为等容(等截面)燃烧,对于此种燃烧过程,仍可利用第 3 章给出的一维定常流动模型,其分析过程如下。

燃烧室出口速度 V_4 为

$$V_4 = \frac{-b \pm \sqrt{b^2 - 4ac}}{2a} \tag{4.44}$$

其中,

$$a = 1 - \frac{R}{2 c_{pb}} \tag{4.45a}$$

$$b = -\frac{V_3}{1 + f} \left[\left(1 + \frac{R T_3}{V_3^2} \right) + f \frac{V_{fx}}{V_3} - \frac{C_f}{2} \frac{A_w}{A_3} \right] \tag{4.45b}$$

$$c = \frac{R T_3}{1 + f} \left\{ 1 + \frac{1}{c_{pb} T_3} \left[\eta_b f H_f + f h_f + f c_{pb} T^0 + \left(1 + f \frac{V_f^2}{V_3^2} \right) \frac{V_3^2}{2} \right] \right\} \tag{4.45c}$$

燃烧室出口温度 T_4 为

$$T_4 = \frac{c}{R} - \frac{V_4^2}{2 c_{pb}} \tag{4.46}$$

燃烧室静压比 p_4 / p_0 为

$$\frac{p_4}{p_0} = (1 + f) \frac{p_3}{p_0} \frac{T_4}{T_3} \frac{V_3}{V_4} \tag{4.47}$$

燃烧室出口流推力函数 Sa_4 为

$$Sa_4 = V_4\left(1 + \frac{RT_4}{V_4^2}\right) \tag{4.48}$$

3）膨胀过程分析

喷管膨胀面（超燃冲压发动机）的膨胀效率记为 η_e，则膨胀后的温度 T_{10} 为

$$T_{10} = T_4\left\{1 - \eta_e\left[1 - \left(\frac{p_{10}}{p_0}\frac{p_0}{p_4}\right)^{\frac{R}{c_{pe}}}\right]\right\} \tag{4.49}$$

膨胀后的速度 V_{10} 为

$$V_{10} = \sqrt{V_4^2 + 2c_{pe}(T_4 - T_{10})} \tag{4.50}$$

流推力函数 Sa_{10} 为

$$Sa_{10} = V_{10}\left(1 + \frac{RT_{10}}{V_{10}^2}\right) \tag{4.51}$$

膨胀面积比 A_{10}/A_0 为

$$\frac{A_{10}}{A_0} = (1 + f)\frac{p_0}{p_{10}}\frac{T_{10}}{T_0}\frac{V_0}{V_{10}} \tag{4.52}$$

根据以上分析,得到 10 位置处的流推力函数以及面积比 A_{10}/A_0,那么,发动机的推力性能可以进行计算:

$$\frac{F}{\dot{m}} = (1 + f)Sa_{10} - Sa_0 - \frac{RT_0}{V_0}\left(\frac{A_{10}}{A_0} - 1\right) \tag{4.53}$$

由第 2 章的定义可知,其他性能指标可以根据它们与 $F/\dot{m}$ 的关系依次求出。因此,流推力分析的核心价值在于获得比推力,即单位质量流量产生的推力。

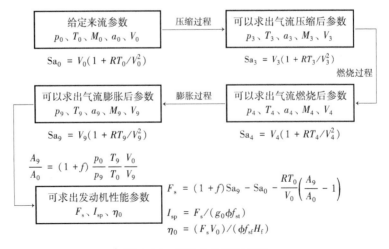

图 4.26　流推力分析框架图

作为总结,图 4.26 给出了流推力分析的框架图。

4.2.3　火箭发动机

1. 热力循环过程

将工质在发动机内经历的热力学过程依次在 $p-v$ 图和 $T-s$ 图上标出,便得到了火箭发动机的热力循环过程,如图 4.27 所示。从图中可以看出,火箭发动机的热力循环包括 5 个主要过程。

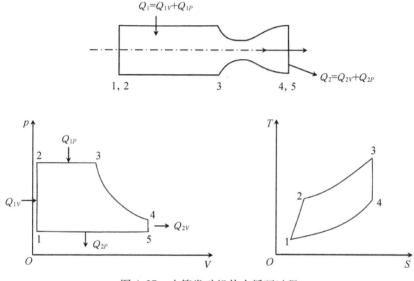

图 4.27　火箭发动机热力循环过程

① 等容压缩过程 1—2。该过程对应燃烧室推进剂点燃的瞬间,压力迅速升高的过程。发动机起动瞬间,推进剂被点燃,迅速生成大量高温高压燃气,充满燃烧室,燃烧室内压力迅速升高到额定平衡压力 p_c。该过程压缩功为零,外界输入点火能 Q_{1V},熵和温度增加。

② 等压加热过程 2—3。该过程对应推进剂在燃烧室内的燃烧过程。

③ 等熵膨胀过程 3—4。该过程对应工质在尾喷管的膨胀过程。

④ 等容放热过程 4—5。该过程表示工质流出欠膨胀状态的喷管后,压力迅速降低至周围环境压力的过程。火箭发动机的喷管几何形状固定,外界环境压力随着火箭飞行高度的变化而迅速变化,因此,大多数时间火箭发动机喷管工作于非设计状态。

⑤ 等压放热过程 5—1。该过程对应工质降到环境压力之后的放热过程,最终工质将冷却到循环初始状态。该过程是为了封闭热力循环而假想的热力过程。

根据以上对于热力循环过程的分析,理想循环功可表示如下:

$$w_0 = w_{1-2} + w_{2-3} + w_{3-4} + w_{4-5} + w_{5-1} = w_{3-4} = -\int_{p_3}^{p_4} v \mathrm{d}p \tag{4.54}$$

假定燃气在喷管中的膨胀为绝热过程,膨胀功全部转化为工质的动能,若忽略喷管入口工质的动能,则

$$-\int_{p_3}^{p_4} v\mathrm{d}p = h_3 - h_4 \approx \frac{1}{2}V_4^2 \tag{4.55}$$

循环通过等压燃烧过程 2—3 的吸热量为 $q_1 = h_3 - h_2$，考虑到

$$w_{1-2} = -\int_{p_1}^{p_2} v\mathrm{d}p = h_2 - h_1 \approx 0 \tag{4.56}$$

进而有 $h_2 = h_1 \approx 0$。从而，$q_1 = h_3$。

下面计算循环热效率，根据定义：

$$\eta_t = \frac{w_0}{q_1} \approx \frac{h_3 - h_4}{h_3} = 1 - \frac{T_4}{T_3} = 1 - \left(\frac{p_4}{p_3}\right)^{\frac{\gamma-1}{\gamma}} \tag{4.57}$$

可见，火箭发动机循环效率随喷管落压比的增大而增大。这也是火箭发动机的喷管扩张比很大的原因。

根据热力学知识，理想循环功等于 $p-v$ 图上封闭图形的面积，由图 4.27 可以看出，喷管入口和出口压力差越大，理想循环功越大，因此，火箭发动机燃烧室压力通常高达 2~40 MPa。由热力学第一定律可知，$w = q - \Delta e = q + e_p - e_e$，其中，$w$ 为推进功；q 为化学反应放出的热量；e_p 为推进剂燃烧前的内能；e_e 为工质排出喷管时的内能。可见，化学反应放热绝大部分转化为推进功，由于排气内能通常高于推进剂内能，因此，还有一部分转化为排热损失，这也是制约热效率提升的主要原因。膨胀越充分，排热损失越小，从而循环热效率越高。此外，推进功主要通过喷管膨胀过程转换，膨胀过程转换能量的多少主要取决于喷管落压比，燃烧室压力越高，则喷管落压比越高，产生的推进功越多。因此，提高火箭发动机推重比的关键就在于提高燃烧室压力。

2. 热力计算

为了计算火箭发动机的理论性能参数，首先需要获得一些基础的热力循环参数，如燃烧室温度、压力、工质比热比、平均分子量等，为此，就需要进行热力计算。火箭发动机的热力计算分为三部分：① 燃烧室的热力平衡计算；② 喷管的热力计算；③ 发动机特征参数计算。

燃烧室的热力平衡计算是热力计算的重点，根据任务要求和设计经验，推进剂和燃烧室压力会提前选定。因此，火箭发动机燃烧室热力平衡计算就转化为在给定推进剂和燃烧室压力的条件下，求解燃烧室温度、燃气比热比和平均相对分子质量的问题。火箭发动机燃烧室热力计算的主要依据是质量守恒方程、化学平衡方程、能量守恒方程。目前已有成熟的软件或程序能够获得火箭发动机燃烧室的相应参数，如美国国家航空航天局（NASA）的热力平衡计算软件 CEA 等。受篇幅所限，本书不再介绍火箭发动机燃烧室的热力计算过程。

4.3　热力循环的静焓-动能相平面图分析

在本书第 3 章中介绍了以无量纲静焓 H 和无量纲动能 K 为坐标轴的 $H-K$ 平面图，在 $H-$

K 图上可以作出反映各种热力学关系的曲线,如等马赫数线、范诺线、瑞利线等,可以用来分析发动机的工作过程。下面采用 H-K 相平面图分析冲压发动机的过程。该分析包括了从进气道经扩压段(隔离段)、燃烧室到尾喷管的工作过程。

4.3.1　燃烧过程在 H-K 图上的表示

回顾 3.4 节对等压燃烧过程的分析,可得出口马赫数为

$$Ma_e = \frac{Ma_i}{\sqrt{\left(1 + \frac{\gamma - 1}{2}Ma_i^2\right)\tau_e - \frac{\gamma - 1}{2}Ma_i^2}} \tag{4.58}$$

同时,由式(3.36)可知,对于等压燃烧,$dV = 0$,说明在 H-K 图上等压燃烧过程是一条垂直于横坐标的直线,如图 4.28 所示。这里,Φ 是无量纲的流推力函数,$\Phi = Sa/\sqrt{c_p T_{ti}}$。

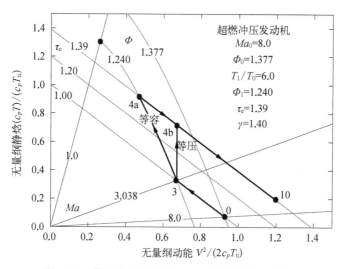

图 4.28　等压燃烧过程在 H-K 相平面图上的表示

回顾 3.2 节对等容燃烧过程的分析,可得出口速度满足如下关系:

$$\frac{V_e^2}{2c_p T_{ti}} = \left[\frac{\gamma \Phi_i}{(\gamma + 1)\sqrt{2}} \pm \sqrt{\frac{1}{2}\left(\frac{\gamma \Phi_i}{\gamma + 1}\right)^2 - \tau_e\left(\frac{\gamma - 1}{\gamma + 1}\right)}\right]^2 \tag{4.59}$$

式(4.59)通常存在正、负两根,正根是燃烧室超声速入口条件的解,负根是燃烧室亚声速入口条件的解。由出口速度可进一步得到出口温度,即

$$\frac{c_p T_{te}}{c_p T_{ti}} = \tau_e - \frac{V_e^2}{2c_p T_{ti}} \tag{4.60}$$

综上,燃烧室入口条件决定无量纲流推力函数 Φ、马赫数 Ma、增温比 τ_e,燃烧释热率决定增能(温)比。如图 4.29 所示,在一定范围内,对于每组增能比 τ_e,即曲线 τ_e = const 和曲线 Φ = const 有两个交点,一个对应亚声速,一个对应超声速;τ_e 越大,两个交点就越接近声速,这

说明加热使流动趋于声速。例如,对于 $\Phi = 1.26$,当 $\tau_e = 1.62$ 时,两曲线有切点 c,切点上的马赫数为 1。进一步增加能量,两曲线(τ_e 和 $\Phi = $ const)再没有交点,该过程没有解,这就是发生了"热壅塞"现象。此时,无论再增加多少外部能量,出口流动状态都保持不变。

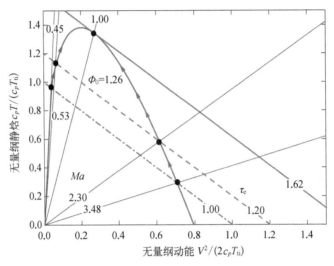

图 4.29　等容燃烧过程在 $H - K$ 相平面图上的表示

4.3.2　亚燃冲压发动机

分析一台飞行马赫数 Ma_0 为 3,飞行初始流推力函数为 $\Phi_0 = 1.224$ 的亚燃冲压发动机的工作过程。来流空气经进气道后,流推力变为 $\Phi_3 = 1.3$,采用等压燃烧或等容燃烧,其增能比为 1.4,燃烧气流经尾喷管喷出。

首先在 $H - K$ 相平面图上作出分析所需的各种曲线,如范诺线、瑞利线、等马赫数线等,然后在图中曲线上找到各个部件的起始状态点,沿着热力学过程在曲线上的变化找到过程结束的状态点。

1. 来流状态

来流状态用下标 0 表示。来流马赫数 $Ma_0 = 3$,此时,具有的流推力函数为 $\Phi_0 = 1.240$。

2. 进气道

气流首先被减速,从来流条件(0)经收缩管道超声速增压、正激波增压和激波后亚声速扩张管道增压,几乎被压缩到驻点条件。压缩过程包括等熵压缩(收缩管道)和 0 点到 u 点的斜激波压缩,u 点到 d 点的正激波压缩,d 点到 3 点的亚声速减速扩压等。

3. 等截面燃烧或等压燃烧过程

进入燃烧室的空气与燃料的燃烧方式可以采用等截面燃烧(点 3 到点 $4a$)或者等压燃烧(点 3 到点 $4b$)两种方式实现。每种情况的马赫数都很小,点 $4a$ 和点 $4b$ 非常靠近。

如图 4.30 所示,从点 d 开始的等截面燃烧过程在达到要求的加热量之前就过早达到了 c

点,即发生热壅塞。假如更大程度的减速总可以使进入燃烧室之前的马赫数降得足够低,流推力函数 Φ 升得足够高,从而在达到要求的加热量之前不会发生热壅塞,那么,亚燃冲压发动机燃烧室的工作状态与涡喷发动机燃烧室非常类似。

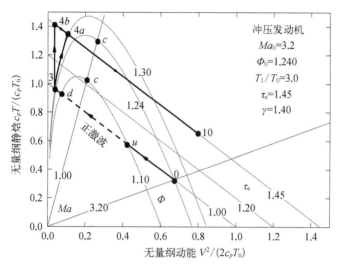

图 4.30　亚燃冲压发动机工作过程的 $H-K$ 图分析

4. 尾喷管流动

加热的亚声速气流经拉瓦尔喷管被加速到超声速,以燃烧室出口的条件(点 $4a$ 或者点 $4b$)膨胀到来流时的静压点 10。该过程曲线通过马赫数为 1 的直线,此时,必须使用收缩-扩张喷管。点 10 的动能和速度必须超过点 0 的值,才能表征冲压发动机产生了净推力。

▶▶ 4.3.3　超燃冲压发动机

分析一台飞行马赫数为 $Ma_0 = 8.0$,飞行初始流推力函数为 $\Phi_0 = 1.377$ 的超燃冲压发动机的各个部件的工作过程。来流空气经进气道后马赫数变为 $Ma_3 = 3.038$,流推力函数变为 $\Phi_3 = 1.24$,采用等压燃烧或等容燃烧,两种燃烧方式对应的增能比均是 1.4,燃气流随后经尾喷管喷出,如图 4.31 所示。

1. 来流状态

来流状态用下标 0 表示。来流马赫数 $Ma_0 = 8.0$,此时具有的流推力函数为 $\Phi_0 = 1.377$。

2. 进气道

气流经过进气道,流动参数由进口状态 0 达到燃烧室入口状态 3。此过程总温不变,在 $H-K$ 平面上,流动状态沿 Fanno 线变化,即满足:

$$c_p T + \frac{V^2}{2} = \text{const} \tag{4.61}$$

由于斜激波以及收缩进气道作用,气流马赫数由 $Ma_0 = 8.0$ 减至 $Ma_3 = 3.038$,流推力函数(因截面积变化,从而侧壁有力的水平分量)由 $\Phi_0 = 1.377$ 变至 $\Phi_3 = 1.24$。以等能(总温一定)条件减速超声速流,相当于减小无量纲流推力函数,这等效于有一个净轴向力直接作用于气流。

3. 等截面燃烧或等压燃烧过程

如果燃烧室等截面,那么经增能 $\tau_4 - \tau_3 = 1.4 - 1.0 = 0.4$,流动状态经曲线3—4变至 4a。此时曲线3—4就是流推力函数为常量 $\Phi = \Phi_3 = 1.24$ 的曲线,即瑞利线(等截面无摩擦增能曲线)。在等截面燃烧过程中,增能很容易使得状态 4a 接近切点 c,即容易产生热壅塞。

在工程实践上,为了避免热壅塞,还通常采用等压燃烧。图中曲线 3—4b 是等压燃烧过程。由于等压燃烧也是等流速燃烧,因此曲线 3—4b 是一条垂直于横坐标的直线,显然不太可能接近切点 c,因而选用这种燃烧方式不易产生热壅塞。

4. 尾喷管流动

燃烧室出口状态 4a 或 4b 在尾喷管中高速膨胀到发动机出口状态 10。

此过程总温不变,因此曲线 4a—10 或 4b—10 是一条直线。按当地总压与静压的关系,并考虑到入口静压与出口静压都是大气压力,得

$$\frac{\left(1 + \dfrac{\gamma - 1}{2}Ma_{10}^2\right)^{\frac{\gamma}{\gamma-1}}}{\left(1 + \dfrac{\gamma - 1}{2}Ma_0^2\right)^{\frac{\gamma}{\gamma-1}}} = \pi \tag{4.62}$$

其中,π 为出口总压与入口总压之比。

燃烧、激波等过程都将造成总压损失,因此,发动机内部存在总压损失。出口马赫数总是小于入口马赫数,但出口速度必须大于入口速度,否则就不能产生正推力。因此,出口静温(声速)必然大于入口静温,这样才能保证在出口马赫数小于入口马赫数的情况下,喷管出口流速大于自由来流速度。

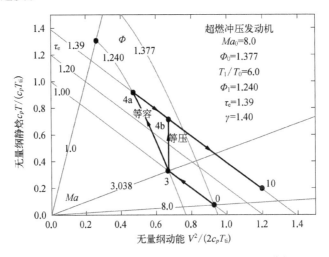

图 4.31　超燃冲压发动机工作过程的 $H-K$ 图分析

部件与系统—基本过程与工作原理

第5章 叶轮机械工作过程与原理

航空航天推进系统中压缩和膨胀做功过程通常依靠叶轮机械来实现,因此,叶轮机械特性直接影响推进系统的整体工作过程和性能。航空燃气涡轮发动机中的叶轮机械主要指压气机和涡轮两大核心部件,火箭发动机中同样存在叶轮机械,如液体火箭发动机的涡轮泵。这些叶轮机械在结构和原理上都有很多相似之处,但各自又有不同的特征。本章分为4节,主要从轴流压气机气动热力分析、轴流涡轮气动热力分析、涡轮泵工作分析等方面对叶轮机械展开讨论,最后还将简要介绍关于叶轮机械的一些先进设计理念。

5.1 轴流压气机气动热力分析

压气机的基本功能是在低流阻损失的情况下对流入发动机的工质加功,使气流压力提高,保证发动机工作所需的增压比。压气机的增压比和效率直接影响到发动机的整体推力和效率,同时,压气机的气动稳定性直接决定发动机的整体工作特性。旋转失速、喘振是压气机常见的气动不稳定现象,发生以后如不能及时恢复,将造成压气机叶片的疲劳断裂,甚至整机的严重损坏。压气机的性能指标往往与稳定性指标相互制约,压气机的设计就是在各种矛盾与冲突中寻求平衡,以实现最优性能。

5.1.1 压气机的结构及工作过程

轴流压气机有两个基本组成部分:旋转部分,即转子,包括转子叶片(动叶)、轮盘、轴等;固定部分,即静子,包括静子叶片(静叶)、机匣等。转子叶片通常由叶身和榫头两部分组成,转子叶片与轮盘之间通过榫头-榫槽形式连接,如图5.1所示。目前较先进的发动机,在压气机部分开始采用整体叶盘结构形式(即叶片和轮盘整体成型或叶片焊接在轮盘上)。转子叶片需要考虑减振的问题,尤其是风扇叶片。减振措施主要有两种,一是在叶片上设计减振凸肩;二是采用宽弦设计,如图5.2所示。静子叶片通常由叶身和缘板两部分组成,静子叶片需要固定在机匣之上,具体连接措施有直接固定和间接固定两种。静子叶片先安装在整环或半环之上,再固定于机匣的方式属于间接固定,而直接固定方式包括T型槽式、焊接式、螺纹轴颈式等。

图5.1 压气机转子叶片与轮盘的榫头-榫槽连接形式

转子叶片排和静子叶片排在轴向交替排布,将由一排转子叶片与一排静子叶片组成的结构称为压气机的一个"级",在每个级中,都是转子叶片排在前,静子叶片排在后,图5.3给出了一个典型的多级轴流压气机的结构图。气流进入压

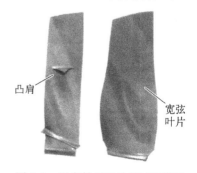

图5.2 风扇转子叶片的减振措施

气机之后,压力沿流向逐渐升高,因而密度也逐渐增大,为了与入口保持相同的流量,流道截面积应当沿流向逐渐减小,即压气机子午面内的气流通道是收缩形通道,叶片高度逐级减小,如图 5.3 所示。

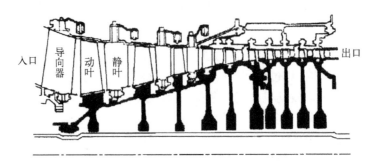

图 5.3　航空燃气涡轮发动机轴流压气机的典型结构

　　压气机的作用是对气体增压,气流经过动叶通道之后,由于叶片对气体加功,气体总压升高,当气流通过静叶通道之后,由于存在摩阻、形阻等带来的流动损失,气体总压降低,但静压仍然升高,这是因为压气机叶栅通道是扩张通道,亚声速气流在扩张型通道中减速增压。根据发动机的热力循环,在一定条件下,压气机压比越高,循环有效功和热效率越高,同时,流动损失越小,发动机的热效率也越高。因此,压气机的设计目标就是在尽可能小的流动损失下实现高的增压比。

5.1.2　压气机的工作原理

1. 基元级速度三角形

　　前面提到,通常将一排转子叶片与一排静子叶片组成的结构称为压气机的一个"级",那么用与压气机同轴的圆柱面剖切压气机的一个级,就得到了一个"基元级",如图 5.4(a) 所示。为了分析方便,通常将基元级展开为平面,得到两排平面叶栅,如图 5.4(b) 所示,前面一排是动叶叶栅,后面一排是静叶叶栅。

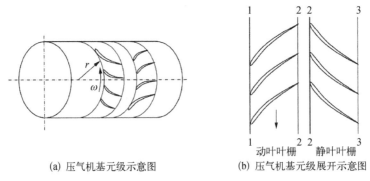

(a) 压气机基元级示意图　　　　　　(b) 压气机基元级展开示意图

图 5.4　平面叶栅示意图

　　在基元级中,静叶叶栅固定不动,因而分析气流在静叶叶栅中的流动情况时,基于绝对静止坐标是比较方便的,然而,动叶叶栅以圆周速度 u 运动,对于动叶叶栅中的流动分析,若仍采用绝对静止坐标系,将会十分困难,而选取固连于动叶上的相对坐标系,会使分析难度大大降低。在相对坐标系中,气流相对于绝对静止参考系的速度称为绝对速度,记为 c,气流相对于参考坐标系的速度称为相对速度,记为 w,动叶叶栅的圆周速度 u 就是牵连速度。根据力学知识,三个速度之间满足如下关系:

$$c = w + u \tag{5.1}$$

研究动叶中的流动应使用相对速度 w,研究静叶中的流动使用绝对速度 c。通常将动叶和静叶进出口速度三角形画在一起,就是基元级速度三角形。一般情况下,气流流过基元级时,轴向速度的变化不大,可近似认为 $c_{1a} = c_{2a} = c_{3a} = c_a$,从而速度三角形可以得到简化,如图 5.5 所示。

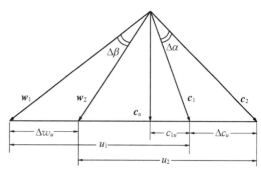

图 5.5 基元级速度三角形

在如图 5.5 所示的基元级速度三角形中,有多个参数与压气机设计相关联,例如,动叶入口绝对速度的轴向分速 c_{1a},它的选取对发动机的迎风面积有很大影响,c_{1a} 越大,迎风面积越小;动叶进出口相对速度在周向的变化量 Δw_u 表征气流在周向的扭转量,常称为扭速,扭速越大,加功量越大;动叶入口绝对速度的周向分速 c_{1u} 表征气流进入动叶前的预先旋转情况,若 c_{1u} 与圆周速度 u 的方向相同,此时称气体具有正预旋,反之,则称气体具有反预旋。在压气机设计中,选取无预旋设计、正预旋设计还是反预旋设计,要根据具体的设计要求来确定;圆周速度 u 直接影响叶片对气体加功量的大小,在其他条件相同时,u 越大,则叶片对气体加功越多。

2. 基元级增压原理

气流通过动叶叶栅时,气流和叶片的受力情况如图 5.6 所示,可见动叶的运动方向与气流对叶片作用力 $\boldsymbol{P}'$ 的周向分力 $\boldsymbol{P}'_u$ 的方向一致,因此,叶片对气流做正功。根据动量定理,$\boldsymbol{P}'_u$ 的大小为

$$P'_u = \dot{m}(w_{1u} - w_{2u}) \tag{5.2}$$

那么,动叶的轮缘功,即对单位质量流量气体的做功量,可表示为

$$L_u = u(w_{1u} - w_{2u}) = u\Delta w_u \tag{5.3}$$

可见,动叶对气体加功量的大小,即轮缘功,主要与两个参数相关,动叶的转速 u 和动叶进出口相对速度在周向的变化量(扭速)Δw_u。

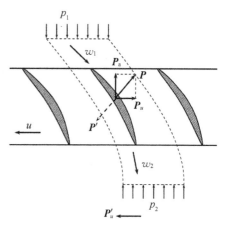

图 5.6 叶栅通道中动叶与气流的受力情况

如图 5.7 所示,入口气流相对速度更偏向于圆周方向,而出口气流相对速度更偏向于轴向,因此,气流通道的出口面积 A_{2R}(垂直于出口气流方向的面积)大于入口面积 A_{1R}(垂直于入口气流方向的面积),即气体通道是扩张型的。亚声速气流流过扩张型通道时,速度降低,压

力升高,这就是亚声速基元级的增压原理。

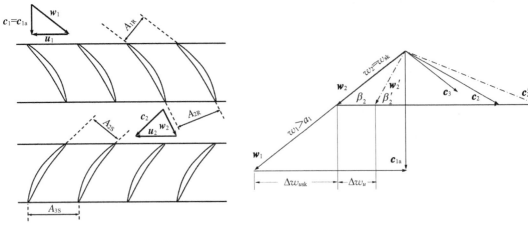

图 5.7　亚声速基元级的工作原理　　　　　图 5.8　超声速基元级速度三角形

与亚声速基元级通过弯曲的动叶叶栅迫使气流转弯减速而完成对气流的加功和增压的原理不同,在超声速基元级中,动叶叶栅可以由无弯曲的叶片构成,气流方向改变不多,主要靠激波来产生扭速,完成对气流的加功和增压,如图 5.8 所示。图中示出了轴向进气时,$\beta_1 = \beta_2$ 和 $\beta_1 < \beta_2$ 两种情况下的速度三角形,当 $\beta_1 = \beta_2$ 时,轮缘功为

$$L_u = u\Delta w_{usk} = u\cos\beta_1(w_1 - w_2) \tag{5.4}$$

其中,$w_2 = w_{sk}$ 表示激波后的相对速度,也是叶栅出口相对速度。Δw_{usk} 表示超声速部分的扭速,当 $\beta_1 < \beta_2$ 时,则轮缘功为

$$L_u = u(\Delta w_{usk} + \Delta w_u) \tag{5.5}$$

其中,Δw_u 为亚声速部分的扭速,一般很小,也可能为零。可见,超声速叶栅的增压主要由激波实现。

对于动叶入口相对速度超过当地声速不多的跨声速叶栅,动叶中气流的减速扩压以及扭速的产生是通过激波和弯曲的扩张型通道共同作用实现的。

3. 压气机级工作原理

在介绍了基元级增压原理之后,接下来进一步阐述轴流压气机级的工作原理,通过对如下几个关键问题的解答来进行阐述。

① 为什么压气机要有转子和静子,而它们为什么要交替地排列?

转子的作用是将机械功传给流过压气机的气流,并将一部分能量转变为气流的压力升高,还有一部分能量是加给气流的动能;静子的作用则是将动叶加给气流的剩余能量(也就是动能中的一部分)继续转变为压力升高,并将气流导引至下一级动叶要求的入口方向。所以,压气机动叶后面总是配置有静叶。

② 如何提高压气机的增压能力?

如图 5.6 所示,动叶对气流的作用力的周向分量与气流运动方向一致,即压气机对气流做正功。压气机的轮缘功可表示为

$$L_u = u(w_{1u} - w_{2u}) = u\Delta w_u \tag{5.6}$$

压气机加给气流的机械功越多,则压气机的增压能力越强。由式(5.6)可见,增加动叶对气流做功的途径有两条:一是增加转速,二是增加扭速。压气机技术的发展和性能的提高也正是围绕着这两条途径开展的。

③ 压气机叶片为什么要设计成扭的?

这个问题主要从两点考虑:一是为了减少气流流入动叶的流动损失,应使动叶叶型入口几何方向基本对准相对气流的来流方向,由于叶尖处半径大、周向速度大,而叶根处正好相反,因此动叶叶型必须是尖部叶型入口几何角小,根部叶型进口几何角大,如图 5.9 所示;二是为减少流过动叶以后气流的掺混损失,对于动叶采用沿叶高接近等功设计,也就是根据式(5.6),根部周向速度小,所以需要很大的扭速,而尖部正好相反。

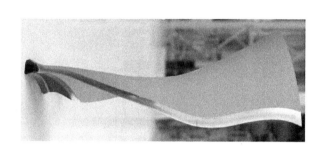
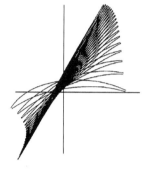

图 5.9　叶片沿叶高的扭转规律

④ 气体流过压气机级的参数如何变化?

根据压气机基元级的工作原理,可以进一步分析出气体流过压气机级的气动热力参数的变化规律。图 5.10 给出了某压气机级示意图,其中 1 截面为动叶入口截面,2 截面为动叶出口和静叶入口截面,3 截面为静叶出口截面。图中定性地显示了压力、温度和速度等参数沿着流道变化的规律。气流经过转子叶片通道后,绝对速度增大,相对速度减小,总压、静压、总温、静温均增大;气流经过静子叶片通道后,绝对速度减小,总温保持不变,静温增大,总压减小,静压增大。

4. 压气机级的损失

提高压气机的效率是压气机工程设计中始终面临的一个挑战,压气机流道内的巨大逆压梯度,导致其内部存在多种形式的二次流,这是损失的主要来源,也是制约压气机效率提高的难点所在。

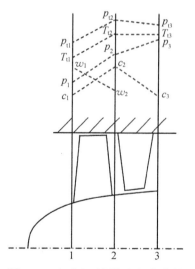

图 5.10　气流经过压气机级的参数变化

总体来说,压气机内的流动损失主要包括以下四种:① 由环壁附面层及其与叶型附面层的相互作用引起的损失,见图 5.11(a);② 由径向间隙引起的倒流和潜流损失,见图 5.11(b);③ 由间隙涡与通道涡引起的损失,见图 5.11(c);④ 由叶片附面层潜移引起的损失,见图 5.11(d)。

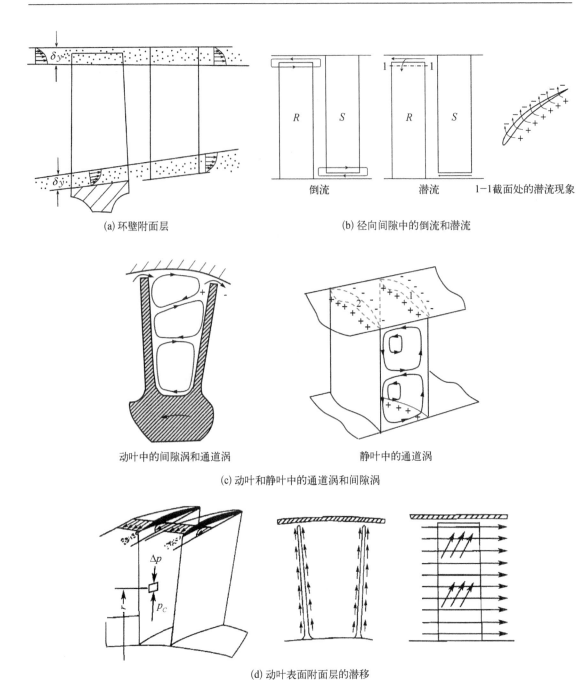

(a) 环壁附面层　　　　　　　　(b) 径向间隙中的倒流和潜流

动叶中的间隙涡和通道涡　　　　　静叶中的通道涡

(c) 动叶和静叶中的通道涡和间隙涡

(d) 动叶表面附面层的潜移

图 5.11　压气机内二次流的主要形式

　　因此,减小压气机级的损失正是围绕着减小上述四种流动损失而进行的。上述流动过程多具有非定常瞬变、复杂交互等特点,其物理规律与机理的研究仍然是压气机气动热力领域研究的重点、难点。

5.1.3　压气机的工作特性

　　航空燃气涡轮发动机的飞行条件复杂多变,尤其是军用发动机,可在飞行马赫数 $Ma =$

0~3、飞行高度 0~20 km、大气温度−50~50℃的条件下工作。发动机在不同工况下工作时,压气机转速的变化范围非常大。因此,压气机在实际工作中,不只在设计点工作,当飞行条件、大气条件以及压气机转速变化时,压气机的工作状态随之改变。压气机的工作特性就是研究当压气机的工作状态发生改变时,其性能参数的变化规律。

1. 压气机特性曲线

压气机的工作状态由入口总压 p_{t1}、总温 T_{t1}、流量 $\dot{m}_a$ 和转速 n 这 4 个工作参数表征,而性能由增压比 π_c^* 和效率 η_c^* 表征,所以,压气机的特性就是压气机性能参数和工作参数之间的关系。用函数关系表示如下:

$$\pi_c^* = f_1(\dot{m}_a, \ n, \ p_{t1}, \ T_{t1}) \tag{5.7}$$

$$\eta_c^* = f_2(\dot{m}_a, \ n, \ p_{t1}, \ T_{t1}) \tag{5.8}$$

根据压气机特性的定义,用计算方法获得压气机特性曲线比较困难,尤其是压气机效率,目前尚无准确的预测模型,因此,压气机特性曲线通常由实验获得。

压气机特性曲线反映了压气机的性能参数变化规律以及压气机稳定工作的参数边界,为合理利用压气机或者设计压气机提供了依据。

2. 单级压气机的特性

为了获得单级压气机的特性,首先需要搭建轴流压气机实验台,该实验台主要包括电动机、增速器、测扭机构、进气部分、实验段、排气段等部分。为了获取单级压气机的特性曲线,需要测试以下参数:① 实验时的大气压力 p_H 和大气温度 T_H;② 实验压气机级入口的平均总温 T_{t1}、平均总压 p_{t1}、平均静压 p_1 和进口气流角 α_1;③ 实验压气机级出口的平均总温 T_{t2}、平均总压 p_{t2}、平均静压 p_2 和出口气流角 α_2;④ 流孔板前后的压力差以及工作叶轮的扭矩和转速 n。维持某一转速不变,可通过调节节气装置改变进入压气机的流量,而转速可通过动力源(电动机)输出的功率和转速来独立调节。通过测试以上几组参数在不同转速、不同流量状态下的数值,便可计算出流量、增压比和效率等参数。为了考虑参数沿径向的变化,一般在进出口截面选取 5 或 7 个径向位置(按照等环面积方法确定)进行测试,再以各状态的流量为权系数,通过加权平均计算各截面参数的平均值。

图 5.12 给出了单级轴流压气机的增压比和效率随流量的变化关系,这就是压气机的特性曲线。可以看出,在一定转速下,随着压气机流量的减小,增压比 π_c^* 先逐渐增大到最大值,后逐渐减小,当流量减小到一定值时,压气机进入不稳定工况,表现为流过压气机的气流速度和压力出现强烈振荡,并伴随有异常的声响和强烈的结构振动,这个点就称为该转速下的不稳定工作点。每个转速都对应一个最小的稳定空气流量,转

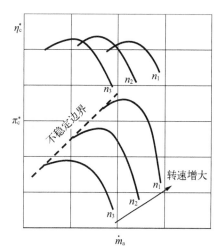

图 5.12　单级轴流压气机特性图

速越小,该最小流量的数值越小。各等转速线上的不稳定工作点的连线构成了压气机的不稳定边界,又称为喘振边界。

压气机效率随流量的变化规律与增压比基本类似,流量刚开始减小时,效率逐渐增大,在某个流量点达到最大值,之后继续减小流量,效率开始逐渐减小。通过对比不同转速对应的特性线,可以看出,转速增大时,压气机的增压比显著增大。

图 5.13 给出了压气机转速不变而流量变化时速度三角形的变化情况。在设计状态下,气流方向与叶片前缘中弧线基本一致,攻角接近于零。当流量增大时,气流的轴向分速 c_{1a} 将增大,如图 5.13(b)所示,气流进气角 β_1 增大,气流与叶片形成负攻角,即 $i < 0$,大的负攻角会造成叶盆出现流动分离,进而导致叶栅通道出口有效流通面积减小,而入口截面的有效流通面积随着负攻角的增大而增大,当入口有效截面积大于出口时,叶栅通道变为收缩通道,压气机进入涡轮工作状态。需要注意的是,动叶本身的旋转使得气流有压向叶盆的趋势,因而叶盆分离会受到抑制,不容易扩展。当流量减小时,气流的轴向分速 c_{1a} 将减小,攻角 i 增大,如图 5.13(c)所示,当攻角增大到一定程度时,叶背会出现流动分离,与叶盆分离的扩展受到叶片转动的抑制不同,当正攻角达到一定值以后,叶背分离会扩展到整个叶栅通道,压气机进入不稳定工况,甚至出现喘振。

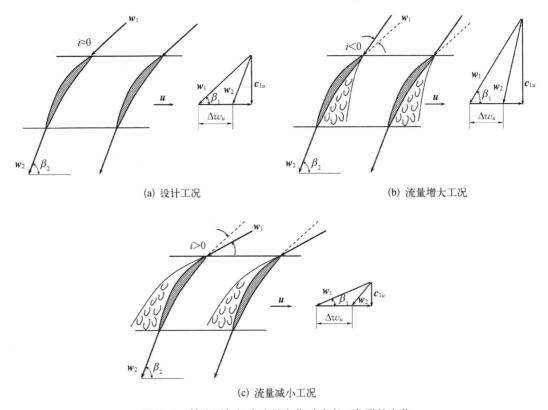

(a) 设计工况　　　　　　　　　　　　　　(b) 流量增大工况

(c) 流量减小工况

图 5.13　轴流压气机中流量变化时速度三角形的变化

3. 多级压气机的特性

多级压气机中每一级的工作原理相同,但是由于各级所处的位置不同,其几何参数各不相

同,因此在非设计状态下形成了不同的工作特
点,图 5.14 给出了一种典型的多级轴流压气机
的特性曲线。气体进入压气机后,压力逐渐升
高,因而密度逐渐增大,子午面内的流动通道截
面积逐渐减小以适应密度的变化。需要明确的
是,流动通道截面积的变化规律是根据设计状
态下气流密度变化规律确定的,当发动机在非
设计状态下工作时,会使得一些级的工作状态
偏离设计状态。当转速或增压比变化时,都会
导致流量系数 $\bar{c}_a$($\bar{c}_a = c_a/u$) 的变化,从而引起
各级攻角的变化,大的正攻角会导致压气机进
气不稳定,而大的负攻角会导致压气机发生阻
塞,增压比和效率急剧下降。

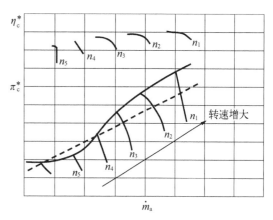

图 5.14　多级轴流压气机特性曲线

　　针对第一级和最后一级列质量守恒方程,并利用多变过程表达式 $p/\rho^k = \text{const}$,将密度用
压力代替,可得

$$\frac{\bar{c}_{za}}{\bar{c}_{1a}} \cdot \pi_z^{\frac{1}{k}} = \text{const} \tag{5.9}$$

其中,$\bar{c}_{1a} = c_{1a}/u_1$ 表示第一级入口截面的流量系数;$\bar{c}_{za} = c_{za}/u_z$ 表示最后一级(z 级)入口截面
的流量系数;k 为多变指数。可见,在非设计工况下,若压气机增压比高于设计值,则后面级流
量系数与入口级流量系数之比将小于设计状态。通过分析速度三角形可知,$\bar{c}_{za}$ 减小可能导致
后面级将工作在大攻角工况下,而 $\bar{c}_{1a}$ 增大意味着前面级会出现负攻角或攻角减小。若增压比
小于设计值,则情况相反,即后面级可能出现负攻角,而前面级工作在大攻角工况。以上便是
多级压气机在非设计工况下级间的失配性。

　　通过式(5.9)还可以进一步分析转速变化对压气机工作状态的影响。当转速高于设计值
时,由于增压比增大,因此 $\bar{c}_{za}/\bar{c}_{1a}$ 减小,第一级流量系数增大最快,后面级的流量系数增大越
来越慢,压气机级从前到后,各级流量系数的增大越来越少,最终的结果是前面级流量系数增
大,中间级流量系数接近设计值,后面级流量系数减小,根据速度三角形进行分析,前面级可能
出现大的负攻角,可能进入涡轮工作状态,并发生阻塞,而后面级可能出现大的正攻角,可能出
现不稳定工况,即“前涡后喘”。当转速小于设计值时,由于增压比减小,因此 $\bar{c}_{za}/\bar{c}_{1a}$ 增大,使
得前面级可能工作在大的正攻角状态,可能进入不稳定工况,而后面级工作在大的负攻角状
态,可能进入涡轮工况,即“前喘后涡”。

　　从图 5.14 给出的多级压气机特性曲线可以看出,多级轴流压气机等转速线陡峭,并且工
况偏离在多级压气机中会逐级放大。把式(5.9)应用于任意两级之间,有

$$\frac{\bar{c}_{2a}}{\bar{c}_{1a}} \cdot \pi_I^{\frac{1}{k}} = \text{const}; \quad \frac{\bar{c}_{3a}}{\bar{c}_{2a}} \cdot \pi_{II}^{\frac{1}{k}} = \text{const}; \cdots \tag{5.10}$$

在转速不变的条件下,若 c_{1a} 增大,由速度三角形可知 w_1 增大,因而级出口的压力下降,即 π_I

减小,为了保持式(5.10)成立,则 c_{2a} 增大更多,从而导致 π_{II} 减小更多。如此逐步向后分析,后面各级的增压比的下降越来越明显。这就是多级压气机偏离设计工况的逐级放大作用,也解释了多级轴流压气机等转速特性线陡峭(沿等转速线压比随流量急剧下降)的原因。由于工况偏离的逐级放大作用,多级压气机更容易进入不稳定工作区。

4. 压气机通用特性

压气机特性是在一定的大气条件下通过实验测得的,那么当大气条件变化时,压气机的特性会如何变化呢?为此,进一步讨论压气机的通用特性曲线,它能够表征同一台压气机或与其几何相似的压气机在任何大气条件下的性能。

首先讨论一下轴流压气机流动相似的条件。流动相似的三个条件:几何相似、运动相似、动力相似。根据多级轴流压气机的流动特点,两台压气机流动相似的条件可以归纳为:① 几何相似;② 对应点速度三角形相似;③ 对应点 Re 及 Ma 相等。

根据相似理论,两个相似的压气机或者同一台压气级的两个相似工况,只要满足相似条件,则增压比、效率等参数相等。在不同运行条件下,只要保证气流轴向速度马赫数 Ma_a 和圆周速度马赫数 Ma_u 对应相等,就可以保证有相同的增压比和效率。因此,如果用 Ma_a 和 Ma_u 来定义性能曲线,则得到的特性曲线就与运行条件无关,可以称为通用特性曲线。

可以证明,对于同一台压气机或者几何尺寸相同的压气机,$\dfrac{\dot{m}_a\sqrt{T_{t1}}}{p_{t1}}$ 和 $\dfrac{n}{\sqrt{T_{t1}}}$ 也是相似参数,并且 $\dfrac{\dot{m}_a\sqrt{T_{t1}}}{p_{t1}} = f(Ma_a)$,$\dfrac{n}{\sqrt{T_{t1}}} = f(Ma_a, Ma_u)$,将第一个参数称为流量相似参数,第二个参数称为转速相似参数。利用这两个相似参数画出的压气机特性曲线如图5.15所示,它适用于同一台压气机或几何尺寸完全相同的压气机在任意入口条件下的工作状态,不管压气机的转速 n、空气流量 $\dot{m}_a$、入口总压 p_{t1} 和入口总温 T_{t1} 如何变化,只要

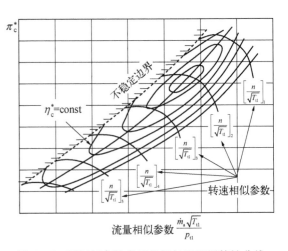

图5.15　用相似参数表示的压气机通用特性曲线

保证压气机的相似参数相同,则压气机的 π_c^* 和 η_c^* 就不变。

因为在压气机设计时,都是针对标准进气条件提出的性能要求,因此,通常将通用特性曲线换算成以海平面标准大气条件($T_{t1} = 288\ \text{K}$,$p_{t1} = 101\,325\ \text{Pa}$)为进气条件的特性曲线。换算过程很简单,只要保证大气条件下的流场与海平面标准大气条件下的流场具有相同的相似参数即可。若以 $\dot{m}_a$、n、p_{t1} 和 T_{t1} 表示在某一具体实验条件下所测量的参数,而以 n_{cor} 和 $\dot{m}_{\text{acor}}$ 表示在标准大气条件下的转速和空气流量,分别称为换算转速和换算流量,显然 n_{cor} 和 $\dot{m}_{\text{acor}}$ 是相似参数,根据相似参数相等,则有

$$\frac{n}{\sqrt{T_{t1}}} = \frac{n_{cor}}{\sqrt{288}} \qquad (5.11)$$

$$\frac{\dot{m}_a \sqrt{T_{t1}}}{p_{t1}} = \frac{\dot{m}_{acor} \sqrt{288}}{101\,325} \qquad (5.12)$$

式(5.11)和式(5.12)可写为如下形式：

$$n_{cor} = n \sqrt{\frac{288}{T_{t1}}} \qquad (5.13)$$

$$\dot{m}_{acor} = \dot{m}_a \sqrt{\frac{T_{t1}}{288}} \frac{101\,325}{p_{t1}} \qquad (5.14)$$

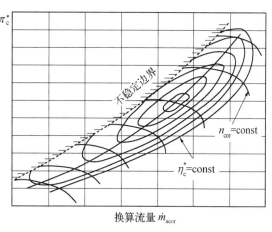

图 5.16 用换算参数表示的压气机通用特性曲线

图 5.16 给出了用换算参数表示的压气机通用特性曲线。

5.1.4 压气机的非稳定工况

压气机并不能总在设计工况工作，当发动机工作条件改变时，压气机可能偏离设计点工作，在一定条件下会产生非稳定流动。当压气机工作在非稳态工况时，不仅性能降低，而且可能出现强烈的振动，威胁结构安全。压气机常见的几类非稳定工况有阻塞、旋转失速、喘振、颤振等。下面对这几类非稳定工况的流动现象进行简单介绍。

1. 阻塞

当压气机的转速固定而流量逐渐增大时，压气机的轴向速度增大，如图 5.17(a)所示，进入动叶的气流攻角减小。当流量增大到一定程度时，大的负攻角导致动叶叶盆出现气流分离。尽管动叶旋转使得气流有压向叶盆的趋势，从而这种分离受到抑制，但是，分离使得流道出口

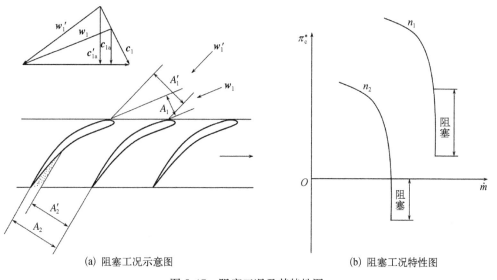

(a) 阻塞工况示意图   (b) 阻塞工况特性图

图 5.17 阻塞工况及其特性图

有效流通面积减小,同时,入口处的负攻角增大使得入口的有效流通面积增大,因此,当流量增大到一定程度时,会出现入口有效流通面积大于出口的情况,此时气流在通道中的流动变为膨胀加速流动,即压气机产生了涡轮工况。此外,叶盆分离使得流动通道最小截面积减小,从而喉部气流速度增大,当喉部马赫数达到声速时,通过叶栅的流量达到临界值,此后通过叶栅通道的流量不随入口速度的增大而增大,这种工况就是阻塞工况。

在压气机的特性线上,阻塞工况对应等转速线大流量侧的垂直段,如图 5.17(b)所示。当压气机工作在阻塞工况时,性能显著下降。

2. 旋转失速

当压气机转速固定而空气流量减小时,压气机轴向速度减小,此时,进入转子叶片的气流攻角增大,当流量减小到一定程度时,压气机内开始出现不稳定流动现象,表现为转子叶片后的速度及压力出现明显脉动,同时,压气机运转声音增大,振动增大。对转子叶片后的速度和压力进行测量,发现有一个或数个低速气流区与转子叶片同向转动,转动速度明显小于转子叶片转速,这种非稳定工况就是旋转失速。

旋转失速不仅会造成压气机性能显著恶化,同时会产生高频的强激振力,可能导致叶片共振断裂。统计结果显示,旋转失速是压气机叶片疲劳断裂的主要原因之一。

3. 喘振

喘振是气流沿压气机轴线方向发生的低频、高幅振荡现象。在压气机工作中,一般先出现旋转失速现象,当流量继续减小时出现喘振。喘振产生的机理主要是压气机的流量与转速不匹配,在小流量工况下,叶背容易出现气流的失速分离,当发生失速的叶片达到一定程度时,可能发展为喘振。

发生喘振时必须采取措施使压气机退喘,否则,将造成严重后果。压气机喘振时伴随以下主要现象:运转声音明显增大,声调低而沉闷,伴随有非常强烈的机械振动,有时产生气流倒流,有时在发动机入口处有明显的气流吞吐现象,包括燃烧室内高温高压燃气倒流"吐火"现象,有时伴随放炮声等。

为了改善多级轴流压气机非设计点的性能,防止喘振发生,通常可以采取三个方面的措施:① 在气动设计方面,采用一些特殊的结构形式有助于改善非设计点性能,如串列转子、大小叶片等;② 在结构设计方面采取一些措施,如多级轴流压气机中间级放气、可调入口导叶以及可调静子叶片、多转子压气机结构等;③ 进行机匣扩稳处理,机匣处理作为一种有效扩大压气机稳定工作范围的方法,已广泛应用于各国的航空发动机上,图 5.18 给出了几种典型的处理机匣结构。

4. 颤振

叶片颤振是一种气动弹性失稳问题,国外多型发动机投入使用初期,在高速飞行时出现过这种故障。颤振产生的机理非常复杂,目前对于颤振的预测仍是发动机研制中的一个难题。在压气机的工作过程中,某种原因会引起叶片的振动,叶片每振动一个周期,叶片振动产生的非定常力和力矩都对叶片做正功,当叶片的机械阻尼不足以消耗由此输入的功时,叶片振动的振幅会逐渐增大,应力也会急剧增加,这就是颤振产生机理的一般性阐述。从图 5.19 中可以

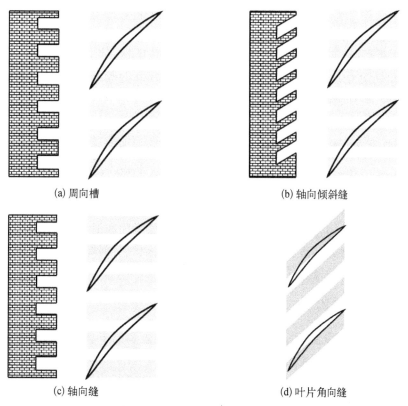

(a) 周向槽　　　　　　　　　　　　(b) 轴向倾斜缝

(c) 轴向缝　　　　　　　　　　　　(d) 叶片角向缝

图 5.18　几种典型的处理机匣结构

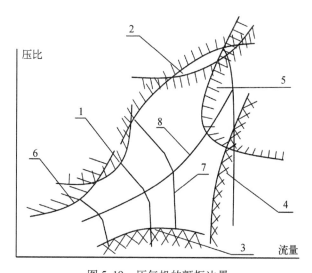

图 5.19　压气机的颤振边界

1−亚跨声速失速颤振边界;2−超声失速颤振边界;3−亚声堵塞颤振边界;4−超声非失速颤振边界;5−A100 型颤振;6−压气机喘振边界;7−等转速线;8−发动机共同工作线

看出不同颤振形式在压气机特性图中的位置。

颤振发生时,压气机并无明显的外部表现,但是当颤振发生以后,叶片应力急剧增加,在短时间内一次出现大量叶片裂纹,甚至叶片断裂。

常用的防颤振措施有:① 减小叶片的展弦比;② 叶片前缘曲线适当后掠;③ 合理安排叶片重心、扭心和气动力中心;④ 采用错频技术,增大叶片间的频差,削弱气动弹性耦合;⑤ 采用减振凸肩防颤,但是会降低效率等性能。

5.2　轴流涡轮气动热力分析

与压气机同属叶轮机械的涡轮,是航空燃气涡轮发动机重要的能量转换部件之一。从燃烧室流出的高温高压燃气在涡轮中实现膨胀,燃气能量被转换为机械功,为前面的风扇、压气机等部件提供轴功。从结构上来说,涡轮包括轴流式、径流式和混合式等类型,轴向式涡轮具有功率大、效率高、流量大和重量轻的特点,很适合在航空燃气涡轮发动机上应用,因此,接下来将主要针对轴流式涡轮展开讨论。

5.2.1　涡轮的结构及工作过程

与压气机类似,涡轮同样由两个基本单元组成:转子和静子。转子部分主要包括工作叶片、轮盘、涡轮轴等部件。涡轮的工作叶片在结构外形上与压气机工作叶片有很大差别,前者叶片非常厚且弯度大,截面沿叶高的变化也大,如图 5.20 所示。很多涡轮工作叶片的叶身还经常带冠或者带箍,这是增加叶片或者叶片之间刚度和阻尼减振的重要措施,此外,通过叶尖喷涂耐磨涂层,可减小叶尖间隙。

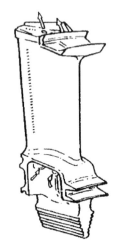
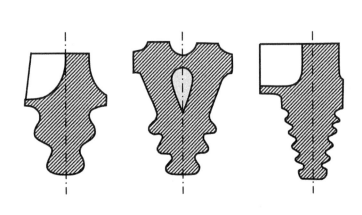

图 5.20　涡轮工作叶片　　　　　　　　　　图 5.21　三种榫头的结构示意图

涡轮叶片的榫头有三种类型:大圆弧少齿结构、小齿多齿结构和双叶片结构,如图 5.21 所示。涡轮转子的转速和工作温度很高,涡轮转子多采用盘鼓混合式连接结构。涡轮静子部分主要包括涡轮导向器和机匣。导向器就是涡轮静子叶片,工作条件十分恶劣,尤其是高压涡轮第一级导向器,流经它的燃气温度最高且不均匀,极易产生热应力、烧蚀、氧化、冷热疲劳等问题。涡轮机匣与转子叶片叶尖对应的地方经常要涂易磨涂层,在保证叶尖间隙要求的同时,减小叶片的磨损,延长叶片的使用寿命。

　　与压气机类似,涡轮转子叶片排和静子叶片排在轴向交替排布,只是涡轮的级数要明显少于压气机,图 5.22 给出了模型发动机的涡轮部件示意图。

　　涡轮的工作过程就是将燃烧室出口的高温高压燃气的内能和压力势能转换为机械功输出,同时为压气机、风扇等部件提供轴功。燃气流经涡轮后在涡轮叶片通道中膨胀加速,同时吹动涡轮工作叶片高速旋转,并对外输出轴功,而燃气的总温、总压均下降,绝对速度增大。

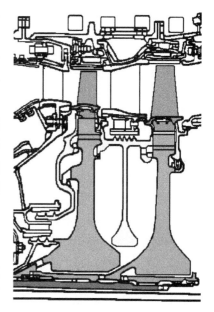

图 5.22　V2500 发动机涡轮部件结构示意图

5.2.2　涡轮的工作原理

　　与压气机不同,在涡轮叶栅中,静叶排在前,动叶排在后。图 5.23 给出了轴流式涡轮的基元级叶栅示意图,可见,气流通常是沿轴向进入静叶叶栅的,燃气速度不高,一般为一百多米每秒的量级,然而由于燃气温度很高,因此马赫数非常小。经过静叶叶栅之后,气流方向由正变斜,静叶叶栅通道入口截面积大于出口截面积,气流通道为收缩形,流经这样的通道,气流压力和温度降低,速度增大。气流流出静叶后进入动叶叶栅,动叶叶栅通道同样是收缩形的,因此气流在动叶叶栅中继续膨胀。流经动叶叶栅时,气流的相对速度增大,而绝对速度减小。由于涡轮叶栅叶背的气流速度大于叶盆,因此叶背的压力小于叶盆,这种压差作用使涡轮叶片受到来自燃气的气动力,力的方向由叶盆指向叶背,从而叶片高速旋转。涡轮的运动方向与气动力在周向的分力方向一致,说明气流对涡轮做正功,从而实现了燃气内能和压力势能向机械功的转换。

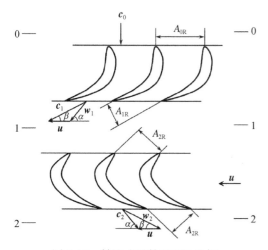

图 5.23　轴流式涡轮基元级叶栅

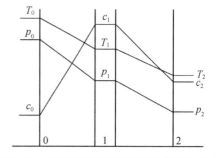

图 5.24　工质通过涡轮基元级的参数的变化

　　根据以上分析,可以得到经过涡轮叶栅通道后,燃气气动热力参数的变化规律,如图 5.24 所示。燃气的静温、总温、静压、总压均沿流向逐渐减小,而绝对速度在静叶叶栅中逐渐增大,在动叶叶栅中逐渐减小,但是动叶出口绝对速度仍大于静叶入口的绝对速度。

涡轮对外做功是通过旋转的动叶,而不是静止不动的静叶,对动叶进出口截面建立能量方程,如下:

$$L_u = (h_1 - h_2) + \frac{c_1^2 - c_2^2}{2} = c_{pg}(T_{t1} - T_{t2}) = h_{t1} - h_{t2} \tag{5.15}$$

式(5.15)说明涡轮从单位质量燃气中获得的轮缘功 L_u 等于动叶进出口截面的总焓之差。如果从动叶上观察,因为 $u_1 = u_2$,所以有

$$h_1 - h_2 = \frac{w_2^2 - w_1^2}{2} \tag{5.16}$$

即 $h_{t1w} = h_{t2w}$,将式(5.16)代入式(5.15),得

$$L_u = \frac{c_1^2 - c_2^2}{2} + \frac{w_2^2 - w_1^2}{2} \tag{5.17}$$

式(5.17)说明,轮缘功的大小取决于燃气的绝对动能的变化和相对动能的变化。在涡轮中,相对动能的变化很小,一般只占 25%~40%,有的甚至不变化。其中,相对动能不变的涡轮称为"零反力度涡轮",相对动能有变化的涡轮称为"反力式涡轮"。

5.2.3　涡轮的工作特性

涡轮和压气机一样,不仅要在设计状态下工作,也要在非设计状态下工作,因此,需要研究涡轮的工作特性问题。涡轮的工作状态由入口总压 p_{t4}、总温 T_{t4}、流量 $\dot{m}_g$ 和转速 n 这四个工作参数表征,而性能由落压比 π_t^* 和效率 η_t^* 表征,因此,涡轮特性用函数表示如下:

$$\pi_t^* = f_1(\dot{m}_g, n, p_{t4}, T_{t4}) \tag{5.18}$$

$$\eta_t^* = f_2(\dot{m}_g, n, p_{t4}, T_{t4}) \tag{5.19}$$

借鉴研究压气机特性的思路来讨论涡轮的通用特性。在涡轮中,流动相似的条件依然是:几何相似、运动相似和动力相似。涡轮中动力相似,主要是要求对应点的 Ma 和 Re 为定值。其中,马赫数 Ma 相等是指轴向速度马赫数 Ma_a 和周向速度马赫数 Ma_u 要对应相等。

引入流量相似参数 $\dfrac{\dot{m}_g \sqrt{T_{t4}}}{p_{t4}}$ 和转速相似参数 $\dfrac{n}{\sqrt{T_{t4}}}$,建立单级涡轮的特性曲线,如图5.25所示。

可见,随着涡轮落压比 π_t^* 的增大,流量相似参数先逐渐增大,这是因为在涡轮导向器喉部达到临界状态之前,随着 p_{t4}/p_{t5} 的增大,导向器出口气流速度增大,从而流量增大。当 π_t^* 继续增大到一定值之后,涡轮导向器喉部气流速度达到声速,因而流量达到临界值,不再继续增大。涡轮效率 η_t^* 随着 π_t^* 的增大先增大,当流量达到临界值之后,随着 π_t^* 的增大,效率开始减小。

从图5.25中可以看出,转速相似参数变化时,涡轮的流量参数几乎不受影响,涡轮的效率变化也比较缓慢。与压气机特性曲线相比,涡轮特性曲线变化非常平缓,流量参数在相当大的落压比范围内保持不变,并且不会出现不稳定工况。但是,涡轮的工作范围受到极限膨胀的限

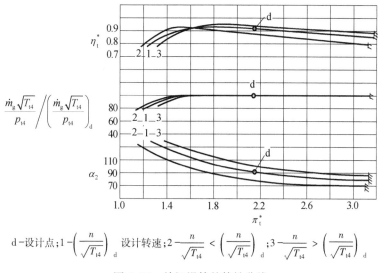

$$d-设计点;1-\left(\frac{n}{\sqrt{T_{t4}}}\right)_d \ 设计转速;2-\frac{n}{\sqrt{T_{t4}}}<\left(\frac{n}{\sqrt{T_{t4}}}\right)_d;3-\frac{n}{\sqrt{T_{t4}}}>\left(\frac{n}{\sqrt{T_{t4}}}\right)_d$$

图 5.25 单级涡轮的特性曲线

制。涡轮极限膨胀对应涡轮出口气流轴向速度达到声速。

5.2.4 涡轮冷却概述

由第 4 章关于航空燃气涡轮发动机的热力循环可知,提高涡轮前温度 T_{t4} 是提升发动机性能的重要措施。然而,T_{t4} 的提升受到涡轮部件(尤其是叶片)材料和强度的限制。涡轮材料性能持续在改进和提升,总体上来看,材料耐高温水平的发展使得涡轮允许进口温度每年仅能提高 10℃ 左右,并且这种增长趋势还将逐步放缓。为此,还要通过涡轮冷却技术来不断提高涡轮允许温度。自 20 世纪 60 年代引入气冷涡轮之后,涡轮允许进口温度平均每年可以提高 20~30℃。目前,最先进的军用航空燃气涡轮发动机的涡轮前温度已达到 2 000 K,正在研制的新一代航空燃气涡轮发动机的涡轮前温度还将继续提升。因此,各种新的冷却技术将不断被采用,同时也对涡轮、冷却材料和制造工艺提出了新的要求。

图 5.26 给出了一种气冷涡轮的示意图,引自压气机的高压空气通过叶根进入叶片内部,轮盘和机匣也同时得到冷却。在冷却涡轮的过程中,冷却空气以不同的方式得到使用,如对叶片前缘内表面进行冲击冷却,对叶片内表面进行对流冷却。冷却空气从涡轮叶身上的小孔或缝隙流出,在叶片表面形成一层冷空气膜,使高温燃气与叶身分离,这称为气膜冷却。如果叶片壁面是用多孔材料制成的,那么冷却空气可以通过多孔壁均匀地从叶片各处喷出,在表面形成气膜,这称为发散冷却。

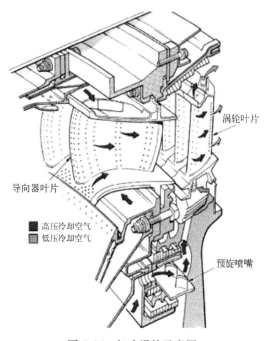

图 5.26 气冷涡轮示意图

　　上述内容对涡轮冷却技术进行了简要介绍,对涡轮冷却技术的目的进行总结,主要有以下几个方面:① 提高涡轮耐高温能力,提升发动机性能;② 使涡轮部件的温度场均匀,减小热应力;③ 降低涡轮部件的温度,保证材料强度。因此,涡轮冷却设计的主要原则有:① 冷却效果好;② 冷却后温度场均匀;③ 尽量减小漏气量;④ 尽量少用冷却空气。

5.3　涡轮泵工作分析

　　涡轮泵是泵压式液体火箭发动机的重要组成单元,涡轮泵是推进剂泵(氧化剂泵和燃料泵)和涡轮的总称。涡轮由来自燃气发生器的高温高压气体吹动,并对外输出功,带动燃料泵和氧化剂泵为液体推进剂增压。

5.3.1　涡轮泵的类型与工作过程

1. 涡轮泵的类型

　　基于涡轮和泵之间的传动方式或者涡轮和泵的布局方式,液体火箭发动机的涡轮泵可以分为同轴式涡轮泵、齿轮传动式涡轮泵和双涡轮式涡轮泵,如图 5.27 所示。

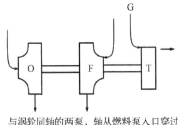

与涡轮同轴的两泵,轴从燃料泵入口穿过

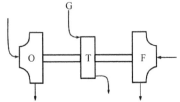

涡轮居中,直接驱动两泵,轴穿过涡轮出口集合器

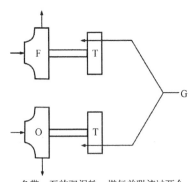

各带一泵的双涡轮,燃气并联流过两个涡轮(另一种方案为燃气串联,先后流过两涡轮)

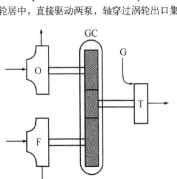

带齿轮箱,涡轮转速可提高,两泵转速不同

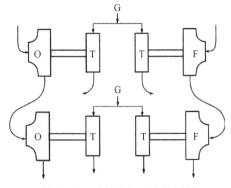

两个主泵,两个预压泵,各有配套涡轮

图 5.27　各种涡轮泵设计布局简要示意图

F-燃料泵;O-氧化剂泵;T-涡轮;G-高温燃气;GC-齿轮箱

涡轮泵的结构形式和工作特性如泵的转速、效率、结构尺寸、质量、可靠性等,对液体火箭发动机的性能具有显著影响。液体火箭发动机对涡轮泵系统有以下几个方面的要求:① 涡轮泵性能可靠稳定,保证发动机推力室对于推进剂的流量和压力需求;② 结构紧凑,质量轻;③ 密封可靠,满足高温、超低温、易燃、易爆和强腐蚀介质对密封的要求;④ 工艺性好,维护方便。

2. 涡轮泵的工作过程

涡轮泵的主要功能是对液体推进剂组元增压,并按照发动机工作所要求的压力和流量将推进剂输送到推力室,同时将一部分推进剂组元输送到燃气发生器或预燃室。燃烧室产生的高温高压燃气对涡轮做功,为泵的工作提供动力。

推进剂组元流经涡轮泵之后,压力可以得到很大提升,这样整个推进剂输运系统对推进剂的初始压力要求降低,从而对推进剂储箱的增压要求降低,这样对储箱的结构强度要求降低,减轻了储箱的结构质量。

5.3.2　涡轮泵的组成

涡轮泵由推进剂泵、涡轮系统、轴承系统、密封系统、齿轮传动系统、转速测量系统和辅助系统等部分组成。图 5.28 给出了一种火箭发动机涡轮泵的结构图。

1. 推进剂泵

推进剂泵包括氧化剂泵和燃料泵,它们的作用是对液体推进剂增压。就泵的结构而言,可分为三种类型:容积式泵、叶片式泵和射流式泵。叶片式泵具有转速高、流量大、压头高、运动部件少、质量轻、尺寸小等优点。叶片式泵有离心泵、轴流泵、混流泵三种类型。离心泵最适合抽吸大型火箭发动机中的推进剂,在大流量和高压条件下,就质量和尺寸而言,高效又经济,因此在液体火箭发动机输运系统中被广泛应用。下面仅针对离心泵展开讨论。

图 5.28　一种火箭发动机的涡轮泵

如图 5.29 所示的典型离心泵剖视图,离心泵包括叶轮和扩压器两部分。扩压器指的就是泵壳,其通道呈螺旋形,截面积由小变大,在出口截面达到最大。当离心泵工作时,液体推进剂从离心泵的入口装置进入叶轮,高速旋转的叶轮带动推进剂一同旋转,在离心力的作用下,推进剂被甩出叶轮,进入扩压器。由于扩压器的通道为扩张型,液体推进剂在扩压器中减速增压,当达到要求的压力和流速时,进入推进剂输运管道。

离心泵的性能参数有流量、扬程、转速和效率。离心泵在单位时间内抽送的液体推进剂的质量或体积就是泵的流量,用公式表示如下:

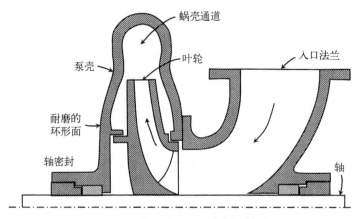

图 5.29　典型离心泵的半剖面简图

$$Q_{mp} = \frac{m_p}{t} \tag{5.20}$$

$$Q_{Vp} = \frac{V_p}{t} \tag{5.21}$$

其中，Q_{mp} 表示质量流量；Q_{Vp} 表示体积流量，并且 $Q_{mp} = \rho Q_{Vp}$；m_p 表示 t 时间内通过离心泵的液体质量；V_p 表示 t 时间内通过离心泵的液体体积。

扬程又称为压头，单位质量的液体通过泵后其能量的增加值就是泵的扬程，记为 H，单位为 m。根据定义，泵的扬程就是单位质量推进剂进出口总压头之差，即

$$H = \frac{p_1 - p_2}{\rho g} + (Z_2 - Z_1) + \frac{V_2^2 - V_1^2}{2g} \tag{5.22}$$

其中，Z 为液体所具有的位能；V_1 为液体在离心泵入口的绝对速度；V_2 为液体在离心泵出口的绝对速度；p_1 为离心泵入口静压；p_2 为离心泵出口静压。流量和扬程是液体火箭发动机对涡轮泵的基本性能要求，只有把推进剂按照规定的流量和压力输送到推力室，才能保证发动机产生要求的推力。

泵的转速指泵的叶轮每分钟旋转的圈数，记为 n_p，单位是 r/min。通常离心泵的转速为10 000 ~ 40 000 r/min，最高可达 95 000 r/min。

对于任何给定的泵，流量 Q、扬程 H、驱动功率 P 与转速 n_p 之间可以用三个关系式确定，这就是泵的相似率。三个关系式如下：

$$\frac{q_{mp1}}{q_{mp2}} = \frac{n_{p1}}{n_{p2}} \tag{5.23}$$

$$\frac{H_1}{H_2} = \frac{n_{p1}^2}{n_{p2}^2} \tag{5.24}$$

$$\frac{P_1}{P_2} = \frac{n_{p1}^3}{n_{p2}^3} \tag{5.25}$$

泵的相似率是基于泵的效率与转速无关的假设建立的。实际上,泵的效率随着转速的变化肯定是变化的,变化的程度取决于泵的具体设计和流体的参数。液体火箭发动机推进剂基本上可以认为是不可压缩流体,这样在很宽的转速范围内泵的效率变化很小,一般不大于3%。因此,相似率在大多数情况下都是适用的。定义泵的比参数 n_s 为

$$n_s = \frac{0.166\,6 n_p \sqrt{Q_{V_p}}}{(gH)^{\frac{3}{4}}} \tag{5.26}$$

n_s 为无量纲参数,它是一个特征值,通常根据效率最高点来定,是设计结构的函数。对于一系列几何相似的叶轮或任何转速下的特定叶轮,比转速差别不大,因此,比参数反映了流量、扬程和转速之间的制约关系。

泵的有效功率 P_f 与传递给泵的轴功率 P_t 之比就是泵的效率,记为 η_p,用公式表示如下:

$$\eta_p = \frac{P_f}{P_t} \tag{5.27}$$

泵的有效功率就是单位时间内流过泵的液体从泵中获得的能量,等于推进剂质量流量与重力加速度及泵的扬程的乘积,即

$$P_f = Q_{mp}gH \tag{5.28}$$

传递给泵的轴功率转化为泵的有效功率和消耗在泵内的各种损失,即

$$P_t = P_f + P_h + P_{df} + P_m + P_L \tag{5.29}$$

其中,P_h 表示水力损失,包括液体通道内的摩擦损失和涡流损失;P_{df} 表示轮盘摩擦损失,包括液体在轮盘内的实际摩擦(这部分比较小);P_m 表示机械损失,是由轴承和密封中的机械摩擦产生的损失;P_L 表示泄漏损失,叶轮出口的高压流体可能向泵的入口泄漏,泄漏消耗了泵的功率,并引起泵入口流体温度升高,这两方面均会造成损失。

2. 涡轮

涡轮是推进剂泵的动力源,它从由燃气发生器或预燃室输送的高温高压燃气,或者引自燃烧室的燃气,或者从冷却夹套中的冷却剂蒸汽中提取能量,并输出轴功,为推进剂泵提供动力。涡轮的转速可达每分钟数万转。

从结构上讲,涡轮包括转子和静子两部分,转子又包括工作叶片、轮盘和转轴三部分,而静子由燃气集器、喷嘴环、导向器和涡轮排气管等部分组成。涡轮的种类很多,在液体火箭发动机中多采用轴流式涡轮,轴流涡轮又有多种类型,按照工作原理可分为冲击式涡轮和反力式涡轮,按照级数可分为单级涡轮和多级涡轮。

涡轮工作时,从燃气发生器输送来的高温高压燃气进入与喷嘴环相连的集气管,随后从集

气管经过一排小型的收缩扩张喷管后以超声速或高亚声速排出,直接冲击涡轮工作叶片,使涡轮高速旋转。如果是多级涡轮,燃气通过导向器后依次冲击各级涡轮叶片。冲击式涡轮与反力式涡轮在工作过程方面的区别在于,燃气通过冲击式涡轮的工作叶片时,只产生冲击力而不发生膨胀,即燃气只改变速度方向而无压降,燃气通过反力式涡轮的工作叶片时要发生膨胀,因而有压降。图 5.30 给出了在几类不同的涡轮中,燃气参数的变化规律。

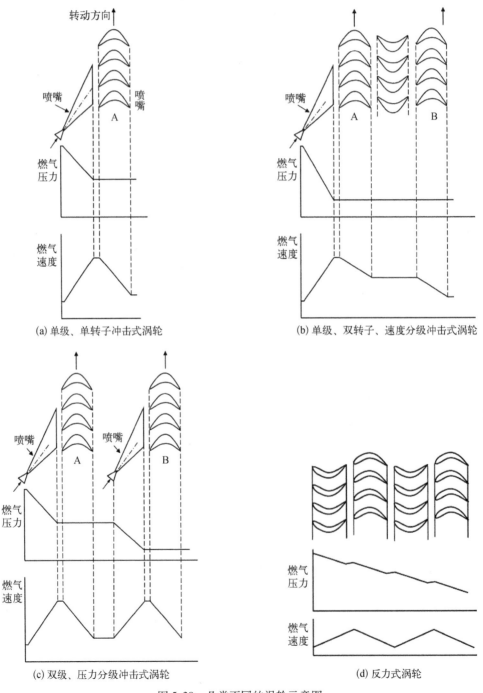

图 5.30　几类不同的涡轮示意图

　　涡轮的性能参数有转速、功率、流量、效率和比功率。当涡轮与泵同轴工作时,涡轮转速由泵的设计决定,往往泵内气蚀限制使得转速不能太高。当涡轮与泵不同轴时,涡轮可在最有利的转速下工作,当然,转速还要受叶片、盘和轴强度的限制。涡轮输出功率的大小等于泵输运推进剂所需功率和带动附件所需功率之和。涡轮工质流量受多种因素制约,如推进剂种类、泵的流量、泵的扬程、涡轮压比、涡轮入口工质温度等,当功率一定时,涡轮工质质量流量取决于涡轮效率 η_t 和绝热功 L_t,即 $m_t = P_t / (L_t \eta_t)$。涡轮效率取决于涡轮形式、级数以及涡轮速比。单级涡轮的效率一般为 $0.35 \sim 0.45$,多级涡轮的效率一般为 $0.5 \sim 0.8$。涡轮的比功率是涡轮输出功率与涡轮工质质量流量之比。

5.3.3　涡轮泵的启动

　　涡轮泵的初始启动通过专门的启动装置完成。启动装置有火药启动器和气体启动器两种类型。启动装置只用于涡轮泵的初始启动,性能参数达到要求后,它便结束工作,由燃气发生器接替,通过为涡轮泵输送高温、高压燃气,驱动涡轮正常运转。可见,涡轮泵的启动是泵压式液体火箭发动机的关键步骤,只有涡轮泵正常启动,液体火箭发动机才能进入正常工作状态。

　　火药启动装置是利用固体推进剂药柱燃烧产生高温、高压燃气,驱动涡轮,从而涡轮带动泵的运行,进入正常工作状态。在液体火箭发动机上广泛使用火药启动器作为一次或二次启动涡轮泵的初始动力源。火药启动装置就是一个小型固体火箭发动机。根据火箭发动机的工作程序指令,安装在火药启动器壳体顶盖上的电爆管通电起爆后,将点火器的点火药引燃,接着点燃固体药柱,产生高温、高压燃气驱动涡轮泵。

　　气体启动装置由高压气瓶、电动气阀门以及导管组成。这种启动装置具有结构简单、可靠性高、易实现多次启动等特点。工作时,电动气阀门通电后,打开气瓶放气,气体吹动转子,进而带动泵转动。启动完成后,由燃气发生器接替其工作,电动气阀门断电关闭。

5.4　先进设计理念

　　高性能叶轮机械的设计技术抑或生产制造技术,都是对人类智慧的极大考验,材料、工艺水平的进步是推动叶轮机械技术发展的重要保障。

5.4.1　压气机先进设计理念

　　随着燃气涡轮发动机技术指标的不断提高,对压气机的设计也提出了更高的要求:要求压气机以尽可能少的级数获得规定的足够大的增压比;还要求压气机具有更大的单位面积空气流量、更高的效率以及更小的质量和零件数量。根据相关报道,预计到 2020 年前后,军用小涵道比大推力涡轮风扇发动机的推重比将达到 $15 \sim 20$,而作为发动机核心部件的压气机在结构和性能方面也将有较大突破:风扇由 3 级减为 1 级,采用掠形叶片等设计技术使叶尖圆周速度和绝热效率大大提高,单级压比达到 $2.2 \sim 2.5$;高压压气机由 $5 \sim 6$ 级减为 3 级,第 1 级将采用掠形叶片或空心结构等新技术。

　　压气机的性能提高必然建立在新技术、新方法的基础之上,下面简要介绍几种轴流压气机的先进设计理念。

1. 掠形叶片

压气机掠形叶片技术是从飞机机翼掠形设计方面得到的启发。在 20 世纪 40 年代,机翼掠形方案的应用在降低跨声速和超声速飞行阻力方面取得了巨大成功,人们受此启发,针对风扇压气机叶片的设计也采用了掠形设计方案。掠形叶片的机理在于:叶片设计成掠形以后,导致激波倾斜,这有可能使波前法向马赫数降低,从而有效降低激波强度和损失。通用电气公司(GE 公司)曾对一种前掠设计的叶片进行试验,结果表明,小展弦比的前掠转子在抵抗进口流场畸变方面比常规转子提高 80% 左右,失速裕度也较常规转子有所提高。目前,掠形设计在国外一些先进发动机的风扇设计中已经得到应用。

采用掠形叶片的风扇具有如下优势:一是在不增加进口流量的情况下,风扇稳定工作的增压比提高,有助于提高发动机推力;二是风扇具有更高的效率和负荷,从而减轻其他部件的负荷;三是能够有效改善进口气流畸变情况下发动机的性能。

2. 大小叶片

提高单级增压比的同时将增加叶片的气动负荷,从而引起较大的出口气流落后角(这里的落后角是指叶型中线在后缘点的切线与出口气流相对速度的夹角),气流流过压气机叶片的叶背表面时,前半部分为加速运动,边界层很薄,不易分离,而在后半部分的扩压程度较大,边界层厚,如果气流转折角过大,将会出现严重分离,从而导致性能大幅度下降。

20 世纪 70 年代,美国空军航空推进实验室的 Wennerstrom 博士提出了大小叶片的思想。大小叶片技术的机理在于:气流最容易在叶背后段分离,从而导致气流落后角增大,在转子叶片通道的后半部分增加一个小叶片,使局部叶栅稠度增加,这样既可抑制气流分离,又可避免因增加全弦长叶片而引起的堵塞、效率下降。利用大小叶片技术,能够在保持高的气动稳定性的同时,大幅度减少风扇、压气机的级数,从而提高发动机的推重比。美国已经完成了一系列大小叶片压气机的台架试验,单级增压比达到了 3 以上,同时具有较高的效率。

3. 吸附叶片

吸附式压气机是麻省理工学院(MIT)的研究人员提出的一种高负荷轴流压气机技术,采用叶背抽吸附面层的方法,推迟或避免叶片表面附面层的分离,以提高叶片气动负荷。吸附式压气机的特点在于,它不是依靠提高圆周速度来获取高压比,而是在常规的圆周速度条件下,通过叶片表面的附面层抽吸来控制附面层发展,加大气流的转折角,从而获得高的级加功量。

4. 串列叶片

提高叶片的气动负荷是减少压气机级数和每级叶片数目,从而减小压气机结构尺寸和质量的重要举措。然而,根据压气机的工作原理,增加气动负荷意味着气流转折角增大,势必造成流动分离,影响压气机的性能和稳定工作。因此,需要对常规叶片进行“改造”,串列叶片就是一种常见的改造形式。串列叶片特别适用于大转角情况,因为气流从第一排叶片流到第二排叶片时,会形成新的附面层,这说明气流的减速扩压在两个薄的附面层上完成,因而不会产生附面层分离。

5. 齿轮传动风扇

大涵道比涡扇发动机的风扇尺寸很大,受叶尖切线速度和结构强度的限制,风扇的转速往往很低。例如,常规的涡扇发动机增压级和低压涡轮的转速与风扇相同,这往往低于它们的最佳工作转速,所以,为了保证发动机的总体性能要求,就只能通过增加增压级和低压涡轮的级数来实现。齿轮传动风扇(geared turbofan, GTF)技术能够有效解决上述问题:在不改变核心机布局的情况下,通过在低压涡轮、增压级与风扇之间增加一个减速箱来实现不同转速的要求。在双转子涡扇发动机的低压涡轮及增压级和风扇之间增加的齿轮减速箱,能够保证增压级、低压涡轮在较高的转速下工作,以提高增压比(落压比)和效率,减少级数;风扇在较低的转速下工作时,能够降低气动损失和噪声,并且由于风扇转速降低,涵道比还可进一步增大,从而发动机更加节能、减排和降噪。目前,GTF 发动机项目采用合作研发的模式,除普拉特·惠特尼集团公司(普惠公司,P&W)之外,发动机及涡轮机联盟弗里德希哈芬股份有限公司(MTU 公司)负责低压涡轮研制,阿维奥公司(AVIO 公司)负责齿轮传动风扇系统设计。

6. 新结构、新材料、新工艺

其他一些先进的压气机结构形式包括整体叶盘、空心叶片、整体叶环等,这些先进结构形式中有些已成功应用到先进发动机的研制中。例如,M88、F119 发动机的压气机已经应用了整体叶盘结构,罗尔斯·罗伊斯公司(R&R 公司)和 P&W 公司的先进大涵道比发动机的空心叶片技术已经发展到了第三代。

先进结构形式大多依赖于加工工艺的不断进步,如空心叶片、整体叶盘等。减重是发动机设计中永恒的主题。对于军用涡扇发动机,使用传统金属材料的设计,减重空间已经不大,因此,采用新型轻质、高强度材料是发动机减重的希望所在。超塑成型/扩散连接(SPF/DB)技术是近年来压气机生产中使用的一项新工艺,该工艺技术成功地利用了钛合金的超塑性和扩散连接特性,在一次热成型中既完成成型,又实现连接。图 5.31 是遄达系列发动机空心风扇叶片的截面示意图。可以看出,其关键技术仍是三层钛合金的 SPF/DB。

线性摩擦焊是整体叶盘加工的关键技术。所谓整体叶盘结构,就是将转子叶片、轮盘分别加工,然后利用线性摩擦焊技术将叶片焊接到轮盘上,如图 5.32 所示。

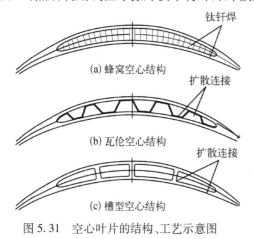

图 5.31 空心叶片的结构、工艺示意图

图 5.32 线性摩擦焊加工工艺示意图

复合材料是最重要的人工材料之一,主要优势为:① 高比强度,从而提高结构效率;② 可实现结构/功能一体化设计;③ 可提高材料对外界环境的感知和适应能力。目前先进复合材料的应用水平已成为衡量产品先进性的重要指标,军/民用航空发动机性能的提高很大程度上也依赖于先进材料的研制与运用。

5.4.2　涡轮先进设计理念

1. 叶尖间隙控制

叶轮机械的转子叶片顶部与机匣内壁面之间不可避免地存在间隙,叶尖附近的流体在间隙两侧压差作用下形成间隙泄漏流,泄漏流属于二次流,与叶栅通道的主流相互作用导致流动损失增大。在涡轮中,由间隙泄漏导致的损失非常显著,有研究表明,涡轮叶尖间隙与叶高之比每增加 1%,涡轮效率降低 0.8%～1.2%,而涡轮效率每降低 1%,耗油率增加 2%。因此,为保证涡轮性能,必须尽可能减小叶尖间隙。同时,叶尖间隙也不能太小,否则会导致叶片与机匣之间产生摩擦,影响部件寿命。

涡轮叶片和轮盘在离心力和受热等因素的影响下会发生变形,同时,机匣在受热、压差等因素作用下也会发生变形,因此,在发动机的不同工作状态下,叶尖间隙处于动态变化中。图 5.33 定性地给出了一个典型的设计任务循环内涡轮叶尖间隙的变化规律。发动机由地面慢车状态转为起飞状态时,由于转速突然上升,叶片和轮盘的离心变形瞬间增大,而机匣的热变形响应相对滞后,从而叶尖间隙达到一个极小值。起飞状态下工质温度升高,涡轮机匣逐渐受热变形,叶尖间隙逐渐增大;在爬升、巡航以及空中慢车阶段,由于瞬态过程不剧烈,叶尖间隙变化不大;当发动机由慢车状态突然增至反推状态时,叶尖间隙再次突降。

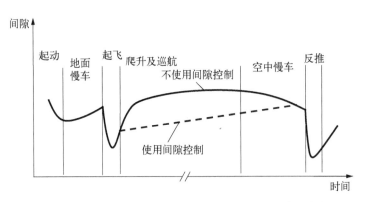

图 5.33　航空涡扇发动机设计任务循环内叶尖间隙的变化

图 5.33 中还显示了使用间隙控制技术时叶尖间隙的变化规律。叶尖间隙控制就是通过一个逻辑控制系统使得发动机在不同工作状态下叶尖间隙都能保持在最佳水平。通过主动间隙控制带来的发动机性能提升非常显著,有评估表明,涡轮叶尖间隙每减小 0.25 mm,耗油率降低 0.8%～1%。因此,叶尖间隙主动控制技术具有十分重要的应用前景。

下面介绍几种研究较多的叶尖间隙主动控制技术:① 叶尖/机匣冷气喷射,其基本原理是在利用冷气改善间隙区域热环境的同时,对间隙泄漏流进行控制,图 5.34 给出了机匣喷气控制间隙泄漏示意图;② 等离子体控制,这种方法是通过在涡轮叶尖表面嵌入等离子体发生器使间隙泄漏流携带电荷,并利用电磁力向间隙流施加作用力,以达到控制间隙泄漏流的目的,如图 5.35 所示;③ 记忆合金,其基本原理是训练记忆合金,使其在不同工况下具有可控的变形量,将其用于机匣某些位置,从而可达到控制间隙的目的。

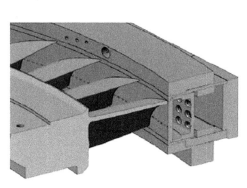
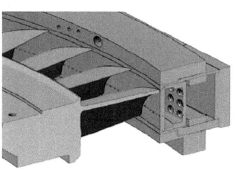

图 5.34　机匣喷气控制间隙泄漏流示意图　　　　图 5.35　等离子体控制间隙泄漏流示意图

2. 对转涡轮

目前,高性能航空燃气涡轮发动机的高压涡轮一般设计负荷都很高,为了能够尽可能增大燃气在高压涡轮中的膨胀做功量,动叶出口相对气流角非常小,从而导致绝对气流角偏离轴向较大,当高低压涡轮转向相同时,低压涡轮导向器必须使高压涡轮出口气流产生很大转折,气流转折角甚至可能超过 100°,这将带来很大的流动损失。倘若高、低压涡轮转向相反,对低压涡轮的工作将大有益处。对转涡轮,就是指高、低压涡轮反向对转。

对转涡轮有两种可能的结构形式。

① "1+1"结构形式。"1+1"结构形式是指高压涡轮包括完整的导向叶片排和转子叶片排,低压涡轮也包括完整的导向叶片排和转子叶片排,如图 5.36 所示。从图中可以看出,与传统结构相比,这种结构的低压涡轮导向器的气流转折角显著减小,从而流动损失也将大幅降低。

② "1+1/2"结构形式。"1+1/2"结构形式是指高压涡轮包括完整的导向叶片排和转子叶片排,而低压涡轮仅包含转子叶片排,如图 5.37 所示。这种结构的优势十分显著,去掉了低压涡轮导向叶片排,使得结构更加紧凑、发动机质量大大减轻。

根据上述分析,对转涡轮与常规涡轮相比有如下优势:① 气动方面,前文已经提到,对转涡轮可以降低燃气流经低压涡轮导向器的气流转折角,减小流动损失,提高涡轮效率;② 结构方面,对转涡轮涡轮可显著缩短涡轮叶排轴向长度,使得结构更加紧凑,同时减轻了结构质量;③ 冷却方面,对转涡轮减小了静子叶片稠度,从而降低了对冷却空气的需求;④ 飞机整体性能方面,对转涡轮大大降低了发动机传递到飞机上的合力矩,从而使飞机回转机动飞行的陀螺力矩大大减小,飞行性能和可靠性大大提高。

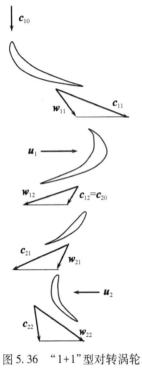

图 5.36 　"1+1"型对转涡轮

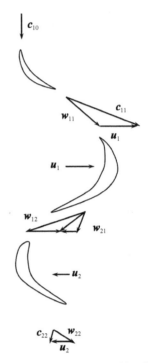

图 5.37 　"1+1/2"型对转涡轮

第 6 章　进排气系统工作过程与原理

进排气系统对于航空航天推进系统的工作和性能具有重要影响。进气道是吸气式发动机特有的部件,其作用主要是对进入发动机的空气气流进行减速增压,为下游部件提供满足工作要求的均匀来流。尾喷管是重要的膨胀部件,其主要作用是使燃烧室或涡轮出口的高温高压工质继续膨胀后高速喷出,从而使发动机获得反作用推力。对于燃气涡轮发动机,尾喷管的喉部面积还是重要的调节变量。除了上述基本功能,发动机的进排气系统特性对于隐身、降噪等指标亦有重要影响。本章分 2 节,将分别从进气道和尾喷管的类型、性能参数和工作特性等方面对航空宇航推进器的进排气系统展开讨论。

6.1　进气压缩系统

进气道是吸气式发动机特有的部件,其作用是在尽可能小的流动损失下将来流空气减速到满足压气机或燃烧室工作要求的水平,此外,还应当避免在任何飞行工况下出现流动不均匀以减小涡轮发动机风扇和压气机的喘振裕度或造成冲压发动机进气道不启动。根据发动机装机对象的不同,进气道又分为亚声速进气道和超声速进气道,它们在结构和减速增压的原理方面均有显著的区别。

6.1.1　主要性能参数

对于压缩部件,人们最关心的首先是它的压缩性能,这主要通过压缩效率 η_c 体现。除此之外,进气道总压恢复系数 σ_c、压缩过程熵增 Δs 等也是评价压缩过程的重要指标。

根据绝热效率的定义,绝热压缩效率可表示为

$$\eta_c = \frac{h_3 - h_x}{h_3 - h_0} \tag{6.1}$$

其中,h_0 为自由来流空气的焓值;h_3 为进气道出口截面的空气焓值;h_x 为进气道出口截面的空气等熵膨胀到环境压力时的焓值。

对于超声速进气道,通常引入进气道循环静温比,定义为进气道出口气流的静温与来流静温之比,记为 φ,则

$$\varphi = \frac{T_3}{T_0} \tag{6.2}$$

进而绝热压缩效率可用 φ 表示如下:

$$\eta_c = \frac{h_3 - h_x}{h_3 - h_0} = \frac{c_p T_3 - c_p T_x}{c_p T_3 - c_p T_0} = \frac{\varphi - \dfrac{T_x}{T_0}}{\varphi - 1} \tag{6.3}$$

进气道的总压恢复系数指的是,进气道出口气流总压与自由来流总压之比,则

$$\sigma_c = \frac{p_{t3}}{p_{t0}} = \frac{p_3}{p_0} \left[\frac{1 + \dfrac{(\gamma - 1)Ma_2^2}{2}}{1 + \dfrac{(\gamma - 1)Ma_0^2}{2}} \right]^{\frac{\gamma}{\gamma - 1}} = \left[\frac{1}{\varphi(1 - \eta_c) + \eta_c} \right]^{\frac{\gamma}{\gamma - 1}} \tag{6.4}$$

定义进气道出口截面的空气等熵膨胀到环境压力所获得的动能与自由来流空气的初始动能之比为进气道的动能效率,记为 η_{KE},则

$$\eta_{KE} = \frac{V_x^2}{V_0^2} \tag{6.5}$$

根据能量关系式,动能效率可用如下形式表示:

$$\eta_{KE} = \frac{V_0^2 - 2c_p(T_x - T_c)}{V_0^2} = 1 - \frac{2}{(\gamma - 1)Ma_0^2}\left(\frac{T_x}{T_0} - 1\right) \tag{6.6}$$

联立式(6.3)和式(6.6),得到绝热效率与动能效率之间的关系,如下:

$$\eta_{KE} = 1 - \frac{2}{(\gamma - 1)Ma_0^2}(\varphi - 1)(1 - \eta_c) \tag{6.7}$$

$$\eta_c = 1 - \frac{(\gamma - 1)Ma_0^2}{2}\left(\frac{1 - \eta_{KE}}{\varphi - 1}\right) \tag{6.8}$$

对于超燃冲压发动机的进气道,φ 的值在 7.0 附近,η_c 的值在 0.8 的左右,因此:

$$\eta_{KE} = 1 - \frac{6.7}{Ma_0^2} \tag{6.9}$$

根据 Gibbs 方程,很容易得到进气道的熵增为

$$s_3 - s_0 = c_p \ln \frac{T_3}{T_0} - R\ln \frac{p_3}{p_0} \tag{6.10}$$

考虑到

$$\frac{p_3}{p_0} = \left(\frac{T_3}{T_x}\right)^{\frac{\gamma}{\gamma - 1}} = \left[\frac{\varphi}{\varphi(1 - \eta_c) + \eta_c}\right]^{\frac{\gamma}{\gamma - 1}} \tag{6.11}$$

进一步得到熵的变化为

$$s_3 - s_0 = c_p \ln\{[\varphi(1 - \eta_c) + \eta_c]\} \geqslant 0 \tag{6.12}$$

▶▶ 6.1.2　亚声速进气道

亚声速进气道的应用对象是亚声速飞机或巡航马赫数不大的低超声速飞机,如亚声速军

用运输机和民航客机（$Ma_0 < 0.9$）或者可以低超声速巡航的跨声速飞机（$Ma_0 < 1.7$）。气流进入亚声速进气道的流动分为外部扩压和内部扩压两部分,如图 6.1 所示,外部扩压发生在气流到达进气道之前,此时,流管本身也可看作亚声速扩压器。由于外流部分没有激波和凸出进气道的中心体,可以认为流动等熵,则进气捕获面积比满足:

$$\frac{A_0}{A_1} = \frac{Ma_1}{Ma_0} \left[\frac{1 + \dfrac{(\gamma - 1)Ma_0^2}{2}}{1 + \dfrac{(\gamma - 1)Ma_1^2}{2}} \right]^{\frac{\gamma+1}{2(\gamma-1)}} \tag{6.13}$$

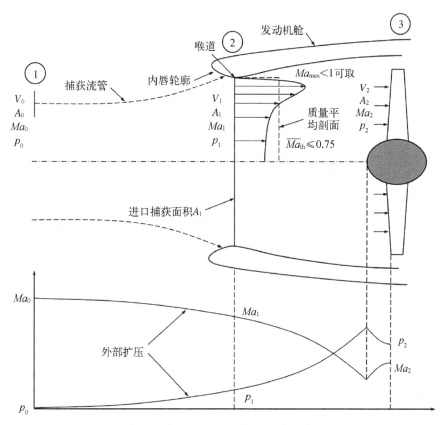

图 6.1　典型亚声速巡航进气道模型及参数变化示意图

式(6.13)中各参数的物理含义已在图 6.1 中示出。从图 6.1 中可以看出,亚声速进气道唇口的内部轮廓凸出流道形成喉部,流动在喉部附近加速,产生不均匀的速度分布,为防止喉部产生激波并造成流动分离,需要控制喉部的局部速度,因此应该限定喉部的质量平均马赫数 $\overline{Ma_{th}} \leqslant 0.75$,喉部质量平均马赫数 0.75 表征亚声速进气道喉部尺寸的上限值。考虑到在其他工作状态发动机的推力增加的可能,$\overline{Ma_{th}}$ 应当选得更小一些。例如,假设 $\overline{Ma_{th}}$ 选 0.6,如果在某个飞行工况下,$\overline{Ma_{th}}$ 提升到 0.75,则质量流量增加 12%,推力也几乎增加相同的比例,这说明同样的进气道可以增加12%的推力,而无需改变进气道尺寸。

在进气道进口捕获截面和喉部截面之间的区域应用等熵流动的连续性方程,得到进气道唇口收缩比的计算公式:

$$
\frac{A_{HL}}{A_{th}} = \frac{A_1}{A_{th}} = \frac{\overline{Ma}_{th}}{Ma_1} \left[\frac{1 + \dfrac{(\gamma - 1)Ma_1^2}{2}}{1 + \dfrac{(\gamma - 1)\overline{Ma}_{th}^2}{2}} \right]^{\frac{\gamma+1}{2(\gamma-1)}} \tag{6.14}
$$

其中,A_{HL}、A_{th} 分别为进气道唇口和喉部的截面积。

流动在进气道唇口附近分成内流和外流,分别影响扩压器性能和发动机短舱的阻力特性,大的进气道唇口收缩比对应于比较钝的唇口形状,它适合于低速、大迎角及侧流环境,而不利于高速时发动机短舱的阻力特性;而小的进气道唇口收缩比在发动机短舱外的阻力特性好。在巡航状态下,亚声速进气道通常具有较高的总压恢复系数和很好的出口流场均匀性,因此,人们最关心的是进气道的阻力特性。下面讨论亚声速进气道的阻力。

假定管道中无流体泄漏,则进气道的阻力 D 包括附加阻力 D_A、外罩摩擦阻力 D_f 和外罩压差阻力 D_p 三部分,而后面两部分通常又合称为外罩阻力,记为 D_C,即 $D_C = D_f + D_p$,进气道的附加阻力定义为进气道入口前外流作用于内流管上的压差从 0 截面到 1 截面的积分的轴向分量,即

$$
D_A = \int_{A_0}^{A_1} (p - p_0) \mathrm{d}A \tag{6.15}
$$

当进气道捕获面积比 $A_0/A_1 < 1.0$ 时,有

$$
D = D_A + D_f + D_p = D_A + D_C \tag{6.16}
$$

而当进气道捕获面积比 $A_0/A_1 = 1.0$ 时,进气道附加阻力消失,即

$$
D_0 = D_{A,0} + D_{f,0} + D_{p,0} = 0 + D_{C,0} \tag{6.17}
$$

两式相减得

$$
D_{spill} = D - D_0 = D_A + \Delta D_C \tag{6.18}
$$

其中,D_{spill} 称为溢流阻力;ΔD_C 的物理意义是当进气道捕获比从小于 1.0 的某值变化到 1.0 时外部阻力的变化。

如果进气道的外流无黏且无激波产生,即为理想流动,则 $D_{spill} = D - D_0 = 0$,下面进行详细证明。

选取如图 6.2 所示的进气道外流控制体,其中,截面 CD 是气流恢复到自由流压力 p_0 时的位置,假定外流是理想流动,则

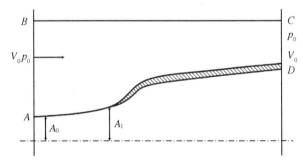

图 6.2　附加阻力等于前缘吸力的证明用图

此处的速度也恢复到自由流的速度 V_0 ，对控制体 $ABCD$ 列动量方程，可得

$$(\dot{m}_a)_{CD} V_{CD} + (p - p_0)_{CD} A_{CD} - (\dot{m}_a)_{AB} V_{AB} - (p - p_0)_{AB} A_{AB} = -\int_{A_0}^{A_1} (p - p_0) \mathrm{d}A - \int_{A_1}^{A_D} (p - p_0) \mathrm{d}A$$

$$(6.19)$$

考虑到 $p_{AB} = p_{CD} = p_0$ ， $V_{AB} = V_{CD} = V_0$ ，式（6.19）化简得

$$\int_{A_0}^{A_1} (p - p_0) \mathrm{d}A + \int_{A_1}^{A_D} (p - p_0) \mathrm{d}A = 0 \qquad (6.20)$$

其中，第一项就是附加阻力 D_A ；第二项是外罩压差阻力 D_p ；因为是理想流动，所以 $D_f = 0$ 。因此，式（6.20）可写为如下形式：

$$D_A + D_p + D_f = 0 \qquad (6.21)$$

将式（6.21）代入式（6.16），可得进气道阻力 $D = 0$ ，同理， $D_0 = 0$ ，从而， $D_{spill} = 0$ 得证。

综上，当进气道外部流动为理想流动时， $D_{spill} = D = D_0 = 0$ ，物理意义是：尽管在 $A_0/A_1 = 1.0$ 时无阻力，而在 $A_0/A_1 < 1.0$ 时存在附加阻力，但此时气流绕过进气道前缘外表面时由于加速的程度加大，静压的下降程度加大，因此外罩阻力的变化为负值，恰好与附加阻力相抵消。换种说法，与 $A_0/A_1 = 1.0$ 相比， $A_0/A_1 < 1.0$ 时，由于前缘压差为负值，因此存在前缘吸力，而前缘吸力抵消了附加阻力。

真实流动总是存在黏性，黏性边界层的存在改变了无黏流的边界，理想的前缘吸力也就不可能实现，因而，实际的进气道总是存在阻力的。

前面提到，低超声速飞机通常也采用结构简单、无需调节、总压恢复系数高、便于维护的亚声速进气道。下面讨论亚声速进气道在低超声速飞行时的工作特性。

在超声速条件下，进气道前方必然会生成一道弓形激波，弓形激波的位置取决于飞行马赫数和发动机的工作状态，如图 6.3（a）所示。如果激波位于进口截面位置，正激波后的亚声速气流在进气道内部的扩张型通道中减速增压，如图 6.3（b）所示，进气道出口的流量相似参数为

$$\frac{\dot{m}_{a2} \sqrt{T_{t2}}}{p_{t2}} = \frac{\dot{m}_{a1} \sqrt{T_{t1}}}{\sigma_s \sigma_i p_{t0}} = \frac{K A_0 q(\lambda_0)}{\sigma_s \sigma_i} \qquad (6.22)$$

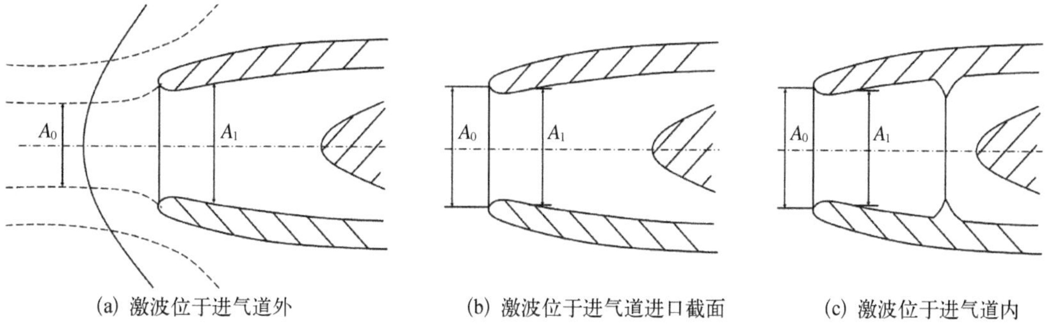

(a) 激波位于进气道外　　　　　(b) 激波位于进气道进口截面　　　　　(c) 激波位于进气道内

图 6.3　亚声速进气道在超声速下的流态

其中,σ_s 为其流通过正激波的总压恢复系数;σ_i 为激波后亚声速流在进气道内部的总压恢复系数;q 为气动流量函数;λ_0 为飞行速度系数。而常数 K 的表达式为

$$K = \sqrt{\frac{\gamma}{R}\left(\frac{2}{\gamma + 1}\right)^{\frac{\gamma+1}{\gamma-1}}}$$

此时,实际进入进气道的空气质量流量为

$$\dot{m}_{a2} = \rho_0 V_0 A_0 = \rho_0 V_0 A_1 \qquad (6.23)$$

当发动机需要的空气质量流量小于 $\rho_0 V_0 A_1$ 时,进气道前方形成弓形激波,如图 6.3(b)所示。通过弓形激波后,气流变为亚声速,流动方向也发生转折,多余的气流溢出进气道。实际进入发动机的空气质量流量越小,弓形激波的位置越靠前。当发动机需要的空气质量流量大于 $\rho_0 V_0 A_1$ 时,因为进入进气道的最大流量只能达到 $\rho_0 V_0 A_1$,此时,超声速气流进入进气道,在扩张型通道中继续加速,在进气道内部产生一道更强的正激波,如图 6.3(c)所示,根据式(6.22),进气道的质量流量的相似参数得到提高。在这种情况下,实际进入进气道的空气流量并未增加,同时由于正激波的作用,总压恢复系数降低,从而发动机推力会减小。

进口弓形激波的中部接近正激波,根据气体动力学的知识,正激波的总压恢复系数为

$$\sigma_s = \frac{p_{t2}}{p_{t1}} = \left[\frac{(\gamma+1)Ma_1^2}{2+(\gamma-1)Ma_1^2}\right]^{\frac{\gamma}{\gamma-1}}\left(\frac{2\gamma}{\gamma+1}Ma_1^2 - \frac{\gamma-1}{\gamma+1}\right)^{\frac{1}{1-\gamma}} \qquad (6.24)$$

经过简单计算可知,当波前马赫数 $Ma_0 < 1.5$ 时,$\sigma_s > 0.931$,此时采用亚声速进气道仍可获得不错的性能,但是,当飞行马赫数进一步增大以后,正激波的总压恢复系数将急剧下降,此时便不宜采用亚声速进气道。当低超声速飞机采用亚声速进气道时,通常设计比较尖的前缘,以便减小阻力。

6.1.3　超声速进气道

1. 内部压缩进气道

内压式进气道的典型结构如图 6.4 所示,从外观上看,其流动通道沿轴线先收缩后扩张,类似于拉瓦尔喷管。拉瓦尔喷管内的流动是典型的膨胀加速过程,而内压式进气道内的流动是减速增压过程,因此,从流动上讲,两者有着本质的区别。因为内压式进气道的外罩倾角非常小,可以设计成与来流方向大致平行,这种超声速进气道最大的优势就是总压损失和外部阻

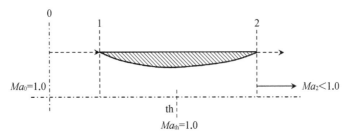

图 6.4　内压式超声速进气道的设计状态

力通常都很小,然而,由于其流道的内收缩一般比较大,因此存在严重的进气道启动问题,也正是因为这个问题,内压式进气道很难得到工程应用。

超声速来流进入内压进气道之后,首先在喉部之前的收缩形通道中减速增压,在喉部恰好达到声速,随后在喉部之后的扩张形通道中进一步减速增压,成为亚声速流动,在整个流动过程中没有激波产生,如图 6.4 所示,这种流动状态对应内压进气道的最佳工作状态,或设计状态,此时,来流马赫数称为设计点马赫数,即 $Ma_0 = Ma_d$。此时,可以通过入口截面 1 与喉部截面 th 之间的质量守恒,得到进气道的内收缩比为

$$\frac{A_{th}}{A_1} = q(\lambda_0) \tag{6.25}$$

其中,A_{th} 为喉部截面积;A_1 为入口截面积;q 为气动流量函数;λ_0 为来流马赫数 Ma_0 对应的速度系数。

式(6.25)确定的收缩比是进气道的最佳收缩比,由于气动流量函数 $q(\lambda)$ 在超声速范围内是关于 Ma 的单调减函数,因此,最佳收缩比与设计点马赫数一一对应。如果来流马赫数 $Ma_0 > Ma_d$,则气流到达喉部时未能减速到声速,即 $Ma_{th} > 1.0$;如果来流马赫数 $Ma_0 < Ma_d$,进气道发生壅塞,在进气道之前产生脱体激波,因为激波损失将减小进气道喉部的流通能力,此时,即使来流马赫数 Ma_0 再次增大到 Ma_d,也不能将激波再次吸入进气道,即无法“再启动”。当进气道对应的设计点马赫数 Ma_d 较小时,可以通过将来流马赫数增大到一个大于 Ma_d 的值(记为 Ma'_d)来重新启动进气道。根据气体动力学知识,Ma'_d 的具体数值由以下关系式确定:

$$\theta(\lambda'_d) = q(\lambda_d) \tag{6.26}$$

其中,λ'_d 表示来流马赫数 Ma'_d 对应的速度系数,

$$\theta(\lambda) = \left(\frac{\gamma + 1}{2}\right)^{\frac{1}{\gamma-1}} \frac{1}{\lambda} \left(1 - \frac{\gamma - 1}{\gamma + 1} \frac{1}{\lambda^2}\right)^{\frac{1}{\gamma-1}} = q\left(\frac{1}{\lambda}\right) \tag{6.27}$$

表 6.1 给出了几组 Ma_d 和 Ma'_d 的对应关系。可见,当内压进气道的设计马赫数 Ma_d 超过 1.98 时,将无法通过增大来流马赫数重新启动进气道。

表 6.1　内压式进气道设计点马赫数与采用提高入口马赫数方法启动进气道对应马赫数的对比

Ma_d	1.2	1.4	1.59	1.75	1.91	1.98
Ma'_d	1.24	1.59	2.12	2.98	5.60	∞

通过以上分析可以知道,若要内压进气道在设计点 Ma_d 能够自启动,就不能按照最佳收缩比来设计流道,必须将喉部面积增大到 A'_{th},A'_{th} 的大小由以下关系式确定:

$$\frac{A'_{th}}{A_1} = \theta(\lambda_d) \tag{6.28}$$

通常将进气道能够自启动的收缩比的限制关系式(6.28)称为 Kantrowitz 极限面积比公式。图 6.5 给出了内压进气道的最佳收缩比和自启动收缩比随设计点马赫数的变化规律,可

见,在相同的设计马赫数下,自启动收缩比要比最佳收缩比大,并且随着 Ma_d 的增大,两者的差距逐渐增大,当 Ma_d 趋于无穷大时,两条曲线各自趋于某个常数。此外,可以看到两条曲线将坐标平面分成三个区域:最佳收缩比曲线下方的 A 区,该区对应的物理事实是进气道进口前有脱体激波,进气道不能自启动;自启动极限收缩比曲线上方的 C 区,该区代表的物理事实是激波不被推出进气道,进气道能够自启动;介于两条曲线之间的 B 区,该区进气道入口之前是否有脱体激波,取决于是加速过程还是减速过程。

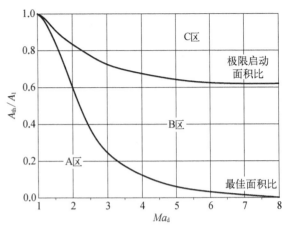

图 6.5　内压式进气道最佳面积比与启动面积比

2. 外部压缩进气道

根据气体动力学的知识可知,超声速流动通过多重激波减速要比通过正激波减速效率更高,这里的效率通过总压恢复系数表征。外部压缩进气道就是通过多重激波对来流进行减速增压的一类进气道,在进气道唇口有喉部,进气道内部为亚声速扩压器。图 6.6 给出了单个和多个斜面的外部压缩矩形进气道与轴对称进气道的示意图。对于外压进气道,正激波(结尾

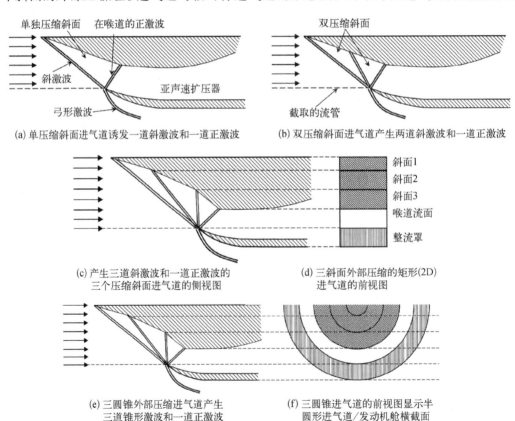

(a) 单压缩斜面进气道诱发一道斜激波和一道正激波

(b) 双压缩斜面进气道产生两道斜激波和一道正激波

(c) 产生三道斜激波和一道正激波的三个压缩斜面进气道的侧视图

(d) 三斜面外部压缩的矩形(2D)进气道的前视图

(e) 三圆锥外部压缩进气道产生三道锥形激波和一道正激波

(f) 三圆锥进气道的前视图显示半圆形进气道/发动机舱横截面

图 6.6　单个和多个斜面的外部压缩矩形进气道与轴对称进气道的示意图

激波)的位置由进气道的背压决定,正激波的最佳位置是在进气道的唇口(即喉部位置),此时进气道处于临界工作状态,即设计点。

外压进气道激波系的总压恢复系数可以采用气体动力学中的推进法求解。假定进气道的构型已知,则每段斜面的倾角实际上就是斜激波的气流转角,如果再知道斜激波的马赫数,即可通过斜激波关系式确定激波角。下面通过如图 6.7 所示的具体实例来介绍外压进气道总压恢复系数的计算过程。图 6.7 给出了一个双斜面外压进气道的示意图,其中两个斜面倾角分别为 $\theta_1 = 10°, \theta_2 = 25°$,正激波处于进气道唇口,自由来流马赫数为 $Ma_0 = 3.0$。斜激波的总压恢复系数是马赫数 Ma 和激波角 β 的函数,即

$$\sigma_{os} = \frac{p_{t2}}{p_{t1}} = \left[\frac{(\gamma + 1)Ma_1^2 \sin^2\beta}{2 + (\gamma - 1)Ma_1^2 \sin^2\beta} \right]^{\frac{\gamma}{\gamma-1}} \left(\frac{2\gamma}{\gamma + 1}Ma_1^2 \sin^2\beta - \frac{\gamma - 1}{\gamma + 1} \right)^{\frac{1}{1-\gamma}} \tag{6.29}$$

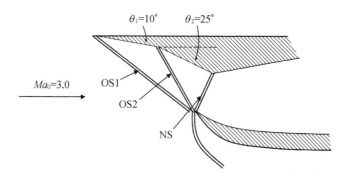

图 6.7　双斜面外压进气道的示意图

为此,确定各道激波的激波角和波前马赫数。对于第一道斜激波 OS1,已知波前马赫数 Ma_0 和气流转折角 θ_1,利用第 3 章给出的斜激波关系式,可以得到激波角 $\beta_1 \approx 27.38°$,垂直于激波间断面的马赫数 $Ma_{n1} = Ma_0 \sin\beta_1 \approx 1.38$,总压恢复系数 $\sigma_{os1} \approx 0.7047$。

根据

$$Ma_{n2} = \sqrt{\frac{2 + (\gamma - 1)Ma_{n1}^2}{2\gamma Ma_{n1}^2 - (\gamma - 1)}} \tag{6.30}$$

可得到 $Ma_{n2} = 0.7483$,从而得

$$Ma_2 = \frac{Ma_{n2}}{\sin(\beta - \theta)} \approx 2.51 \tag{6.31}$$

对于 OS2,波前马赫数 $Ma_2 = 2.51$,气流转折角 $\theta_2 = 15°$,按照与 OS1 相同的计算过程,可以得到激波倾角 $\beta_2 \approx 36.89°$,波后马赫数 $Ma_3 = 1.88$,总压恢复系数 $\sigma_{os2} \approx 0.7467$。

对于正激波,相当于激波角 $\beta = 90°$ 的斜激波,同时波前马赫数也已求得,即 $Ma_3 = 1.88$,则正激波的总压恢复系数 $\sigma_{ns} = 0.7764$。

综上,整个压缩波系的总压恢复系数为

$$\sigma_{tot} = \sigma_{os1}\sigma_{os2}\sigma_{ns} \approx 0.4086 \tag{6.32}$$

对于外压进气道,人们自然想到,如何设计进气道各段的倾斜角(或者说如何设计外压激波系),从而可以在相同的条件下获得最大的气流总压恢复系数,这就是最佳波系问题。假定自由来流马赫数为 Ma_0,依次经过 $N-1$ 道斜激波和一道结尾正激波,如图 6.8 所示。Oswatitsch 最早采用带约束的拉格朗日(Lagrange)极值法对该问题进行了求解。最终结论非常简单,获得最大总压恢复系数的条件是每道激波的强度相等,即

$$Ma_1 \sin \beta_1 = Ma_2 \sin \beta_2 = \cdots = Ma_{N-1} \sin \beta_{N-1} \qquad (6.33)$$

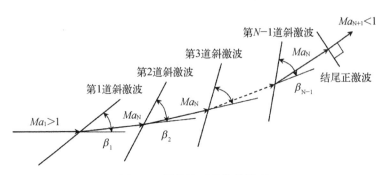

图 6.8　最佳波系的推导模型

图 6.9 给出了 N 取 1、2、3 和 4 时,最佳波系对应的总压恢复系数随来流马赫数的变化关系。

外压进气道的激波系既决定了进气道的总压恢复性能,也决定了进气道的外部阻力性能。前面已经提到,当外压进气道工作在设计状态时,所有斜激波都集中于唇口上,同时结尾正激波恰好处于喉部位置。图 6.10 为外压进气道激波位置与外部阻力的示意图。在图 6.10(a)中,进气道捕获比 $A_0/A_1 = 1.0$,不会产生溢流阻力,然而,由于波系作用,进气道唇口静压上升,并产生波阻。在图 6.10(b)中,激波投

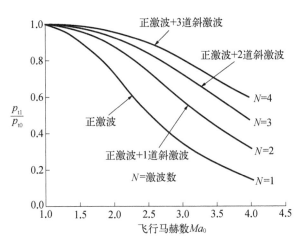

图 6.9　最佳波系对应的总压恢复系数随来流马赫数的变化关系

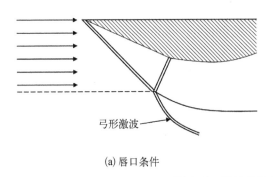

(a) 唇口条件

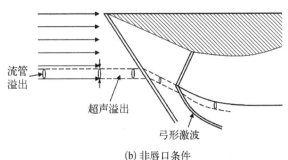

(b) 非唇口条件

图 6.10　激波位置与发动机舱激波阻力问题

射到唇口以外的位置,此时,捕获比 $A_0/A_1 < 1.0$,由于激波系位置的变化,唇口外的弓形激波强度变弱,进气道波阻减小。

结尾正激波的位置由进气道背压决定,喉部位于进气道唇口处。当正激波位于喉部时,进气道在设计状态工作,又称为临界模式。当背压升高时,正激波被向前推到压缩斜面,这种工作状态称为亚临界模式。当背压降低时,正激波被吸入进气道,这种工作状态称为超临界模式。

外压进气道的非设计状态包括亚临界和超临界两种模式。当进气道处于超临界模式时,如图 6.11 所示,结尾正激波位于进气道内部,管内正激波强度大于喉部正激波,会导致总压恢复系数降低,并且可能导致边界层分离以及发动机进气畸变。随着背压的升高,结尾正激波被推到外部压缩面,进气道进入亚临界模式。这种模式会导致溢流阻力增大,同时,进气道外部相交的斜激波会产生剪切层,导致发动机出现进气畸变。

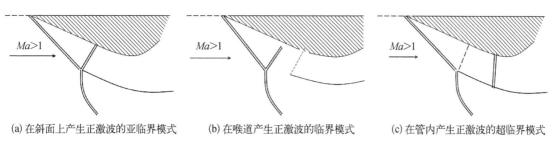

(a) 在斜面上产生正激波的亚临界模式　　(b) 在喉道产生正激波的临界模式　　(c) 在管内产生正激波的超临界模式

6.11　外部压缩进气道工作模式定义示意图

3. 混合压缩进气道

对于外压进气道,由于进气道唇口与末段外压缩斜面几乎具有相同的倾斜度,因此会产生波阻。超声速来流减速越多,所需的气流转折角越大,即外压斜面的倾斜角越大,当进气道唇口倾斜角超过最大斜激波角 θ_{max} 时,就会产生弓形激波。为了改善外压进气道的这种局限性,就需要减小唇口的倾角,使激波在进气道内部反射,这显然就需要一个内部喉道,具有这种结构的进气道兼有外部压缩和内部压缩作用,因此,称为混合压缩进气道,典型的混压进气道构型如图 6.12 所示。内部喉道的存在使得混压式进气道存在启动问题,而外部压缩面的存在使得进气道在未启动状态时存在气动不稳定性,这种不稳定源自压缩面上的边界层分离。通常可采用边界层吸附和喉道吹除来解决进气道在未启动状态时的气动不稳定性问题,如图 6.12 所示。

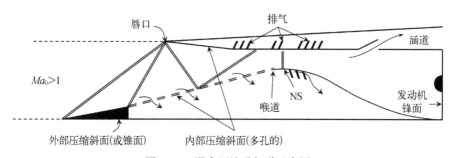

图 6.12　混合压缩进气道示意图

研究表明,外压进气道只有在飞行马赫数小于 2.2 的情况下性能才较好,而混压进气道的工作马赫数可达到 $4.0 \sim 5.0$。由于进气道外部和内部存在多重斜面,而不用考虑波阻损失,因此,混压式进气道的总压恢复性能较好。但是,由于内部喉道的存在,这种进气道存在固有的启动问题。此外,混压式进气道的设计/运行中会面临以下问题和挑战:

① 进气道启动问题;

② 亚临界工作状态的不稳定问题;

③ 激波诱导边界层分离和进气畸变;

④ 结尾激波的稳定边界;

⑤ 对迎角和侧滑角比较敏感。

4. 进气道隔离段

图 6.13 给出了美国 X-43 计划中的双模态超燃冲压发动机结构示意图,可以看到,在进气道和燃烧室之间有一段略微扩张型直通道,这就是本节要讨论的隔离段。

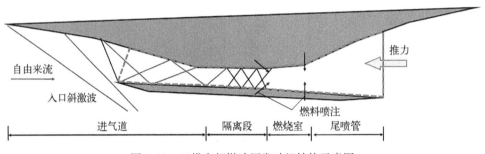

图 6.13　双模态超燃冲压发动机结构示意图

飞行器从起飞到高超声速飞行,或者从高超声速巡航降落,都会经历一个从高速到低速或者从低速到高速的过程。考察发动机,它的工作状态必须适应飞行任务,在低速时超燃冲压发动机不能工作,在高速时亚燃冲压发动机不适宜,因此不能选用一种模态的发动机。为此,人们提出了双模态超燃冲压发动机,即在低速时发动机以亚燃模态工作,在高速时以超燃模态工作,两种模态可顺利地进行转换。隔离段是双模态超燃冲压发动机研究的产物,也是双模态超燃冲压发动机的一个重要部件。它是进气道和燃烧室之间的一段直槽道,能支持燃烧室内的较高反压,为进气道提供一个较宽的工作范围。

隔离段有两个重要的作用:一是隔离进气道和燃烧室之间的相互干扰,为进气道提供一个较宽的连续工作范围。二是在亚燃模态产生正激波链或强的斜激波链,使燃烧室入口气流为亚声速;在超燃模态形成斜激波链,气流以超声速进入燃烧室。

隔离段流场最大的特点是:① 存在多波系及波系间的相交及反射现象;② 发生激波和附面层的强干扰。在隔离段入口马赫数不是很高的情况下,出口为亚声速,其边界层很厚,抹平了边界层二次激波的影响,压力连续增加,如图 6.14(a)所示,这种工作模态称为隔离段内正激波串流动模态。对于隔离段入口马赫数比较大的情况,隔离段出口气流超声速,一系列斜激波与边界层相互作用,导致边界层分离,隔离段内流体压力呈阶梯状增加,如图 6.14(b)所示,这是隔离段内斜激波串流动模态。

隔离段的长高比必须适当选择,隔离段太短,则由燃烧引起的压力升高所致的扰动较容易传播到进气道,甚至引起进气道不启动;隔离段太长则会使冲压发动机质量过大。因此,隔离段的性能直接影响到双模态超燃冲压发动机的工作稳定性和进气道的性能,研究隔离段内的

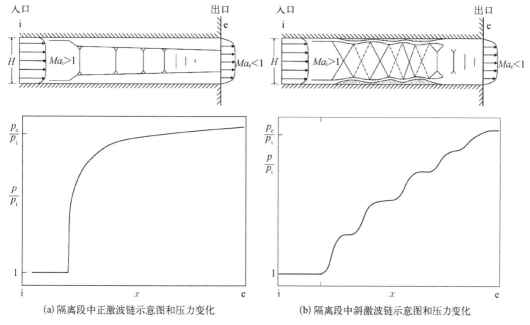

(a) 隔离段中正激波链示意图和压力变化　　　(b) 隔离段中斜激波链示意图和压力变化

图 6.14　隔离段内的流动模态

气动热力特性对双模态超燃冲压发动机的设计十分重要。

人们对隔离段的适宜长度进行了大量研究,有研究给出隔离段的长度计算公式,如式(6.34)所示,图 6.15 还给出了隔离段长度与入口马赫数之间的关系:

$$\frac{L}{H} = \frac{\sqrt{\dfrac{\theta}{H}}}{\sqrt[4]{Re_{\theta}}} \frac{50\left(\dfrac{p_{e}}{p_{i}} - 1\right) + 170\left(\dfrac{p_{e}}{p_{i}} - 1\right)^{2}}{Ma_{i}^{2} - 1}$$

$$(6.34)$$

其中,Re 为雷诺数,且

$$\frac{p_{e}}{p_{i}} = \frac{2\gamma_{c}}{\gamma_{c} + 1} Ma_{i}^{2} - \frac{\gamma_{c} - 1}{\gamma_{c} + 1} \quad (6.35)$$

隔离段使得进气道完成与背压(燃烧室压力,燃烧室的室压因为喷油率从而模态转换,发生变化)的匹配。如果背压不是很高,激波位置靠后,通过少数几道斜激波使得压力升高到与背压相同的水平;如果背压较高,那么激波位置靠前,通过更多的斜激波使得压力升高到与背压匹配,如图 6.16 所示。

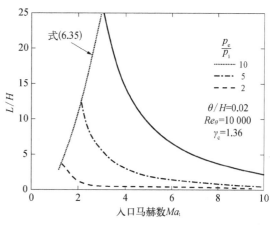

图 6.15　隔离段长度与入口马赫数之间的关系

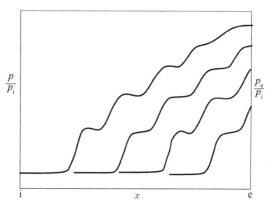

图 6.16　隔离段长度与入口马赫数之间的关系

6.2　排气膨胀系统

发动机的排气膨胀系统指的是尾喷管,主要作用是为燃烧室或涡轮出口的高温燃气提供膨胀加速的通道,将燃气的焓转换为动能。尾喷管的工作和参数对发动机的整体性能具有重要的影响。下面将分别就航空燃气涡轮发动机、超燃冲压发动机和火箭发动机的喷管展开讨论。

6.2.1　航空燃气涡轮发动机尾喷管

1. 喷管的类型

按照流道类型,航空燃气涡轮发动机的尾喷管可分为纯收缩型和收缩-扩张型喷管两种类型,如图 6.17 所示,其中(a)和(b)为纯收缩型,余下为收缩-扩张型。按照通道面积是否可调,喷管可分为固定几何喷管和可调喷管。按照推力方向,可分为常规推力型、反推力型、推力转向型和推力矢量型。反推力装置多用于民航客机发动机中,以缩短飞机降落时在跑道上的滑跑距离。

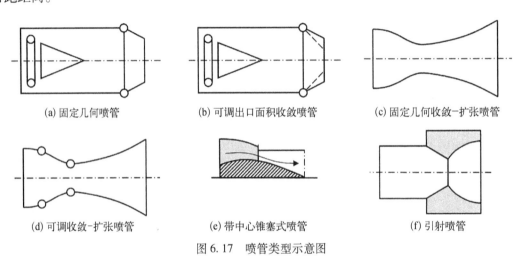

(a) 固定几何喷管　　　　(b) 可调出口面积收敛喷管　　　　(c) 固定几何收敛-扩张喷管

(d) 可调收敛-扩张喷管　　　　(e) 带中心锥塞式喷管　　　　(f) 引射喷管

图 6.17　喷管类型示意图

2. 喷管的性能参数

航空燃气涡轮发动机尾喷管的主要性能参数有总压恢复系数 σ_e、速度损失系数 C_V、流量系数 C_D、轴向损失系数 C_A 和推力系数 C_F。

总压恢复系数的含义在前面已有介绍,在这里,σ_e 的大小等于喷管出口气流总压与入口气流总压之比,它表征气流在喷管中的流动损失情况。

速度损失系数指喷管实际出口气流速度与等熵完全膨胀的理想出口气流速度之比,即

$$C_V = \frac{V_9}{V_{9i}} = \frac{\lambda_9}{\lambda_{9i}} \qquad (6.36)$$

与总压恢复系数一样,速度损失系数的物理意义也表征喷管内流动损失的大小,对于相同

的喷管工作状态,速度损失系数与总压恢复系数之间的关系可在等熵膨胀时喷管入口与出口总压相等的条件下建立,如下:

$$\sigma_e = \frac{\dfrac{p_9}{\pi(\lambda_9)}}{\dfrac{p_9}{\pi(\lambda_{9i})}} = \frac{\pi(\lambda_{9i})}{\pi(\lambda_9)} = \frac{\pi\left(\dfrac{\lambda_9}{C_V}\right)}{\pi(\lambda_9)} \tag{6.37}$$

喷管膨胀比 π_e 定义为喷管入口气流总压与外界大气压(静压)之比,即

$$\pi_e = \frac{p_{t7}}{p_0} \tag{6.38}$$

对于在亚声速范围内飞行的发动机,喷管膨胀比为 3~5,在这样的喷管膨胀比范围内,即使气体在喷管出口不能达到完全膨胀,推力也只比完全膨胀状态的推力小 1%~3%。因此,可以看到大量的常规航空燃气涡轮发动机一般采用简单的纯收缩喷管,降低了喷管质量。对于在超声速范围内工作的发动机,当飞行马赫数达到 2 以上时,喷管膨胀比可达 10 以上,此时如仍采用收缩喷管,由气流在喷管出口未能完全膨胀而造成的推力损失可超过 10%,因此,这类发动机一般采用收缩-扩张喷管。

流量系数定义为喷管实际气流流量与理想气流流量之比,即

$$C_D = \frac{\dot{m}_g}{\dot{m}_{gi}} \tag{6.39}$$

由于气体具有黏性,在喷管壁面存在附面层,因此引入流量系数来表征喷管实际流量与理想气流流量之间的差别。

轴向损失系数是表征由喷管出口非轴向排气引起的推力损失的参数,如图 6.18 所示,若从流场中取一个微元体,则轴向损失系数大致等于微元体流出喷管的气流角度 θ_j 的余弦,即

$$V_9 = V_{9j}\cos\theta_j,\ C_{Aj} = \frac{V_9}{V_{9j}} = \cos\theta_j \tag{6.40}$$

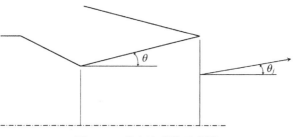

图 6.18　角向流系数示意图

喷管出口气流角度 θ_j 从中心处的 0 变化到壁面处的 θ,那么总的喷管轴向损失系数可表示为

$$C_A = \frac{\int V_9 \cos\theta\, \mathrm{d}\dot{m}_g}{\dot{m}_g V_9} \tag{6.41}$$

对于轴对称的收缩-扩张喷管,令质量微元为 $\mathrm{d}\dot{m}_g$,假定出口表面为球形,则速度 V_9 沿其法线方向,那么,出口表面的面积微元可表示为

$$\mathrm{d}A = 2\pi r^2 \sin\theta\, \mathrm{d}\theta \tag{6.42}$$

出口处的质量微元为

$$\mathrm{d}\dot{m}_g = \rho_9 V_9 \mathrm{d}A = 2\pi r^2 \rho_9 V_9 \sin\theta\, \mathrm{d}\theta \tag{6.43}$$

那么,通过喷管的总质量流量为

$$\dot{m}_g = \int_0^\theta 2\pi r^2 \rho_9 V_9 \sin\theta\, \mathrm{d}\theta = 2\pi r^2 \rho_9 V_9 (1 - \cos\theta) \tag{6.44}$$

而轴向的动量推力为

$$\int V_9 \cos\theta\, \mathrm{d}m_g = \int_0^\theta 2\pi r^2 \rho_9 V_9^2 \sin\theta \cos\theta\, \mathrm{d}\theta = \pi r^2 \rho_9 V_9^2 \sin^2\theta \tag{6.45}$$

将式(6.44)和式(6.45)代入轴向损失系数的计算公式,可得

$$C_A = \frac{1 + \cos\theta}{2} \tag{6.46}$$

对于二元收缩-扩张喷管,可进行类似分析,得到轴向损失系数的典型计算公式为

$$C_A = \frac{\sin\theta}{\theta} \tag{6.47}$$

推力系数是指实际推力与气体在喷管中做理想等熵流动且在出口达到完全膨胀时所产生的推力的比值,即

$$C_F = \frac{F_g}{F_{gi}} = \frac{C_A \dot{m}_g V_9 + (p_9 - p_0)A_9}{\dot{m}_{gi} V_{9i}} \tag{6.48}$$

3. 喷管的工作状态

1) 纯收缩喷管的工作状态

纯收缩喷管的出口面积 A_9 就是最小面积,也就是喷管的喉部,对于此种喷管,A_8 和 A_9 代表同一个面积。当喷管出口气流速度恰好等于当地声速,同时气流静压与外界大气压力相等时,对应的喷管膨胀比 π_e 称为临界膨胀比 $\pi_{e,cr}$,存在如下关系:

$$\pi_{e,cr} = \left(\frac{\gamma_g + 1}{2}\right)^{\frac{\gamma_g}{\gamma_g - 1}} \tag{6.49}$$

根据喷管膨胀比 π_e 的大小,收缩喷管的工作状态可分为临界、亚临界、超临界三种。

（1）临界工作状态

这种状态对应 $\pi_e = \pi_{e,cr}$,说明气流在喷管中完全膨胀,喷管出口气流静压与外界大气压力相等,喷管出口气流马赫数 $Ma_9 = 1.0$。

（2）亚临界工作状态

这种状态对应 $\pi_e < \pi_{e,cr}$,说明气流在喷管中完全膨胀,喷管出口气流静压与外界大气压力相等,喷管出口气流马赫数 $Ma_9 < 1.0$。

（3）超临界工作状态

这种状态对应 $\pi_e > \pi_{e,cr}$,说明气流在喷管中未能完全膨胀,喷管出口气流静压大于外界环境压力,喷管出口气流马赫数 $Ma_9 = 1.0$。

由以上对工作状态的讨论可知,纯收缩喷管的工作状态与喷管出口截面积 A_9 大小无关。当喷管处于亚临界或临界工作状态时,气流在喷管出口完全膨胀;当喷管处于超临界工作状态时,气流不能完全膨胀,从而导致推力损失,特别是当飞行器做超声速飞行时,如 $Ma_0 > 2$, π_e 将超过 10,此时因喷管不完全膨胀而造成的推力系数降低将超过 10%。收缩喷管出口气流速度最大为当地声速,当喷管处于临界或超临界工作状态时,出口气流速度只取决于排气温度,即

$$V_9 = C_V \sqrt{2 \frac{\gamma_g}{\gamma_g + 1} R T_{t7}} \tag{6.50}$$

其中, C_V 为速度损失系数。

2）收缩-扩张喷管的工作状态

气流进入收缩-扩张喷管后先加速,在喉部达到当地声速,随后在扩张段继续加速到超声速,如果喷管出口恰好膨胀到大气压力,即气流在喷管中恰好完全膨胀,对应的喷管出口面积与喉部面积之比为

$$\pi(\lambda_9) = \frac{p_0}{p_{t9}} = \frac{1}{\sigma_e \pi_e} \tag{6.51}$$

$$\frac{A_9}{A_8} = \frac{1}{q(\lambda_9)} \tag{6.52}$$

可见,当发动机处于不同的工作状态时,若要气流在喷管出口始终能完全膨胀,则面积比 A_9/A_8 必须随喷管膨胀比 π_e 值的变化而变化。当面积比 A_9/A_8 固定不变时,存在一个特定的喷管膨胀比使得推力系数达到最大,当喷管实际膨胀比小于这个值时,喷管处于过膨胀状态,当喷管实际膨胀比大于这个值时,喷管处于欠膨胀状态。可见,对于收缩-扩张喷管,同样存在三种工作状态,即完全膨胀状态、欠膨胀状态和过膨胀状态,只是这种类型的喷管的工作状态不仅取决于喷管膨胀比 π_e,还取决于面积比 A_9/A_8。图 6.19 给出了当面积比一定时,收缩-扩张喷管的几种工作状态的流场示意图。

（1）完全膨胀状态

完全膨胀状态,又称为设计状态,流动情况如图 6.19(a)所示,这种状态下的喷管膨胀比记为 $\pi_{e,d}$,喷管出口气流静压等于外界大气压,即 $p_9 = p_0$,出口马赫数 $Ma_9 > 1$,按照喷管面积比

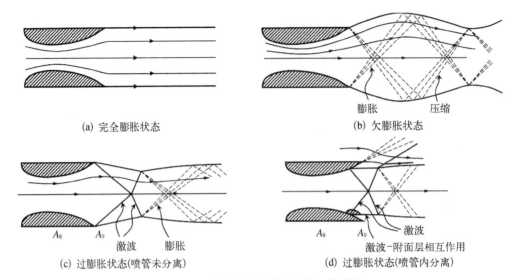

(a) 完全膨胀状态　　　　　　　　　　　(b) 欠膨胀状态

(c) 过膨胀状态(喷管未分离)　　　　　　(d) 过膨胀状态(喷管内分离)

图 6.19　收敛-扩张喷管的不同工作状态

$$A_9/A_8 = 4$$

A_9/A_8 可确定喷管出口马赫数的具体数值,记为 $Ma_{9,d}$。

（2）欠膨胀状态

欠膨胀状态对应喷管膨胀比大于 $\pi_{e,d}$ 的情况,与设计状态相比,由于喷管面积比 A_9/A_8 没有改变,因此 $Ma_9 = Ma_{9,d}$,但是 $p_9 > p_0$,气流在喷管外继续膨胀,产生膨胀波系,如图 6.19(b)所示。

（3）过膨胀状态

过膨胀状态对应喷管膨胀比小于 $\pi_{e,d}$ 的情况,与设计状态相比,由于喷管面积比 A_9/A_8 没有改变,因此 $Ma_9 = Ma_{9,d}$,但是 $p_9 < p_0$,喷管外产生压缩波系,如图 6.19(c)所示。若 $p_9 < p_0/2$,则喷管内出现有分离的过度膨胀,这时喷管内出现激波,如图 6.19(d)所示,此时推力损失严重。

在整个飞行包线和油门范围内,发动机喷管膨胀比变化很大,为使喷管都能处于良好的工作状态,必须采取面积可调的收缩-扩张喷管。

4. 推力矢量喷管

推力矢量喷管是指能够通过调节喷管排气方向实现推力变向的一类喷管,排气方向的调节通常通过采用机械调节部件实现,图 6.20 给出了一种机械式矢量喷管的结构。采用推力矢量喷管尽管会增加尾喷管的结构质量和成本,但是可显著提高飞行器的性能,例如,减小起飞和着陆滑跑距离,提高机动性,有助于实现不加力超声速巡航,改善隐身性能等,因此,矢量喷管被先进战斗机广泛采用。

除了描述常规喷管的参数,表征矢量喷管的几何还需引入喷管几何矢量角 δ_g,如图 6.21(b)所示。与常规喷管不同,矢量喷管

图 6.20　EJ200 发动机的矢量喷管

的流量系数和推力系数等参数还与 δ_g 有关,即

$$C_D = f_1(\theta, A_9/A_8, \pi_e, \delta_g) \tag{6.53}$$

$$C_F = f_2(\theta, A_9/A_8, \pi_e, \delta_g) \tag{6.54}$$

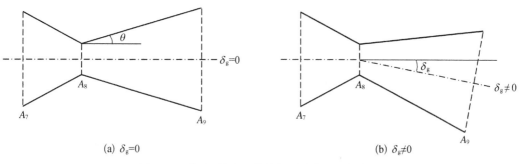

图 6.21 收敛-扩张型推力矢量喷管的几何参数

对于轴对称矢量喷管,若 $\delta_g < \theta$,则 δ_g 的变化不影响喷管喉部面积 A_8 的大小,流量系数 C_D 保持不变,如图 6.22(a)所示;反之,若 $\delta_g > \theta$,则 δ_g 的变化导致喷管喉部面积变为 A'_8,如图 6.22(b)所示,A'_8 称为矢量喷管的有效喉部面积。当喷管几何矢量角和喷管扩张角之差增大时,流量系数将减小。

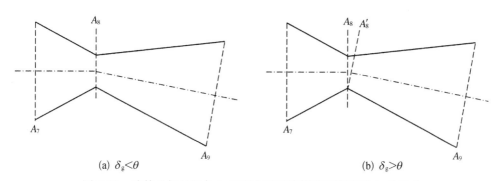

图 6.22 喷管几何矢量角 δ_g 的变化对尾喷管的喉道面积 A_8 的影响

当喷管只有俯仰偏转时,根据图 6.22(b),有效喉部面积 A'_8 可由式(6.55)计算:

$$A'_8 = A_8 \cos\delta_p \tag{6.55}$$

当喷管同时发生俯仰和偏航偏转时,则有效喉部面积 A'_8 可由式(6.56)计算:

$$A'_8 = A_8 \cos\delta_p \cos\delta_y \tag{6.56}$$

其中,δ_p 表示俯仰有效偏转角;δ_y 表示偏航有效偏转角。

总推力在轴向(a)、俯仰(y)、偏航(p)三个方向的分量可表示如下:

$$F_{ag} = C_F F \cos\delta_p \cos\delta_y \tag{6.57a}$$

$$F_{yg} = C_F F \cos\delta_p \sin\delta_y \tag{6.57b}$$

$$F_{pg} = C_F F \sin\delta_p \cos\delta_y \tag{6.57c}$$

其中,F 为无矢量偏转时的理想总推力。对于矢量推力的三个推力分量可计算如下:

$$F_a = F_{ag} - \dot{m}_a V_0 \cos\alpha\cos\beta \tag{6.58a}$$

$$F_y = F_{yg} - \dot{m}_a V_0 \cos\alpha\sin\beta \tag{6.58b}$$

$$F_p = F_{pg} - \dot{m}_a V_0 \sin\alpha\cos\beta \tag{6.58c}$$

其中,α 表示飞机飞行攻角;β 表示飞机飞行偏航角。

6.2.2　冲压发动机尾喷管

冲压发动机分为亚燃冲压发动机和超燃冲压发动机两类,亚燃冲压发动机尾喷管的工作条件与航空燃气涡轮发动机类似,因此,其流场特征与工作特性本质上也与航空燃气涡轮发动机的尾喷管一致,这里不再赘述。本节将重点讨论超燃冲压发动机的尾喷管。

1. 喷管流场分析

由于超燃冲压发动机燃烧室内的气流已经是超声速,因此,对超声速气流的进一步加速通常采用扩张型通道。超燃冲压发动机的尾喷管本质上是一种加速面(或膨胀面),图 6.23 给出了一种超燃冲压发动机喷管的构型,根据流动特征,尾喷管的流场可以分为 6 个区。

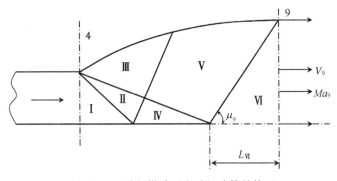

图 6.23　一种超燃冲压发动机喷管的构型

Ⅰ区——均匀、超声速流动区,在燃烧室出口或者喷管入口气流的马赫数 Ma_4 已知,相应的马赫角 μ_4 可求出。Ⅰ区马赫角为

$$\mu_4 = \arcsin\frac{1}{Ma_4} \tag{6.59}$$

流动从 Ma_4 偏转到 Ma_Y 的偏转角,可用气体力学中的特征法求出,如下:

$$\omega = \sqrt{\frac{\gamma_e + 1}{\gamma_e - 1}}\left[\arctan\sqrt{\frac{\gamma_e - 1}{\gamma_e + 1}(Ma_Y^2 - 1)} - \arctan\sqrt{\frac{\gamma_e - 1}{\gamma_e + 1}(Ma_4^2 - 1)}\right]$$
$$- \left(\arctan\sqrt{Ma_Y^2 - 1} - \arctan\sqrt{Ma_4^2 - 1}\right) \tag{6.60}$$

Ⅱ区——沿尖角发射的中心简单波或 Prandtl-Meyer 膨胀波区,流动偏转角的设计值等于总流动偏转角 ω 的一半。总流动偏转角 ω 与 Ma_4 和 Ma_Y 有关。膨胀波扇的角度由上游或者

前缘马赫角 μ_4、下游或者尾缘马赫角 μ_{III} 以及尖角偏转角 $\omega/2$ 决定。II 区的主要流动特征是波无交叉,简单、易于分析。

II 区流动偏转 $\omega/2$ 与马赫数 Ma_{III} 之间的关系如下,需要迭代求解:

$$
\frac{\omega}{2} = \sqrt{\frac{\gamma_e + 1}{\gamma_e - 1}} \left[\arctan \sqrt{\frac{\gamma_e - 1}{\gamma_e + 1}(Ma_{\text{III}}^2 - 1)} - \arctan \sqrt{\frac{\gamma_e - 1}{\gamma_e + 1}(Ma_4^2 - 1)} \right]
$$
$$
- \left(\arctan \sqrt{Ma_{\text{III}}^2 - 1} - \arctan \sqrt{Ma_4^2 - 1} \right) \tag{6.61}
$$

III 区——均匀流区,区内条件与沿着膨胀波扇的尾缘相同。这个区的尾喷管边界是直线,因为来自对面的膨胀波或特征线尚未到达。在 III 区开始和结束时,相对直边界的马赫角 μ_{III} 大小一样。III 区马赫角为

$$
\mu_{\text{III}} = \arcsin \frac{1}{Ma_{\text{III}}} \tag{6.62}
$$

III 区静压为

$$
\frac{p_{\text{III}}}{p_4} = \left(\frac{1 + \dfrac{\gamma_e - 1}{2} Ma_4^2}{1 + \dfrac{\gamma_e - 1}{2} Ma_{\text{III}}^2} \right)^{\frac{\gamma_e}{\gamma_e - 1}} \tag{6.63}
$$

IV 区——特征交错区。流动交叉导致特征线弯曲,需要进行更加详细的分析。对于该区的流动分析,最重要的是给出 IV 区结束时的轴向位置,它确定了尾喷管的总体长度。IV 区为 V 区提供了初始条件。VI 区马赫角为

$$
\mu_{10} = \arcsin \frac{1}{Ma_Y} \tag{6.64}
$$

膨胀部件出口高度和入口高度之比(定总温总压,质量流参数)为

$$
\frac{H_{10}/2}{H_4/2} = \frac{H_{10}}{H_4} = \frac{Ma_4}{Ma_Y} \left(\frac{1 + \dfrac{\gamma_e - 1}{2} Ma_Y^2}{1 + \dfrac{\gamma_e - 1}{2} Ma_4^2} \right)^{\frac{\gamma_e + 1}{2(\gamma_e - 1)}} \tag{6.65}
$$

V 区——从 IV 区边界到壁面的区域,这里的特征是没有波的交叉。这个区特征流的偏转角刚好等于边界偏转角,因此 V 区决定了喷管边界的形状。

VI 区——均匀流区,设计喷管马赫数 Ma_Y 和压力 $p_Y = p_0$。VI 区轴向长度与入口高度之比为

$$
\frac{L_{\text{VI}}}{H_4/2} = \frac{1}{\tan \mu_{10}} \frac{H_{10}}{H_4} \tag{6.66}
$$

膨胀部件静压比(通过总压关系式得到)为

$$\frac{p_Y}{p_4} = \frac{p_0}{p_4} = \left(\frac{1 + \frac{\gamma_e - 1}{2} Ma_4^2}{1 + \frac{\gamma_e - 1}{2} Ma_Y^2} \right)^{\frac{\gamma_e}{\gamma_e - 1}} \tag{6.67}$$

2. 喷管工作状态分析

膨胀部件在设计点工作时,气体完全膨胀,此时达到最佳性能。当偏离设计点时,要么发生过膨胀,即 p_4/p_0 小于 H_{10}/H_4 设计要求的值;要么发生欠膨胀,即 p_4/p_0 大于 H_{10}/H_4 设计要求的值。图 6.24 给出了膨胀部件在设计点和偏离设计点的工作状况。

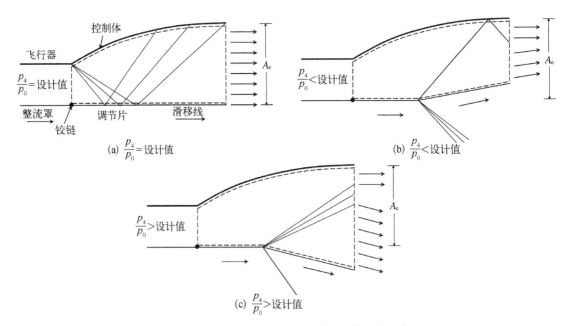

图 6.24　尾喷管工作点和偏离工作点工作状态示意图

在设计点工作,发动机的毛推力可以计算为

$$F = \int_{\text{exit plane}} (p + \rho V^2) \mathrm{d}A_x + \int_{\text{slip line}} p \mathrm{d}A_x + \int_{\text{entry plane}} (p + \rho V^2) \mathrm{d}A_x \tag{6.68}$$

即

$$F = \dot{m}_4 V_{10} + p_0 A_9 - \dot{m}_4 S a_4 \tag{6.69}$$

其中,V_{10} 为质量平均轴向速度。可见,使 V_{10} 达到最大值是膨胀系统设计的首要目标。如果膨胀部件不在设计点工作,尾喷管速度 V_{10} 发生偏转,带来毛推力损失。为了弥补毛推力的损失,可以采用可变几何构型。例如,通过调节片的关闭和打开实现,如图 6.25 所示。

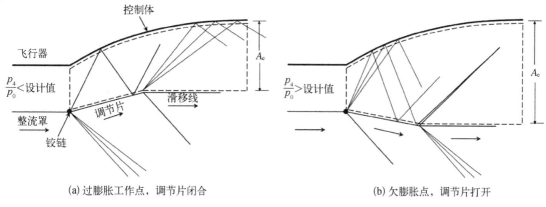

图 6.25　非设计点工作特点

3. 喷管性能分析

若要分析膨胀部件的性能,首先需要获得质量平均的出口速度 V_{10},再进一步考察角度效应和化学效应对性能影响。在尾喷管中,主要的损失包括由激波引起的耗散和边界层摩擦等。

膨胀部件的性能分析虽然与压缩部件的分析有类似之处,但这里仍需要说明如下几点。

① 膨胀部件的一维性能指标代表了一种工程直觉和传统理论的混合,常常依据尾喷管设计者的经验。

② 与压缩部件分析主要的区别是,压缩部件中 T_3/T_0 是独立变量,而膨胀部件中 p_4/p_0 是独立变量。

③ 上游条件已知,这一点与压缩部件分析相同。

④ 比热比通常看作常数。

主要的性能指标计算公式如下。

1）总压恢复系数

总压恢复系数为

$$\sigma_e = \frac{p_0}{p_4}\left(\frac{1+\dfrac{\gamma_e-1}{2}Ma_{10}^2}{1+\dfrac{\gamma_e-1}{2}Ma_4^2}\right)^{\frac{\gamma_e}{\gamma_e-1}} \tag{6.70}$$

根据温度比

$$\frac{T_4}{T_{10}} = \left(\frac{1+\dfrac{\gamma_e-1}{2}Ma_{10}^2}{1+\dfrac{\gamma_e-1}{2}Ma_4^2}\right) \tag{6.71}$$

总压比还可以写为

$$\sigma_e = \frac{p_0}{p_4}\left(\frac{T_4}{T_{10}}\right)^{\frac{\gamma_e}{\gamma_e-1}} \tag{6.72}$$

根据膨胀效率的定义,总压恢复系数还可以写为

$$\sigma_e = \left[\cfrac{1}{\eta_e + (1-\eta_e)(p_4/p_0)^{\frac{\gamma_e-1}{\gamma_e}}}\right]^{\frac{\gamma_e}{\gamma_e-1}} \leqslant 1 \tag{6.73}$$

其中,膨胀效率定义为

$$\eta_e = \frac{h_4 - h_{10}}{h_4 - h_Y} \tag{6.74}$$

有了总压恢复系数,膨胀效率可以写为

$$\eta_e = \left[\cfrac{1 - \left(\cfrac{1}{\sigma_e}\cfrac{p_0}{p_4}\right)^{\frac{\gamma_e}{\gamma_e-1}}}{1 - \left(\cfrac{p_4}{p_0}\right)^{\frac{\gamma_e-1}{\gamma_e}}}\right] \leqslant 1 \tag{6.75}$$

图 6.26 给出了总压恢复系数和膨胀效率的关系。

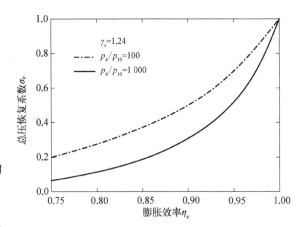

图 6.26 总压恢复系数与膨胀效率关系

2) 速度损失系数

速度损失系数指真实速度与理想速度之比,即

$$C_V = \frac{V_{10}}{V_Y} \tag{6.76}$$

利用膨胀效率的定义,C_V 可表示为

$$C_V = \sqrt{\eta_e + (1-\eta_e)\left(\frac{V_4}{V_Y}\right)^2} \leqslant 1 \tag{6.77}$$

那么膨胀效率还可以写为

$$\eta_e = \cfrac{C_V^2 - \left(\cfrac{V_4}{V_Y}\right)^2}{1 - \left(\cfrac{V_4}{V_Y}\right)} \leqslant 1 \tag{6.78}$$

其中，

$$\left(\frac{V_4}{V_Y}\right)^2 = \left[\frac{1 - \left(\frac{p_4}{p_{t4}}\right)^{\frac{\gamma_e - 1}{\gamma_e}}}{1 - \left(\frac{p_0}{p_{t4}}\right)^{\frac{\gamma_e - 1}{\gamma_e}}}\right] \leqslant 1 \quad (6.79)$$

图 6.27 给出了速度损失系数与膨胀效率的变化关系。

3）无量纲熵增

熵增与定压燃烧产物的比热之比为

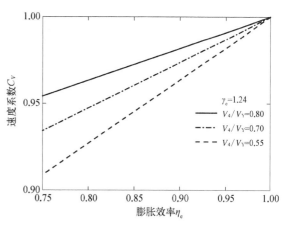

图 6.27　速度损失系数与膨胀效率的变化关系

$$\frac{s_{10} - s_4}{c_{pe}} = \ln\left[\eta_e + (1 - \eta_e)\left(\frac{p_4}{p_0}\right)^{\frac{\gamma_e - 1}{\gamma_e}}\right] \geqslant 0 \quad (6.80)$$

根据熵增，膨胀效率可以写为

$$\eta_e = \frac{1 - (p_0/p_4)^{\frac{\gamma_e - 1}{\gamma_e}} e^{\frac{s_{10} - s_4}{c_{pe}}}}{1 - (p_0/p_4)^{\frac{\gamma_e - 1}{\gamma_e}}} \leqslant 1$$

$$(6.81)$$

图 6.28 给出了无量纲熵增与膨胀效率的变化关系。

4）轴向损失系数

平均流线发生偏转，相对于要求的方向偏转 α，则速度角系数（膨胀角系数）表示为

$$C_A = \frac{V_{10}}{V_Y} = \cos\alpha \frac{\sin\theta}{\theta} \quad (6.82)$$

出口的流动偏转引起的损失一般很小，在 1%~2% 范围内，但仍要考虑这种影响。图 6.29 给出了速度角系数与偏转角关系。

5）推力系数

推力系数定义为真实推力与理想推力之比，即

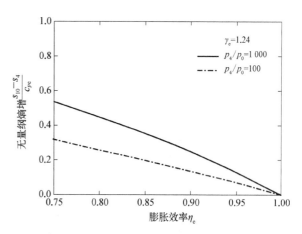

图 6.28　无量纲熵增与膨胀效率的变化关系

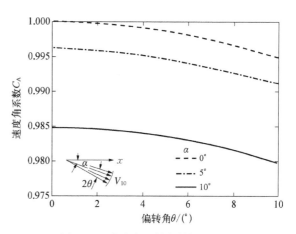

图 6.29　速度角系数与偏转角关系

$$C_F = \frac{m_4 V_{10} + p_0 A_9 - m_4 Sa_4}{m_4 V_Y + p_0 A_9 - m_4 Sa_4} \leqslant 1$$

$$(6.83)$$

由于 $V_Y \approx Sa_Y$，并且 $p_0 A_{10}$ 的贡献很小，因此可得

$$C_F = \frac{C_A C_V Sa_Y - Sa_4}{Sa_Y - Sa_4} = \frac{C_A C_V - Sa_4/Sa_Y}{1 - Sa_4/Sa_Y} \leqslant 1$$

$$(6.84)$$

图 6.30 给出了推力系数与膨胀效率的关系。

发动机真实出口动量与入口动量之差和理想出口动量与入口动量之差的比定义为净推力系数，即

$$C_{FIN} = \frac{m_0(V_{10} - V_0)}{m_0(V_Y - V_0)} = \frac{C_A C_V \cdot V_Y/V_0 - 1}{V_Y/V_0 - 1}$$

$$(6.85)$$

图 6.31 给出了净推力系数与膨胀效率的关系。

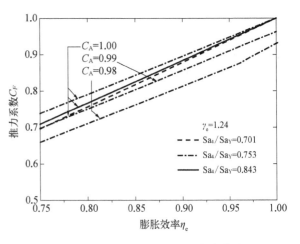

图 6.30　推力系数与膨胀效率的关系

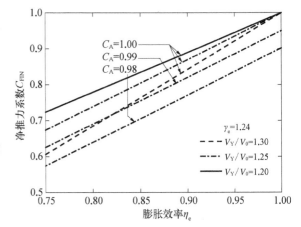

图 6.31　净推力系数与膨胀效率的关系

6.2.3　火箭发动机尾喷管

火箭发动机通过喷管使高温燃气的内能转换为动能，燃气高速喷出后，发动机获得推力。同时，喷管喉部又是燃气流量的控制装置，使燃烧室内建立一定的工作压力。与航空燃气涡轮发动机不同，火箭发动机的燃烧室工作压力通常很高。

1. 喷管流动分析

喷管是将燃气加速到超声速的最有效的装置，火箭发动机的喷管通常采用收缩扩张型的拉瓦尔喷管，燃气从燃烧室进入喷管后开始不断加速，在喉部达到声速，在扩张段进一步加速到超声速。假定喷管内气体的流动是一维定常等熵膨胀，则总温和总压在整个喷管内保持恒定。喷管喉部与燃烧室之间的压力比称为临界压力比，它只是比热比的函数，即

$$\frac{p_{th}}{p_{ct}} = \left[\frac{2}{\gamma + 1} \right]^{\frac{\gamma}{\gamma - 1}}$$

$$(6.86)$$

由于火箭通常要跨大气飞行，因此，在超声速喷管内可能出现压力低于环境压力的情况。图 6.32 给出了过膨胀喷管中可能出现的几种情况。较高的环境压力不可能在喷管内向上游传播，因为喷管中为超声速流动。沿喷管壁的流动区域是个例外，存在气体边界层，边界层为

亚声速流动,大气环境扰动压力可能向前传播一段距离,迫使低压的中心气流离开壁面。通常分离发生在最佳膨胀点的下游。实际上,常规的火箭发动机喷管在设计的工作范围内很少发生流动分离,除非发生极端的过膨胀情况或者喷管扩张角过大,图 6.32 给出了过膨胀喷管内的推力和压力分布。

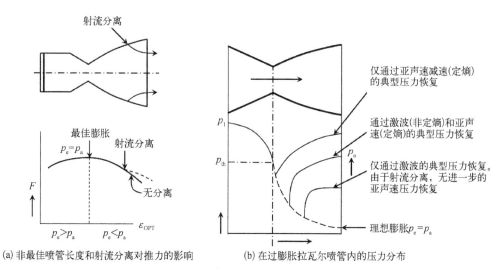

(a) 非最佳喷管长度和射流分离对推力的影响　　　(b) 在过膨胀拉瓦尔喷管内的压力分布

图 6.32　在过膨胀拉瓦尔喷管内的推理和压力分布

火箭喷管内理想气体流动的常用关系式总结如下。

理论出口速度为

$$V_e = \sqrt{\frac{2g\gamma}{\gamma-1}RT_i\left[1-\left(\frac{p_e}{p_i}\right)^{\frac{\gamma-1}{\gamma}}\right]+V_i^2} \tag{6.87}$$

或

$$V_e = \sqrt{\frac{2g\gamma}{\gamma-1}RT_{ct}\left[1-\left(\frac{p_e}{p_{ct}}\right)^{\frac{\gamma-1}{\gamma}}\right]} \tag{6.88}$$

气体的理论质量流量为

$$\dot{m} = A_{th}p_{et}\sqrt{\frac{g\gamma\left[2/(\gamma+1)\right]^{\frac{\gamma+1}{\gamma-1}}}{RT_{ct}}} \tag{6.89}$$

理论喷管扩张面积比为

$$\varepsilon = \frac{A_e}{A_{th}} = \frac{\left(\dfrac{2}{\gamma+1}\right)^{\frac{1}{\gamma-1}}\dfrac{p_{ct}}{p_e}}{\sqrt{\dfrac{\gamma+1}{\gamma-1}\left[1-\left(\dfrac{p_e}{p_{ct}}\right)^{\frac{\gamma-1}{\gamma}}\right]}} \tag{6.90}$$

在喉部处的压力和流速为

$$p_{th} = p_{ct} \left(\frac{2}{\gamma + 1} \right)^{\frac{\gamma}{\gamma - 1}} \tag{6.91}$$

$$V_{th} = \sqrt{\frac{2g\gamma}{\gamma + 1} R T_{ct}} \tag{6.92}$$

在喷管进口和喷管出口之间的任意截面 x 处有

$$\frac{A_x}{A_{th}} = \frac{1}{Ma_x} \sqrt{\frac{1 + \frac{\gamma - 1}{2} Ma_x}{\frac{\gamma + 1}{2}}} \tag{6.93}$$

在喷管进口和喷管喉部之间的任意截面 x 处有

$$\frac{A_x}{A_{th}} = \frac{\left[\frac{2}{\gamma + 1} \left(\frac{p_{ct}}{p_x} \right)^{\frac{\gamma - 1}{\gamma}} \right]^{\frac{\gamma + 1}{2(\gamma - 1)}}}{\sqrt{\frac{2}{\gamma - 1} \left[\left(\frac{p_{ct}}{p_x} \right)^{\frac{\gamma - 1}{\gamma}} - 1 \right]}} \tag{6.94}$$

在喷管喉部和喷管出口的任意截面 x 处有

$$\frac{A_x}{A_{th}} = \frac{\left(\frac{2}{\gamma + 1} \right)^{\frac{1}{\gamma - 1}} \left(\frac{p_{ct}}{p_x} \right)^{\frac{1}{\gamma}}}{\sqrt{\frac{\gamma + 1}{\gamma - 1} \left[1 - \left(\frac{p_x}{p_{ct}} \right)^{\frac{\gamma - 1}{\gamma}} \right]}} \tag{6.95}$$

$$V_x = \sqrt{\frac{2g\gamma}{\gamma - 1} R T_{ct} \left[1 - \left(\frac{p_x}{p_{ct}} \right)^{\frac{\gamma - 1}{\gamma}} \right]} \tag{6.96}$$

$$\frac{V_x}{V_{th}} = \sqrt{\frac{\gamma + 1}{\gamma - 1} \left[1 - \left(\frac{p_x}{p_{ct}} \right)^{\frac{\gamma - 1}{\gamma}} \right]} \tag{6.97}$$

2. 喷管形状

火箭发动机喷管多为收缩扩张型的拉瓦尔喷管,由于燃气在火箭喷管收缩段的流动速度较低,任何光滑的、圆弧转接的喷管收缩段流动损失都很小,而喷管扩张段的流动速度高,不同喷管型面对于喷管的流动损失影响很大。当给定扩张面积比时,选择最佳的喷管型面通常受到以下设计时需考虑的问题的影响：

①为了得到最大的动量矢量，喷管出口气流应尽可能均匀，并平行于喷管轴线；

②喷管内由流动分离和扰动带来的损失尽可能小；

③喷管长度尽可能短，质量尽可能轻；

④工艺性好，成本低。

喷管壁的型面应避免出现任何突然变化或不连续的情况，以防止出现激波或流动损失。理论上，喉部是喷管截面积最小的单一平面，但实际上，通常采用的是圆弧转接的喉部段，仅在喷管出口平面存在锐边，因为，此处采用圆弧会造成过膨胀或流动分离。

下面简单介绍几种喷管的形状。

1）锥形喷管

锥形喷管在早期的火箭发动机上被普遍采用，因其具有多方面的优点。锥形喷管容易制造，并能比较方便地把原有设计改成较高或较低的扩张面积比，而无需重新设计。典型的锥形喷管构型如图 6.33 所示。喷管喉部段具有圆弧形面，其半径 r 为喉部半径 r_{th} 的 0.5~1.5 倍，喷管收缩段的半角在 20°~45°，扩张段的半角在 12°~18°。那么，锥形喷管段的长度可由式（6.98）表示：

$$L_n = \frac{r_{th}(\sqrt{\varepsilon} - 1) + r(\sec\alpha - 1)}{\tan\alpha} \tag{6.98}$$

其中，r_{th} 表示喉部截面半径；α 表示锥形喷管的半角；ε 表示燃烧室收缩面积比，即燃烧室圆柱段截面积与喉部截面积之比。

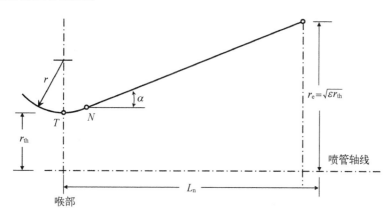

图 6.33　锥形喷管型面

扩张段半角为 15°的锥形喷管几乎已成为标准喷管，因其较好地协调了质量、长度和性能之间的关系。由于排气速度具有非轴向分量，在锥形喷管中存在一定的性能损失，因此，在计算出口燃气动量时，应用一个修正系数 λ，其物理含义是锥形喷管出口燃气的实际动量与出口燃气为均匀轴向气流时的动量之比，可用下面的经验公式计算：

$$\lambda = \frac{1}{2(1 + \cos\alpha)} \tag{6.99}$$

对于理想喷管，$\lambda = 1$，对于 $\alpha = 15°$ 的锥形喷管，$\lambda = 0.983$。

2）钟形喷管

对于钟形喷管,在初始扩散区内采用一个快速膨胀段,然后在喷管出口处引导为均匀的轴向流动,型面逐渐变化,防止出现斜激波。图 6.34 给出了一种钟形喷管的型面,喉部上游的喷管型面 MT 是一个半径为 r_1 的圆弧。型面 TNE 是喷管扩张段,为方便设计,TN 也是圆弧,并具有较小的半径 r_2,NE 使流动转为接近于轴向。

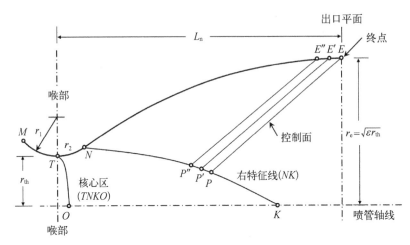

图 6.34　钟形喷管型面

利用跨声速流动分析,可在喉部确定一条等马赫数线 TO,利用特征线法求得流场的核心区 $TNKO$,这一部分完全由喉部确定的超声速流场定义为喷管的核心区。核心区最右边的特征线 NK 以及沿型面 TN 的 N 点位置由专门的设计准则确定。型面 NE 的终点 E 的位置由给定的喷管扩张比和喷管长度(喉部与出口平面之间的距离)确定。通常以一个相当的 15°半角锥形喷管作为标准来表征钟形喷管,例如,80%钟形喷管是指其长度为与其具有相同喉部面积、喉部下游半径和扩张比的 15°半角锥形喷管长度的 80%。

图 6.35 给出了锥形喷管和钟形喷管推力系数与喷管相对长度的关系。钟形喷管长度超过 80%以后,特别是考虑到质量增加带来的损失,再通过增大喷管长度带来的性能提升就不明显了。

采用抛物线近似法可以较为便捷地设计一个接近最大推力的钟形喷管。图 6.36 给出了抛物线近似钟形喷管的设计构型。邻近喉部 T 上游的喷管型面是半径为 $1.5r_{th}$ 的圆弧,喷管扩张段型面是由从喉部 T 到点 N 之间的半径为 $0.382r_{th}$ 的圆弧进口段和 N 点到 E 点的抛物段组成。

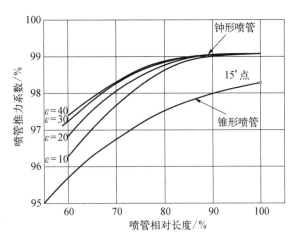

图 6.35　推力系数与喷管相对长度的关系

3）环形喷管

对于理想膨胀,推力室产生的推力仅取决于喷管出口处的质量流的速度和方向。在有些喷管中,如环形喷管,喉部的气流未必平行于轴线,而出口流动与锥形喷管或钟形喷管相似,并

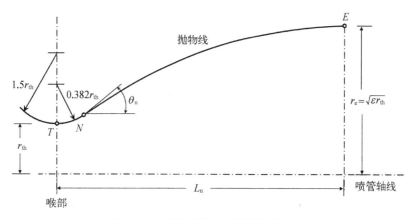

图 6.36　钟形喷管型面的抛物线近似

产生相同的推力。环形喷管有两种基本构型：径向内流型（塞式喷管）和径向外流型（扩张-偏转，即 E-D 形；回流，即 R-F 形；水平流动，即 H-F 形），如图 6.37 所示。为了比较喷管形状对尺寸的影响，所画出的喷管具有相同的推力、扩张比和理论效率。可见，环形喷管长度最短，可减少级间的结构质量。环形喷管的扩张比可由式（6.100）确定：

$$\varepsilon = \frac{A_e - A_p}{A_{th}} \tag{6.100}$$

其中，A_e 为喷管出口面积；A_p 为中心体的投影面积；A_{th} 为喉部面积。环形喷管的另一个常用设计参数是环的直径比 d_p/d_{th}，其中，d_p 是中心体直径，d_{th} 是等效的圆喉部直径。d_p/d_{th} 是环形喷管的几何形状与常规喷管对比的一个指标。环形喷管型面的计算方法与钟形喷管类似。

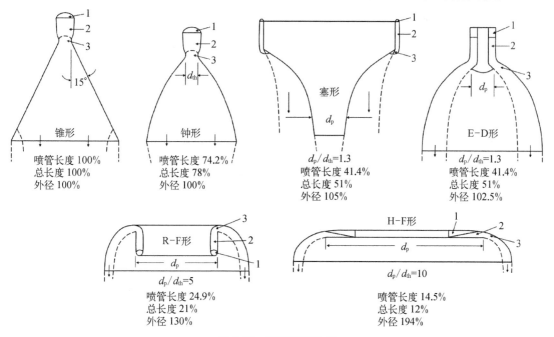

图 6.37　喷管形状比较

1-喷注器；2-燃烧室；3-喉部

　　环形喷管的优点有以下几方面：① 在相同的性能要求下缩短喷管的长度或在给定的长度下提高性能(高的扩张面积比)；② 改善在海平面或低空工作时的性能(大扩张比的环形喷管可用在由海平面到真空的单级运载器上)；③ 在喷管中心的空间区域可用来放置燃气发生器、涡轮泵、储箱和辅助设备等，使结构更加紧凑；④ 可采用模块式燃烧室设计，易于研制(在研制早期能够以单个模块为对象进行试验)和改善燃烧稳定性。

　　当然，环形喷管也存在一些缺点：① 由于有较高的热流和较大的表面积需要冷却，对冷却的要求高；② 在某些应用中结构较重；③ 制造比较困难。

3. 固体火箭发动机喷管

　　固体火箭发动机喷管的工作环境十分恶劣，除了受到高温高压高速燃气的作用，还会受到含有固体颗粒的气流的冲刷作用。与此同时，由于推进剂状态的限制，固体火箭发动机喷管不能采用类似液体火箭发动机的再生冷却。固体火箭发动机的喷管有其特殊性，喷管设计的优劣直接关系到功能能否实现和能否可靠工作。因此，固体火箭发动机喷管设计应满足以下基本要求：

　　① 效率高，要选择适当的膨胀比、良好的型面，尽可能减小摩擦损失、散热损失、气流扩张损失和两相损失等；

　　② 热防护可靠，有良好的热防护，要求在发动机工作过程中保证喷管喉部尺寸和形状；

　　③ 足够的强度和刚度，尤其是在高压燃气作用下；

　　④ 结构质量轻；

　　⑤ 喷管各部分的几何同心度高，喉部尺寸精度高。

　　可见，尽可能高的喷管效率和可靠的热防护是固体火箭发动机喷管设计与制造中的两大关键问题。

　　固体火箭发动机的喷管类型主要有以下几种。

　　① 固定喷管，结构简单，在短程陆基、海基、空基等战术武器的推进系统中常采用，也可用于运载火箭推进系统中。战术导弹中，固体推进系统的典型喉部直径在 5~130 mm，其不提供推力矢量控制，如图 6.38(a)所示。

　　② 活动喷管，典型的活动喷管多是嵌入式结构，采用柔性密封连接，如图 6.38(b)所示。主要应用领域是远程战略陆基或海基运载系统(第一级典型喉部尺寸为 170~380 mm，第三级为 100~130 mm)，以及大型运载火箭助推器(喉部直径可达到 750~1 300 mm)，如美国航天飞机可重复使用的固体推进器就是采用这种喷管。活动喷管可为飞行器提供推力矢量控制，可以提供俯仰、偏航控制，但如要提供滚动控制，则需要两个活动喷管。

　　③ 嵌入式喷管，如图 6.38(c)所示，喷管的结构很大一部分伸入燃烧室或壳体内部，这种结构有助于减小发动机总长，进而减小飞行器的长度和死重，对某些长度受限的应用领域来说，优势很大，例如，发射井或潜艇发射的战略导弹及其上边级，空间发动机推进系统。

　　④ 可延伸喷管，通常指出口锥可延伸的喷管，如图 6.38(d)所示，它有一个固定的低面积比喷管，通过机械连接一个喷管圆锥扩张段，以放大到较大面积比，延伸后的喷管扩张比可达到初始扩张比的 2~3 倍，很显然，这种结构在缩短发动机总长、减轻飞行器死重方面具有明显的优势。可延伸喷管主要用于战略导弹的上面级或者运载火箭的上面级，以使发动机的比冲尽可能大。

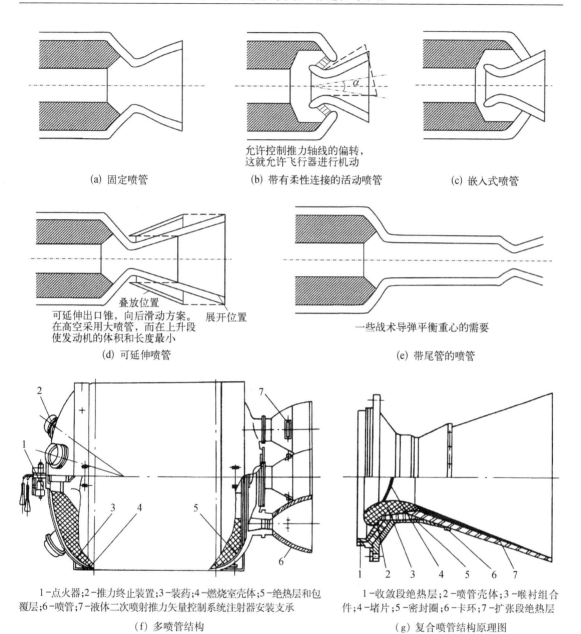

(a) 固定喷管

允许控制推力轴线的偏转，
这就允许飞行器进行机动

(b) 带有柔性连接的活动喷管

(c) 嵌入式喷管

叠放位置

可延伸出口锥，向后滑动方案。　展开位置
在高空采用大喷管，而在上升段
使发动机的体积和长度最小

(d) 可延伸喷管

一些战术导弹平衡重心的需要

(e) 带尾管的喷管

1-点火器;2-推力终止装置;3-装药;4-燃烧室壳体;5-绝热层和包
覆层;6-喷管;7-液体二次喷射推力矢量控制系统注射器安装支承

(f) 多喷管结构

1-收敛段绝热层;2-喷管壳体;3-喉衬组合
件;4-堵片;5-密封圈;6-卡环;7-扩张段绝热层

(g) 复合喷管结构原理图

图 6.38　固体火箭发动机的主要喷管类型

　　⑤ 带尾管的喷管，基本构型如图 6.38(e) 所示，这种结构的喷管可为直径有限的空基或地基战术导弹的气动翼面作动系统或推力矢量控制动力系统提供空间，也可使发动机重心接近或位于飞行器重心之前，这就限制了发动机工作时重心的移动，使飞行更容易保持稳定。

　　⑥ 多喷管，当对发动机长度有严格限制时，或者需要发动机提供旋转力矩时，或者需要利用发动机喷管的摆动实现全控制时，一般采用多喷管结构，如图 6.38(f) 所示。

　　⑦ 复合喷管，根据材料，固体火箭发动机的喷管可分为简单喷管和复合喷管两种。简单喷管由单一材料制成，适用于工作时间短的发动机，而复合喷管由多种材料制成，通常以金属材料作为喷管壳体，以耐冲刷或绝热材料作为衬层，具有良好的热防护性能，常被工作时间长

的大、中型发动机采用,如图 6.38(g)所示。

流过固体火箭发动机喷管的工质是固体推进剂燃烧产生的高温燃气,主要通过对流换热、辐射换热和颗粒接触传热等方式实现对喷管的传热,其中以对流换热为主。由传热学知识,对流换热的热流密度为

$$q_{c} = \alpha_{c}(T_{g} - T_{w}) \tag{6.101}$$

其中,α_{c} 为对流换热系数;T_{g} 和 T_{w} 分别为燃气和喷管内壁面的温度。

对于一般的双基推进剂,对流换热系数可以表示成

$$\alpha_{c} = 0.024\ 7\ \frac{\lambda}{\mu^{0.8}} \frac{\dot{m}_{g}^{0.8}}{d^{1.8}} \tag{6.102}$$

其中,λ 为燃气的导热系数;μ 为燃气的动力黏性系数;$\dot{m}_{g}$ 为燃气的质量流量;d 为燃气通道直径。可见,由于喷管喉部尺寸最小,因此对流换热系数最大,热流密度最大。

喷管热防护的作用是保证喷管型面在工作过程中尽可能保持设计要求,尤其是喉部位置,同时,将构件的温度限制在允许的范围内,从而保证足够的强度和刚度。

最简单的喷管热防护措施是采取喉部镶嵌耐烧蚀层,如热解石墨喉衬、钼喉衬、局部喷钨等。对于工作时间很长的大型发动机的喷管,这种复合结构根据喷管不同位置的要求,并考虑各种材料的价格而选择不同的烧蚀层和绝热层,如图 6.39 所示。

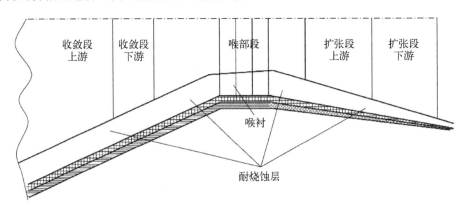

图 6.39　复合喷管结构

喷管的热防护通过选用耐热且耐烧蚀的材料来实现。根据喷管不同部位受热不同,常分段采用不同的热防护材料。如喉部受热最严重,通常采用耐高温和耐烧蚀材料,而喉部上、下游附近受热较严重,而且受到高速燃气的冲刷,通常采用耐烧蚀材料。

喉部热防护为耐热性最好的材料,对于中、小型喷管,常采用石墨、热解石墨、碳/碳复合材料、难熔金属材料(钼、钨及合金材料)作喉衬;对于大型喷管,通常采用碳纤维布/酚醛、石墨纤维布/酚醛、碳/碳复合材料作喉衬。高熔点金属材料、碳基材料和增强塑料等三大类材料通常用作喉衬。耐烧蚀材料既耐高温又抗燃气冲刷,多采用增强塑料材料,包括石墨布/酚醛、碳布/酚醛、高硅氧布/酚醛、玻璃布/酚醛、石棉毡/酚醛等。绝热层材料通常有玻璃布/酚醛、石棉毡/酚醛等。

在设计中,热防护层通常采用上、下两层结构,上层为耐烧蚀层,下层为绝热层。

第7章 燃烧系统工作过程及原理

燃烧室是利用化石燃料的推进系统中重要的能量转换部件,燃料或推进剂的化学能经过化学反应转化为工质的热能,因此,工质一般具有高温高压的特性,这使其做功能力提高。燃烧室的气动热力性能对于推进系统的总体性能具有显著影响。例如,燃烧室出口温度决定了发动机的增温比,增温比越大,发动机的循环有效功越大,进而单位质量流量燃气所产生的推力越大。本章分为5小节,分别对着火、燃烧与火焰传播,燃烧室的组织燃烧方式,航空燃气涡轮发动机燃烧室,冲压发动机燃烧室,火箭发动机燃烧室等内容进行介绍。

7.1 着火、燃烧与火焰传播

燃烧是包括航空燃气涡轮发动机、冲压发动机和火箭发动机在内的多数利用化石燃料的动力推进装置中能量转换的主要方式。本节首先介绍燃烧过程的分类,然后从燃烧波的分析出发,介绍两类基本燃烧模式——缓燃和爆震。

7.1.1 燃烧的分类

燃烧,是指产生热或同时产生光和热的快速氧化反应,也包括只伴随少量热、没有光的慢速氧化反应。因此,燃烧过程通常需要燃料和氧化剂参与,在火箭发动机中有些推进剂既是燃料,又是氧化剂。

燃烧有多种不同的分类方法,按照燃烧前燃料与氧化剂的混合状态不同,可分为扩散燃烧和预混燃烧(包括部分预混燃烧),前者指燃料和氧化剂反应前不掺混,后者指燃料和氧化剂在反应前完全(或者部分)掺混;按照燃烧过程发生的气动热力条件不同,燃烧方式又可以分为等压燃烧、等容燃烧、等温燃烧、等马赫数燃烧等;按照流动状态的特性,燃烧可以分为层流燃烧和湍流燃烧;按照燃烧火焰(包含了主要的化学反应)传播的特性和方式不同,燃烧方式又可分为强烈热分解、爆燃和爆震。

① 热分解——化学反应速度极低,没有明显的火焰传播过程。

② 爆燃(deflagration)——速度为几米每秒至声速,亚声速传播,能量以热传导、辐射的方式传播。

③ 爆震(也称爆轰,detonation)——速度为声速至10 000 m/s,超声速传播,能量以爆轰波的形式传播。

以熟知的几类发动机为例,在双组元液体火箭发动机中,液态的氧化剂和燃料喷射进入推力室,雾化后的液雾以及蒸汽混合后发生化学反应,总体上属于扩散燃烧;在航空燃气涡轮发动机燃烧室中,常见的贫燃预混预蒸发燃烧方式,属于(部分)预混燃烧。由于这些燃烧过程中的压力几乎保持不变,因此都属于等压燃烧。在脉冲爆震发动机中,燃料和空气混合后被点燃,产生爆震波喷出燃烧室,这一过程属于爆震燃烧,由于燃烧过程十分迅速,这一燃烧过程可以近似认为是等容燃烧,燃烧波(爆震波)后的压力急剧增加。

7.1.2　燃烧过程涉及的时间尺度与无量纲数

燃烧过程通常包括流动、传热传质、化学反应等过程,为了便于研究燃烧状态,引入三个特征时间——流动特征时间 t_f、反应特征时间 t_c、扩散特征时间 t_d。流动特征时间的定义是燃烧装置特征尺度与流动特征速度之比,如式(7.1a)所示。反应特征时间的物理意义是工质温升所需的吸热量与化学反应放热速率的比,如式(7.1b)所示。而扩散特征时间的物理意义是燃烧装置特征尺度的平方与扩散系数的比,式(7.1c)所示。

$$t_f = \frac{L}{V_0} \tag{7.1a}$$

$$t_c = \frac{\rho c_p (T_f - T_\infty)}{w_f Q_f} \tag{7.1b}$$

$$t_d = \frac{L^2}{D} \tag{7.1c}$$

定义流动特征时间与反应特征时间的比为邓克尔(Damköhler)第一准则数,即

$$D_{\mathrm{I}} = \frac{t_f}{t_c} \tag{7.2}$$

D_{I} 把流动分为冻结流动和平衡流动,具体来讲,若 $D_{\mathrm{I}} \ll 1$,即系统的流动速度很快,化学反应相对进行得非常缓慢,可以忽略,这种流动称为冻结流动;若 $D_{\mathrm{I}} \gg 1$,即化学反应速率很快,系统很快达到平衡,而流动速度相对缓慢,这种流动称为平衡流动。然而,对于大多数燃烧过程,通常处于这两种极限情况之间,即 $D_{\mathrm{I}} = 1 \sim 10$,需要考虑有限的反应速率。

讨论邓克尔(Damköhler)第二准则数,其定义为扩散特征时间与反应特征时间之比,即

$$D_{\mathrm{II}} = \frac{t_d}{t_c} \tag{7.3}$$

D_{II} 把燃烧分为动力燃烧和扩散燃烧两种类型。当 $D_{\mathrm{II}} \ll 1$ 时,即燃烧过程中扩散很快,而反应很慢,燃烧速度由反应动力学控制,这种燃烧过程称为动力燃烧;当 $D_{\mathrm{II}} \gg 1$ 时,即反应很快,而扩散很慢,燃烧速度由扩散过程控制,这种燃烧过程称为扩散燃烧。预混燃烧是由扩散和反应动力学共同控制的燃烧,称为扩散-动力燃烧,$D_{\mathrm{II}} = 1 \sim 20$。

7.1.3　绝热燃烧温度

绝热燃烧温度有两种类型,定压绝热燃烧温度和定容绝热燃烧温度。当燃料和空气的混合物在定压条件下绝热燃烧,反应物在初态的绝对焓等于产物在终态的绝对焓,即 $h_{\mathrm{reac}}(T_{\mathrm{init}}, p) = h_{\mathrm{prod}}(T_{\mathrm{ad}}, p)$,由此,便定义了定压绝热燃烧温度。如果将定压绝热燃烧温度求解式中的焓用内能代替,即可求出定容绝热燃烧温度。考虑到大多数热力学计算中给出的是焓而不是内能,因此,定容绝热燃烧温度的计算式通常表示为如下形式:

$$h_{\text{reac}} - h_{\text{prod}} - R_u \left(\frac{T_{\text{init}}}{M_{\text{reac}}} - \frac{T_{\text{ad}}}{M_{\text{prod}}} \right) = 0 \tag{7.4}$$

其中,R_u 表示通用气体常量;M_{reac}、M_{prod} 分别表示反应物和产物的相对分子质量。若燃料未完全反应,则绝热火焰温度的求解还需考虑化学平衡的相关知识。

在相同的初始条件下,定容绝热燃烧温度高于定压绝热燃烧温度,这是容积固定以后,压力不做功的必然结果。

燃烧后,反应物温度再次降到反应开始前的温度时,释放出的热量称为生成热,其计算式如下:

$$h_{\text{PR}} = (h_{\text{R}})_{298} - (h_{\text{P}})_{298} = \sum (n_i)^R (\Delta h_{f,i}^0)_{298} - \sum (n_i)^P (\Delta h_{f,i}^0)_{298} \tag{7.5}$$

7.1.4　火焰传播

火焰只占可燃混合物的一小部分,即火焰是局部的。此外,只有以亚声速传播的局部燃烧区域是火焰,燃烧波以亚声速传播时称为缓燃波,以超声速传播时称为爆震波。

火焰是燃烧理论的重要研究内容,而层流预混火焰是人们最早研究的同时考虑输运现象和化学反应动力学的燃烧问题,对于其他火焰问题的研究也都基于层流预混火焰结构的理解。本节从火焰特征、火焰速度以及火焰速度的测量等方面对层流预混火焰进行介绍。

图 7.1 给出了典型层流预混火焰剖面的温度分布和基本特征。可见,火焰可以分成两个区域:预热区和反应区。在预热区几乎没有热量释放出来,而在反应区放出大量的热量。常压下,火焰的厚度很小,只有毫米量级。如图 7.1 所示的火焰结构,反应区还可以划分为两个阶段,一个是快速反应区,常压下这个区范围非常窄,典型厚度小于 1 mm,却存在着很大的温度梯度和组分浓度梯度,这些梯度为火焰自维持提供驱动力;紧随其后的是较宽的慢速反应区,在常压下,慢速反应区的宽度可达几毫米,该区的反应速度明显小于快速反应区。

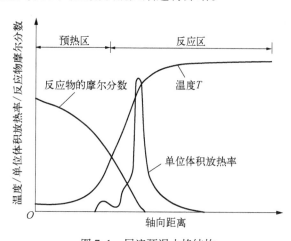

图 7.1　层流预混火焰结构

烃类燃烧的火焰还有一个典型特征——可见辐射。当空气过量时,快速反应区呈现蓝色,蓝色辐射源自高温区域被激活的 CH 自由基。当空气减小到小于化学恰当比所需的量时,快速反应区呈现蓝绿色,这源于被激活的 C_2 辐射。若继续减少氧气的量,碳烟便会生成,形成黑体辐射,人眼感受到的是从亮黄到暗橘色光,颜色取决于火焰的温度。

若要分析火焰的传播,首先需要确定坐标系。火焰是可以自由传播的,因此,可以将坐标系固连在燃烧波上,则未燃混合物以一定的速度向燃烧波移动,这个速度就是层流火焰速度 S_L。层流火焰速度 S_L 是一个标量,它与火焰传播速度 S(矢量)和流场速度 U(矢量)之间满足如下关系:

$$S_L = (S - U) \cdot n \tag{7.6}$$

其中,n 是火焰面指向未燃预混气体的单位法向量。

层流火焰速度测量有两种基本方法:稳态火焰法,例如,本生灯火焰、对冲火焰等;非稳态火焰法,例如,肥皂泡法、球形传播火焰(定压或定容)等。

上述条件都是在流动为层流时讨论的,如果流动的雷诺数提高,即变成湍流,这时候火焰的传播可能由于湍流的作用而得以强化。但也要注意到,湍流效应非常强时,不仅不会促进火焰的传播,可能还会使火焰熄灭,如湍流涡团把本来维持化学反应的热输运到远离火焰的区域。当湍流脉动速度强于层流火焰传播速度时,火焰也会被吹熄。

关于湍流与火焰的相互作用,仍然没有普适的结论,请读者阅读相关专业书籍或者文献报道。

7.1.5　着火与熄火

1. 准则

着火和熄火是瞬态过程,为分析方便,这里仅研究极限性质,即着火和熄火的条件,而忽略非稳态过程的细节,读者可阅读燃烧学书籍。熄火的途径有很多,例如,通过狭窄通道火焰就会熄火,又如增加稀释剂和抑制剂等。

威廉姆斯(Williams)提出了确定着火和熄火的两个基本准则。

① 准则1——仅当可燃气体中加入足够多的能量,使得与稳定传播的层流火焰厚度相类似的一层气体的温度升高到绝热火焰温度时,才能点燃。

② 准则2——板形区域内化学反应的放热速率必须近似平衡于通过热传导方式从这个区域散热的速率。

准则2可用于冷壁熄火问题。

对于燃烧过程的研究通常可以分为两个阶段,第一个阶段是着火过程,第二个阶段是着火后的燃烬过程,因此,研究着火过程具有重要意义。

电火花点火在推进领域具有广泛的应用,其具有安全系数高、方便可靠等优点。对于电火花点火,一个关键的概念是最小点火能量。为了方便读者理解,下面用一个简单模型对电火花点火进行分析。

球形体内的气体运用 Williams 准则2,就相当于用电火花引燃的初始火焰传播过程。引入临界半径的概念,其物理意义是:若实际半径小于临界半径,火焰就不会传播。假设由电火花提供的最小点火能量等于临界体积内的气体从最初的状态升至火焰温度所需要的热量。首先需要确定临界半径 R_{crit},令燃烧释热速率与系统和外界的导热速率相等,如图 7.2 所示,即

$$\dot{Q}'V = \dot{Q}_{cond} \tag{7.7}$$

再根据边界条件,可确定球形体外的温度分布,从而可以得到在球形体边界的冷气中的温度梯度,即

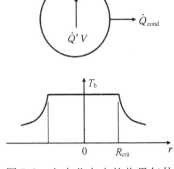

图 7.2　电火花点火的临界气体体积

$$\frac{\mathrm{d}T}{\mathrm{d}r}\Big|_{R_{\mathrm{crit}}} = -\frac{T_{\mathrm{b}} - T_{\mathrm{u}}}{R_{\mathrm{crit}}} \tag{7.8}$$

将式(7.8)代入式(7.7),即可得到临界半径的计算公式。在获得临界半径之后,便可进一步计算最小点火能量 E_{ign},假定电火花加入的能量刚好把临界体积中的气体加热到已燃气体温度,据此,可以计算出 E_{ign},即

$$E_{\mathrm{ign}} = m_{\mathrm{crit}} c_p (T_{\mathrm{b}} - T_{\mathrm{u}}) \tag{7.9}$$

考虑到 $m_{\mathrm{crit}} = 4\pi \rho_{\mathrm{b}} R_{\mathrm{crit}}^3 / 3$,并用理想气体状态方程消去 ρ_{b},最终得

$$E_{\mathrm{ign}} = 61.6 P \left(\frac{c_p}{R_{\mathrm{b}}}\right) \left(\frac{T_{\mathrm{b}} - T_{\mathrm{u}}}{T_{\mathrm{b}}}\right) \left(\frac{\alpha}{S_{\mathrm{L}}}\right)^3 \tag{7.10}$$

根据前面对熄火的介绍可知,火焰稳定的基本出发点就是避免回火和火焰推举。回火,是指当火焰进入燃烧器管中和喷口内继续传播而不熄灭的现象,本质是局部层流火焰速度大于局部气流速度。火焰推举指火焰与燃烧器管子或喷口不接触,而是稳定在离喷口一定距离的位置,本质是局部层流火焰速度小于局部气流速度。

以固体火箭发动机为例,简单介绍推进系统中的熄火过程。一种方法是打开反向喷管,燃烧室压力随之降低。一方面,压降造成燃气的密度减小,火焰与推进剂之间的距离增大,从而从火焰区传向推进剂的热流密度减小;另一方面,压降使得气相反应速率下降,从而气相反应区增厚,温度梯度减小。在上述两个因素的共同作用下,当压降达到一定程度便会熄火。另一种强迫熄火的方法是喷射阻燃剂。

在实际工程中,稳定火焰的措施主要基于两点考虑:一是提高火焰传播速度,二是增加燃料驻留时间。例如,利用小型点火火焰稳定主火焰,利用局部回流区稳定火焰,利用不良流线体稳定火焰,利用等离子体稳定高速气流中的火焰等。

2. 均匀着火模型

化学动力学理论能够给出化学反应的速率和反应机理,并反映压强、温度、催化剂、溶剂、光照等外界因素对反应速率的影响。这里介绍均匀着火模型,即良好搅拌器着火理论模型,又称为谢苗诺夫着火模型。

对于一个封闭的化学热力学系统,假定反应系统给的压力不变,则认为该系统为一个"均压反应器",即各种反应物已经充分混合,系统内温度处处均匀,描述该反应器的方程为

$$\frac{\mathrm{d}n_i}{\mathrm{d}t} = f_i(n_k, T), \quad i, k = 1, \cdots, \mathrm{NS} \tag{7.11}$$

其中, $f_i(n_k, T) = -\rho^{-1} \sum_{j=1}^{\mathrm{JJ}} (\alpha'_{ij} - \alpha''_{ij})(R_j - R_{-j})$。 α'_{ij}、α''_{ij} 表示反应 j 中组分 i 的化学当量系数, α'_{ij} 代表反应物, α''_{ij} 代表生成物。

$$\rho = \frac{p}{R T n_{\mathrm{m}}}, \quad n_{\mathrm{m}} = \sum_{i=1}^{\mathrm{NS}} n_i \tag{7.12}$$

R_j 为修正的阿伦尼乌斯(Arrhenius)反应速率,对第 j 个反应,它的正反应速率为

$$R_j = k_j \prod_{k=1}^{NS} (\rho n_k)^{\alpha'_{kj}} \tag{7.13}$$

逆反应速率为

$$R_{-j} = k_{-j} \prod_{k=1}^{NS} (\rho n_k)^{\alpha''_{kj}} \tag{7.14}$$

k_j 为反应动力学常数,对于正反应为

$$k_j = A_j T^{B_j} \exp\left(\frac{-E_j}{RT}\right) \tag{7.15}$$

对于逆反应为

$$k_{-j} = A_{-j} T^{B_{-j}} \exp\left(\frac{-E_{-j}}{RT}\right) \tag{7.16}$$

一般根据如下关系式计算逆反应的动力学常数:

$$k_{-j} = k_j \frac{\prod_{k=1}^{NS} (\rho n_k)^{\alpha'_{kj}}}{\prod_{k=1}^{NS} (\rho n_k)^{\alpha'_{kj}}} = k_j \frac{(RT)^{\sum_{i=1}^{NS} (\alpha''_{ij} - \alpha'_{ij})}}{K_{pj}} \tag{7.17}$$

K_{pj} 是第 j 个反应的平衡常数:

$$K_{pj} = \exp\left[\sum_{i=1}^{NS} (\alpha'_{ij} - \alpha''_{ij}) \frac{g_i^0}{RT}\right] = \prod_i^{NS} \left(\frac{p_i}{p_0}\right)^{(\alpha''_{ij} - \alpha'_{ij})} \tag{7.18}$$

其中, g_i^0 是 Gibbs 函数,与温度有关; p_i 是 i 组分的分压; p_0 是参考大气压。

对于组分 i,组分的净生成率为

$$\frac{\mathrm{d} n_i}{\mathrm{d} t} = f_i(n_k, T), \quad i, k = 1, \cdots, NS \tag{7.19}$$

$$f_i = Q_i - D_i \tag{7.20}$$

生成率为

$$Q_i = \rho^{-1} \sum_{j=1}^{JJ} (\alpha'_{ij} R_{-j} + \alpha''_{ij} R_j) \tag{7.21}$$

消耗率为

$$D_i = \rho^{-1} \sum_{j=1}^{JJ} (\alpha'_{ij} R_j + \alpha''_{ij} R_{-j}) \tag{7.22}$$

采用上述模型对均匀反应器的化学反应过程进行计算和分析,这样可以得到温度、反应物以及产物的浓度。

需要注意的是,上述过程不考虑流动的影响。以氢气和空气混合物为例,采用均匀反

应器模型进行分析。图 7.3 给出了反应物在一定条件下(通常初始温度比较高)的化学反应过程,这一反应系统的反应过程包括:感应区、释热区、平衡区。

① 感应区。在感应区,中间产物或链式产物 O、H、OH、HO$_2$、H$_2$O$_2$ 等浓度从 0 增加几个数量级,生成项 Q_i 比消耗项 D_i 大,通常是等温绝热区。当中间产物的浓度达到临界值时,反应迅速进行,可感知能量的释放过程开始。感应区通常在温度急剧上升时结束。

② 释热区。在释热区温度和组分摩尔数迅速变化;此时组分和能量方程强耦合;当反应中间产物的峰值消失后,释热区结束,如图 7.3 所示,大约在 $1×10^{-5}$ s 处。

③ 平衡区。当所有组分的摩尔数开始以指数衰减并达到平衡值时,这个区域称为平衡区。平衡区的结束没有明确的定义,但是可以用 Gibbs 函数最小值方法确定平衡温度和组分浓度的值。平衡区的结束可以定义在组分摩尔数和温度达到与化学平衡值相差 1%时。

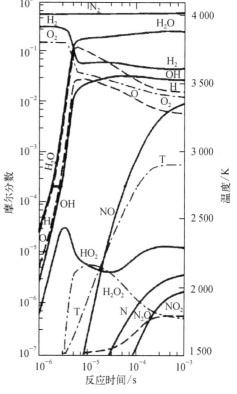

图 7.3　均匀混合反应过程

≫≫ 7.1.6　一维燃烧波分析

化学反应区常称为燃烧波,在可燃气体中向未燃气体方向传播,传播的快慢即为火焰传播速度。缓慢移动或者传播的燃烧波称为缓燃波,主要依靠热传导和对流将热量传递给未燃气体,逐步向未燃气体推进。缓燃波的速度低,通常为几米每秒的量级。以超声速移动或传播的燃烧波称为爆震波。与缓燃波不同,爆震波依靠激波压缩作用使未燃气体温度迅速升高,发生化学反应,并迅速向未燃气体传播。爆震波的传播速度很高,可达当地声速的 5~10 倍。缓燃波与爆震波的特征参数对比见表 7.1。

表 7.1　缓燃波与爆震波的参数对比

特征参数	爆　震	激　波	缓　燃
V_u/c_u	5~10	5	0.000 1~0.03
V_b/c_b	1.0	0.42	0.003
V_b/V_u	0.4~0.7	0.2	4~6
p_b/p_u	13~55	29	0.98~0.976
T_b/T_u	8~21	5.8	4~16
ρ_b/ρ_u	1.4~2.6	5.0	0.06~0.25

下面通过对一维定常燃烧波的分析,进一步讨论缓燃波与爆震波的异同。考虑如图 7.4

所示的装有预混可燃混气的无限长管道,采用与燃烧波固连的坐标系,则未燃气体以速度 V_1 向燃烧波运动,燃烧产物以速度 V_2 远离燃烧波。

图 7.4　一维燃烧波示意图

假定燃烧前后气体的比定压热容 c_p 不变,气体与管壁无摩擦,无热量交换,对于一维定常燃烧波可以列出以下守恒方程。

质量守恒方程为

$$\rho_1 V_1 = \rho_2 V_2 = \frac{\dot{m}}{A} \tag{7.23}$$

动量守恒方程为

$$p_1 + \rho_1 V_1^2 = p_2 + \rho_2 V_2^2 \tag{7.24}$$

能量守恒方程为

$$h_1 + \frac{V_1^2}{2} = h_2 + \frac{V_2^2}{2} \tag{7.25}$$

考虑如下状态方程:

$$p = \rho R T \tag{7.26}$$

联立质量守恒方程(7.23)和动量守恒方程(7.24),可得

$$\frac{p_2 - p_1}{1/\rho_2 - 1/\rho_1} = -\rho_1^2 V_1^2 = -\rho_2^2 V_2^2 \tag{7.27}$$

式(7.27)给出了燃烧前后气体的压力和密度与质量通量 $\dot{m}/A$ 之间的关系,它在 $p-v$ 图上是一条直线,斜率就是质量通量。在不同的质量通量下,式(7.27)定义了一簇直线,称为瑞利(Rayleigh)线。

用 q 表示燃烧放热量,则能量守恒方程(7.25)可以写为

$$c_p T_1 + \frac{V_1^2}{2} + q = c_p T_2 + \frac{V_2^2}{2} \tag{7.28}$$

联立式(7.26)、式(7.27)和式(7.28),可得

$$\frac{\gamma}{\gamma - 1}\left(\frac{p_2}{\rho_2} - \frac{p_1}{\rho_1}\right) - \frac{1}{2}(p_2 - p_1)\left(\frac{1}{\rho_1} + \frac{1}{\rho_2}\right) = q \tag{7.29}$$

式(7.29)给出了燃烧前后气体参数与燃烧放热量的关系,它在 $p-v$ 图上是一条双曲线,

当 q 取不同值时,式(7.29)定义了一簇曲线,称为于戈尼奥(Hugoniot)线。

以上推导对于缓燃波和爆震波均适用。在 $p-v$ 图上,从可燃气体的初始状态点 C 出发,可以作出不同质量流量和燃烧释热量对应的 Rayleigh 线和 Hugoniot 线。通过 C 点分别画两条坐标轴的平行线,可将 $p-v$ 平面分成四个区,如图 7.5 所示,由于 Rayleigh 线的斜率为负,因此火焰传播只可能发生在第二、四象限。因为在第二象限内,燃烧波后参数 ρ_2 和 p_2 大于波前参数 ρ_1 和 p_1,根据式(7.29)可得,在该区火焰传播速度 V_1 大于声速,因此,爆震波应在该区。在第四象限内,p_2 小于 p_1,ρ_2 小于 ρ_1,可见该区是膨胀区,由式(7.29)可得,该区的火焰传播速度小于声速,缓燃波应在该区内。

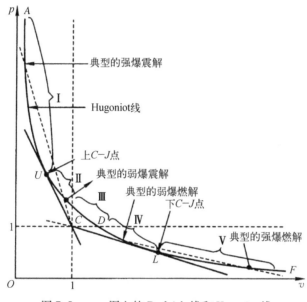

图 7.5　$p-v$ 图上的 Rayleigh 线和 Hugoniot 线

可燃气体的初始状态确定后,燃烧波后的状态需要同时满足 Rayleigh 线和 Hugoniot 线,即两条线的交点才是燃烧波后的状态参数。下面分别讨论 Hugoniot 线各段和关键点的物理意义。

① $C-J$ 点。如图 7.5 所示,经过 C 点的 Rayleigh 线和 Hugoniot 线在第二象限相切于一点 U,该点就是上 $C-J$ 点,在第四象限相切于一点 L,该点称为下 $C-J$ 点。根据两线相切的条件可得,在 $C-J$ 点处,$V_2^2 = \gamma p_2/\rho_2 = a_2^2$,即 $Ma_2 = V_2/a_2 = 1$,可见,在 $C-J$ 点处,燃烧波(爆震波)速度等于声速。

上 $C-J$ 点给定了爆震波速度的最小值,下 $C-J$ 点给定了最大的爆燃速度。

② 爆震区。如前文所述,第二象限对应的燃烧波为爆震波,该区域也称为爆震区,其中,曲线段 I 对应区域(U 点以上)称为强爆震区,曲线段 II 对应区域(U 点以下)称为弱爆震区。I 区域已燃气体的压力大于 $C-J$ 爆震波处的压力,穿过爆震波后,气流速度将由超声速降到亚声速,同时压力和密度明显增大。II 区域已燃气体的压力小于 $C-J$ 爆震波处的压力,燃气相对于 $C-J$ 爆震波的速度增加。

③ 缓燃区。第四象限对应缓燃区,其中曲线段 IV 对应区域(L 点以上)称为弱缓燃区,在该区域压力稍有降低,属于等压燃烧。曲线段 V 对应区域(L 点以下)称为强缓燃区,穿

过强缓燃波,气流速度由亚声速加速到超声速。在实验中从未观测到强缓燃波,通常认为不能发生。

曲线段Ⅲ处于第一象限,没有物理意义。当燃烧加热量 $q = 0$ 时,Hugoniot 线通过 C 点,此时燃烧波就是激波。

7.2　燃烧室的组织燃烧方式

不同的燃烧过程,需要采用不同的燃烧组织方式,其对于燃烧室的性能十分重要。燃烧组织的方式主要有等压燃烧、等截面(等容)燃烧、等马赫数燃烧、等温燃烧。将燃料燃烧视为外界对气体的加热过程,并假定气体为完全气体,比定压热容和比热比为常数,下面将以一维定常、无摩擦、与外界无质量和功交换的流动模型来对各类燃烧组织方式进行分析,微分型方程简化如下:

$$\frac{\mathrm{d}Ma}{Ma} = -\frac{\varGamma}{1 - Ma^2}\frac{\mathrm{d}A}{A} + \frac{1 + \gamma Ma^2}{2(1 - Ma^2)}\varGamma\frac{\mathrm{d}T_\mathrm{t}}{T_\mathrm{t}} \tag{7.30}$$

$$\frac{\mathrm{d}p}{p} = \frac{\gamma Ma^2}{1 - Ma^2}\frac{\mathrm{d}A}{A} - \frac{\gamma Ma^2}{1 - Ma^2}\varGamma\frac{\mathrm{d}T_\mathrm{t}}{T_\mathrm{t}} \tag{7.31}$$

$$\frac{\mathrm{d}\rho}{\rho} = \frac{Ma^2}{1 - Ma^2}\frac{\mathrm{d}A}{A} - \frac{\varGamma}{1 - Ma^2}\frac{\mathrm{d}T_\mathrm{t}}{T_\mathrm{t}} \tag{7.32}$$

$$\frac{\mathrm{d}T}{T} = \frac{(\gamma - 1)Ma^2}{1 - Ma^2}\frac{\mathrm{d}A}{A} + \frac{(1 - \gamma Ma^2)}{1 - Ma^2}\varGamma\frac{\mathrm{d}T_\mathrm{t}}{T_\mathrm{t}} \tag{7.33}$$

$$\frac{\mathrm{d}V}{V} = -\frac{1}{1 - Ma^2}\frac{\mathrm{d}A}{A} + \frac{\varGamma}{1 - Ma^2}\frac{\mathrm{d}T_\mathrm{t}}{T_\mathrm{t}} \tag{7.34}$$

$$\frac{\mathrm{d}p_\mathrm{t}}{p_\mathrm{t}} = -\frac{1}{2}\gamma Ma^2\frac{\mathrm{d}T_\mathrm{t}}{T_\mathrm{t}} \tag{7.35}$$

$$\frac{\mathrm{d}s}{c_p} = \varGamma\frac{\mathrm{d}T_\mathrm{t}}{T_\mathrm{t}} \tag{7.36}$$

其中, $\varGamma = 1 + (\gamma - 1)Ma^2/2$。 如果给定总温的变化规律和燃烧组织方式,则可以根据式(7.30)~式(7.36)求解燃烧过程中其他参数的变化。

7.2.1　等压燃烧

等压燃烧在航空航天领域有着广泛的应用。等压燃烧是指在燃烧过程中燃烧室内压力保持不变的燃烧方式,目前,航空燃气涡轮发动机、火箭发动机、冲压发动机等均采用等压燃烧方式。

由等压条件可得, $dp/p = 0$, 代入式(7.31), 得到截面积的变化规律为

$$\frac{dA}{A} = \Gamma \frac{dT_t}{T_t} \tag{7.37}$$

将式(7.37)代入式(7.36), 得

$$\frac{dV}{V} = 0 \tag{7.38}$$

即等压燃烧过程中气流速度不变。根据式(7.33)和式(7.37), 可得

$$\frac{dT}{T} = \Gamma \frac{dT_t}{T_t} \tag{7.39}$$

即超声速等压加热过程中, 气流静温增加, 从而声速增加, 但同时速度不变, 所以马赫数减小。

对于等压燃烧过程, 由式(7.35)可知, 总压损失的大小与马赫数的平方成反比, 因此, 为减小燃烧过程带来的总压损失, 应当尽可能地减小马赫数。

7.2.2　等截面燃烧

等截面燃烧是指在燃烧过程中, 燃烧室的截面积大小不变。等截面燃烧又称为等容燃烧过程, 爆震可视为近似等容燃烧过程。

根据等截面假设, 有 $dA/A = 0$, 代入式(7.30), 可得

$$\frac{dMa}{Ma} = \frac{1 + \gamma Ma^2}{2(1 - Ma^2)} \Gamma \frac{dT_t}{T_t} \tag{7.40}$$

由式(7.40)可知, 对于 $Ma > 1$ 的超声速等截面燃烧过程, 马赫数逐渐减小, 然而超声速燃烧要求燃烧过程中马赫数始终保持大于 1.0, 否则出现热壅塞, 这就可能限制加热量, 从而影响发动机性能。因此, 对于燃烧室入口马赫数较低或者马赫数下降到接近 1.0 的情形, 应采用其他形式的燃烧方式, 如等马赫数燃烧等。

等截面燃烧过程的能量方程可写为如下形式:

$$c_p T_i + \frac{V_i^2}{2} + \frac{\dot{Q}}{\dot{m}} = c_p T_{ti} \left(1 + \frac{\dot{Q}}{\dot{m} c_p T_{ti}}\right) = c_p T_e + \frac{V_e^2}{2} = c_p T_{te} \tag{7.41}$$

或者

$$\frac{T_{te}}{T_{ti}} = \frac{c_p T_e}{c_p T_{ti}} + \frac{V_e^2}{2 c_p T_{ti}} = 1 + \frac{\dot{Q}}{\dot{m} c_p T_{ti}} = \tau_e \geq 1 \tag{7.42}$$

式(7.42)中 τ_e 也称为总温比, 它是表征增能多少(即燃烧释热)的一个重要指标。燃烧过程中的增能就是燃料燃烧的释热, 燃烧越充分, 增能越多, 增能比越大。

根据动量方程和能量方程,可得出口速度为

$$\frac{V_e^2}{2c_p T_{ti}} = \left[\frac{\gamma \Phi_i}{(\gamma + 1)\sqrt{2}} \pm \sqrt{\frac{1}{2}\left(\frac{\gamma \Phi_i}{\gamma + 1}\right)^2 - \tau_e\left(\frac{\gamma - 1}{\gamma + 1}\right)} \right]^2 \tag{7.43}$$

其中,Φ 表示无量纲的流推力函数。由式(7.43)可见,出口速度对应两个根,正根代表超声速解,负根代表亚声速解。

由出口速度可以得到出口温度为

$$\frac{c_p T_{te}}{c_p T_{ti}} = \tau_e - \frac{V_e^2}{2c_p T_{ti}} \tag{7.44}$$

7.2.3　等马赫数燃烧

等马赫数燃烧是指燃料在燃烧过程中燃烧室内马赫数保持不变的燃烧方式。由等马赫数的条件可得,$dMa/Ma = 0$,代入式(7.30)得

$$\frac{dA}{A} = \frac{1 + \gamma Ma^2}{2} \frac{dT_t}{T_t} \tag{7.45}$$

据此可知,为保持等马赫数燃烧,燃烧器的截面积需不断扩大。由式(7.34)和式(7.45)可得

$$\frac{dV}{V} = \frac{1}{2} \frac{dT_t}{T_t} \tag{7.46}$$

由此可见,等马赫数燃烧时,气流的速度不断增加,从而静温也不断增加。如果静温超出一定的限制值,则燃烧室内将发生燃料裂解反应,从而导致损失急剧增加,同时结构的热负荷增大。这时,可采用等静温燃烧方式。

7.2.4　等静温燃烧

等静温燃烧方式即燃烧过程中静温保持不变,从而有 $dT/T = 0$,代入式(7.33),可得

$$\frac{dA}{A} = \frac{\gamma Ma^2 - 1}{(\gamma - 1)Ma^2} \Gamma \frac{dT_t}{T_t} \tag{7.47}$$

由式(7.47)可见,为保持等静温燃烧方式,同样需要燃烧器的截面积不断扩大。由式(7.34)和式(7.47)可得

$$\frac{dV}{V} = \frac{\Gamma}{(\gamma - 1)Ma^2} \frac{dT_t}{T_t} \tag{7.48}$$

可见,等静温燃烧过程中气流的速度不断增加,同时,静温不变意味着声速不变,从而气流的马赫数也不断增加。因此,与等马赫数燃烧相比,等静温燃烧时,总压损失较大。

　　燃烧室是航空燃气涡轮发动机的核心部件之一,其工作过程直接影响着发动机的可靠性和经济性,同时,燃烧室的启动点火性能还决定着飞行器的起飞性能。对于军用发动机,为了实现快速机动和超声速巡航,需要在短时间内大幅提升推力,因此通常在涡轮与喷管之间还设置有加力燃烧室。

　　主燃烧室和加力燃烧室都是航空发动机内能量转换的重要场所,它们的作用都是使上游流入的高压气流与喷入的燃料混合燃烧,将燃料的化学能转化为燃气的内能,提高燃气膨胀做功的能力,并在充分燃烧的同时保证最小的压力损失和最高的燃烧效率。

7.3.1　结构与分类

　　从功能实现角度考虑,航空燃气涡轮发动机燃烧室包括机匣、扩压器、帽罩、旋流器、喷嘴、火焰筒、点火器等主要部件,图 7.6 给出了航空燃气涡轮发动机短环形燃烧室的典型结构示意图。

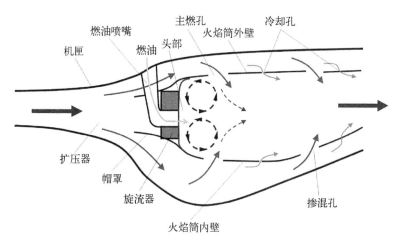

图 7.6　航空发动机短环形燃烧室的典型结构

　　机匣的作用主要有两个,一是构成燃烧室组件的承力框架,二是机匣内壁是燃烧室流道的重要组成部分。扩压器位于火焰筒头部之前,其主要作用是使流入燃烧室的高压空气进一步减速增压,有助于燃烧过程的组织。旋流器利用气流旋转产生的低压区,造成部分气流回流,从而强化稳定燃烧过程。喷嘴的作用是使喷入的燃油充分雾化,并形成一定的空间分布。帽罩位于火焰筒头部,主要作用是防止气流分股时产生流动分离,以减小流动损失。火焰筒是燃烧室的承温部件,如图 7.6 所示,其上开有各种不同尺寸和不同数量的小孔,使进入燃烧室的空气从不同位置按照不同流量进入火焰筒,从而实现燃烧室流动和燃烧过程的有效组织,并保证了火焰筒的冷却要求。

　　航空发动机的燃烧室主要有三种结构形式,如图 7.7 所示,即单管燃烧室、环管燃烧室和环形燃烧室。三种结构形式的优缺点如表 7.2 所示。在工程实践中具体选用何种形式,主要从两个方面考虑,一是发动机的性能要求,二是发动机结构空间的限制。由于环形燃烧室具有结构紧凑、质量轻、迎风面积小、压力损失低、火焰停留时间短从而有利于降低 NOx 排放等优点，目前是航空发动机燃烧室的主流结构形式。

图 7.7　航空发动机燃烧室三种基本结构形式

表 7.2　三种航空发动机燃烧室结构形式的优缺点

结构形式	单管燃烧室	环管燃烧室	环形燃烧室
结构特点	各个火焰筒有单独的外壳，它们共同组成一个单管，每个单管燃烧室之间通过联焰管传播火焰	有多个单独的火焰筒共用内、外环形机匣，火焰筒间通过联焰管传播火焰	火焰筒及机匣都是同心环形结构，无需联焰管
主要优点	调试用气量少，费用低；单个喷嘴与气流容易匹配；燃烧室强度和刚性好；拆装维护方便	研制过程中，调节用气量相对较少；供油与供气匹配容易；迎风面积小；压力损失较单管燃烧室低；强度和刚性好	结构紧凑、质量轻；迎风面积小；容易与压气机流场匹配设计，压力损失小；出口温度分布相对均匀；无需联焰管，点火起动性能好
主要缺点	体积大、质量大；迎风面积大，空间利用率低；需要联焰管，空中点火启动性能差；压力损失大；很难得到均匀的出口温度分布	扩压器设计难度大；需要联焰管，点火性能仍然较差；结构不如环形燃烧室紧凑；出口温度分布不够均匀	研制过程中调节用气量大；供油和供气匹配困难；火焰筒刚性差，容易变形；拆装维护难度大

除了上述三种常用的燃烧室结构形式，考虑到某些特殊的场合和用途，还有折流燃烧室、回流燃烧室、双环腔燃烧室、分级燃烧室等结构形式，如图 7.8 所示。回流燃烧室常用于带离心压气机的小型涡轴发动机中，从压气机流出的空气进入燃烧室后经过两次 180° 的转折后流入涡轮，因此，在燃烧室中的一段区域内，工质的流动方向与压气机中空气的流向相反，故而称为回流燃烧室。折流燃烧室采用甩油盘供油，无需太高压力，燃油的雾化细度仅与转速有关。此类燃烧室的径向尺寸偏大，往往与离心压气机组合使用。双环腔燃烧室的头部设计成两个环腔，如图 7.8(c) 所示，每个环腔都有均布的喷嘴，低工况时，仅外环腔供油，高工况时，双环腔同时供油，具体启动供油喷嘴的数量由控制系统根据推力需求和飞行状态确定。分级燃烧是指，燃料在燃烧进程的不同阶段供入，分别与空气或前一级的高温富氧燃气混合燃烧的一种组织燃烧方式，分级燃烧室是实现分级燃烧过程的燃烧室构型。采用双环腔燃烧室和分级燃烧室都是为了减小污染物排放，且能改善发动机的起动性能和空中再点火能力。

（a）回流燃烧室　　　　　　　　　　　　　（b）折流燃烧室

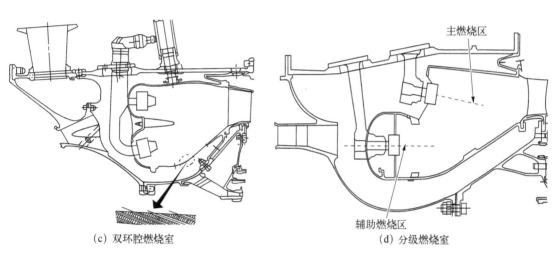

（c）双环腔燃烧室　　　　　　　　　　　　（d）分级燃烧室

图 7.8　几种不同的燃烧室结构形式

7.3.2　工作过程

为了满足飞行器对发动机的基本要求——大推力、小迎风面积,在发动机设计时,需要尽可能在大空气流量条件下,减小流动通道截面积,这样使得燃烧室内气流速度大。目前,燃烧室内气流平均速度一般为 40~60 m/s(远大于自然界中台风中心 30 m/s 的最大速度)。因此,燃烧室稳定可靠工作面临的第一个难题便是如何在高速气流中稳定燃烧。根据第 4 章的热力循环分析可知,燃烧室出口温度越高,发动机的总体性能越好。目前,最先进的航空发动机燃烧室出口温度已超过 2 000 K,燃烧区的气体温度已远远超过金属壁面的耐温极限,有人形象地称发动机燃烧室为"纸包火"。这也是燃烧室稳定可靠工作面临的第二个难题,即如何在稳定燃烧的同时冷却壁面。

1. 流动组织

为了保证燃料与空气在燃烧室内稳定高效燃烧,需要合理组织燃烧室内的流场。主要采取了三个方面的措施:① 采用扩压器结构,使进入燃烧区的气流速度从压气机出口的 120~180 m/s 降到 40~60 m/s,同时减小气流的压力损失;② 采用气流分股的办法,既保证了燃烧区的可燃性,提高燃烧区温度,又使得一部分空气用于掺混和冷却,保证燃烧室出口温度分布

均匀和火焰筒壁面不被烧坏;③ 通过流
动方式实现火焰稳定,即通过燃烧室结构
设计,使得燃烧区内形成一个特定的流场
结构,如回流区,为火焰稳定创造适宜
条件。

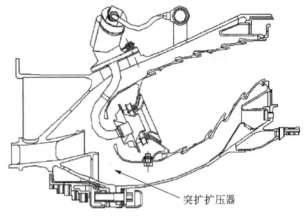

　　扩压器的作用主要是降低进入燃烧
室的气流速度,对其基本要求是总压损失
尽可能小,扩压器压力损失占燃烧室总损
失的 15% ~ 30%。图 7.9 给出了某环形
燃烧室的结构示意图,其扩压器为突扩扩
压器,对于这种类型的扩压器,其总压恢
复系数是入口雷诺数和马赫数的函数。

图 7.9　采用突扩扩压器设计的主燃烧室

当雷诺数在 $5\times10^5 \sim 5\times10^6$ 时(特征长度以进口直径为参考),Barclay 于 1972 年给出了扩压器
的总压恢复系数的经验公式:

$$\frac{p_{t2}}{p_{t1}} \approx \exp\left\{-\frac{\gamma Ma_1^2}{2}\left[\left(1-\frac{A_1}{A_2}\right)^2 + \left(1-\frac{A_1}{A_2}\right)^6\right]\right\} \tag{7.49}$$

其中,p_{t1}、p_{t2} 为扩压器进出口总压;A_1、A_2 为进出口截面积;Ma_1 为扩压器入口马赫数。根据连
续性方程可得,扩压器出口马赫数满足如下方程:

$$p_{t1}A_1 Ma_1\left(1+\frac{\gamma-1}{2}Ma_2^2\right)^{\frac{\gamma+1}{2(\gamma-1)}} = p_{t2}A_2 Ma_2\left(1+\frac{\gamma-1}{2}Ma_1^2\right)^{\frac{\gamma+1}{2(\gamma-1)}} \tag{7.50}$$

　　图 7.10 给出了当入口马赫数为 $Ma_1 =$
0.5,比热比 $\gamma = 1.4$ 时,扩压器总压恢复系
数和出口马赫数随扩压器面积比的变化
曲线。从图中可以看出,若将扩压器入口
$Ma_1 = 0.5$ 的流动降到出口 $Ma_2 = 0.2$,则扩
压器的面积比约为 2.35,此时的总压恢复
系数约为 0.935。

　　火焰筒外壁与机匣内壁形成的气流
通道称为环腔,它是高压空气进入火焰筒
之前流经的气流通道。因此,气流在环腔
中的分布合理,并且总压损失小,可以为
火焰筒内的燃烧、掺混和壁面冷却创造有
利条件。环腔中气流速度一般很低,尽管
这样对火焰筒的冷却不利,但是这样进气均匀,使得空气在火焰筒中的穿透深度越深,压力损
失也越小。

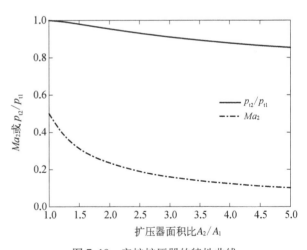

图 7.10　突扩扩压器的特性曲线

　　火焰筒壁面上分布着各种数量和尺寸不等的小孔。这些孔通常分为三类,如图 7.11 所
示。位于火焰筒前部并且尺寸较大的孔称为主燃孔,它们的作用是为燃油的燃烧提供氧化剂,

同时,从主燃孔进入火焰筒的空气流能够切断火焰,将主燃区限定在一定的范围内;位于火焰筒后部并且尺寸较大的孔称为掺混孔,其作用是使燃烧室出口的气流温度分布尽可能均匀;而位于火焰筒壁面上一排排小台阶侧壁上的小孔是气膜冷却孔,环腔中的空气经气膜冷却孔进入火焰筒,形成低温气膜,覆盖于火焰筒内壁,从而将火焰筒内壁与高温燃气隔绝,起到冷却火焰筒壁面的作用。流入火焰筒的空气只有约 20% 是从火焰筒头部进入的,其余约 80% 的空气都是通过火焰筒壁面上的这些孔进入火焰筒内部的。

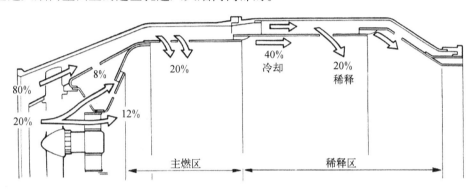

图 7.11　早期涡喷发动机燃烧室内各路空气的流量分配

　　燃烧区的流动组织是燃烧室稳定高效燃烧的关键。位于火焰筒头部的旋流器是燃烧区流动组织的重要部件,它既是进气装置,又是重要的"火焰稳定器"。图 7.12 给出了环形燃烧室流场结构示意图。在旋流器中旋流片的引导下,气流变为三维旋转流动,由于黏性作用,旋流进气将火焰筒中心的气体卷吸走,从而燃烧区的压力降低,在燃烧室轴向沿流动方向形成逆压差,下游气体回流并与旋流进气掺混,再从回流区外侧折向下游,从而在主燃区形成良好的流动结构,即图 7.11 中所构成的回流区 R。此外,从主燃孔进入的气流也能加剧回流。

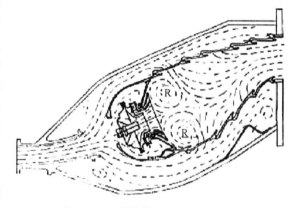

图 7.12　环形燃烧室流场结构示意图

2. 燃料雾化蒸发

　　航空发动机所用燃料为液体煤油。液态燃料在燃烧前必须要经历雾化和蒸发过程。蒸发只能在液体与气体之间的交界面上进行,因此蒸发的快慢取决于液体表面的大小。通过燃油喷嘴将液体煤油雾化,使其以小液滴的形式进入燃烧室与空气掺混,有效增加了燃料的表面积,加速了蒸发过程。另外,通过燃油喷嘴的雾化,可以合理地将燃油液滴分配到燃烧室中去。因此,雾化效果的好坏直接关系到燃烧室的燃烧性能,常用下列参数来衡量雾化质量。

1）雾化细度

　　通常用平均直径表示液滴群的雾化细度。由于采取的平均方法不同,算出的平均直径往往不同,其中,质量中间直径（MMD）和索太尔平均直径（SMD）最常采用。MMD 表示大于或小于该直径的液滴质量各占 50%。假定有一批大小相等的液滴,它们的总表面积和体积与真实液滴的总表面积及体积相等,则这批液滴的直径就是索太尔平均直径,记为 SMD。液滴的直径不是越大越好,也不是越小越好。液滴直径过大,不易蒸发,容易形成碳烟;液滴直径过小,其运动易受气流的影响,火焰刚性不足。

在目前的航空发动机中,通常要求液滴直径在 $20\sim200\ \mu m$,中间直径不大于 $100\ \mu m$。

2) 雾化均匀度

雾化后液滴大小的均匀程度。通常以液滴大小的分布来表示液滴雾化的均匀程度。通常有如下四种表述形式:① 数量积分分布,大于给定直径 d_i 的液滴数量占液滴总数的百分比;② 质量积分分布,大于给定直径 d_i 的液滴质量占液滴总质量的百分比;③ 液滴数量的微分分布,直径在 $[d_i - d(d_i)/2 < d_i < d_i + d(d_i)/2]$ 范围内的液滴数量占总液滴数的百分比;④ 液滴质量的微分分布,直径在 $[d_i - d(d_i)/2 < d_i < d_i + d(d_i)/2]$ 范围内的液滴质量占液滴总质量的百分比。

常用来表示雾化均匀度的是 Rosin-Rammler 分布,这是一种积分分布,其表达式如下:

$$R_d = \frac{Va}{Va_0} = \frac{m}{m_0} = 1 - \exp\left[-\left(\frac{d_i}{\bar{d}}\right)^n\right] \tag{7.51}$$

其中,R_d 为滴径小于 d_i 的液滴质量占液滴总质量的百分数;d_i 是与 R_d 相对应的液滴直径;$\bar{d}$ 为液滴特征直径,当 $d_i = \bar{d}$ 时,$R_d = 1-1/e = 0.632\ 1$,表示取对应 63.21% 累积质量的滴径作为特征直径;n 为均匀度系数,通常 $1.8 \leqslant n \leqslant 4$。

对于式(7.51),当 $R_d = 0.5$ 时,表示小于 d_i 的液滴质量占液滴总质量的 50%,此时,$d_i = d_m = MMD$,即质量中间直径。

3) 雾化锥角

由燃油喷嘴喷出的燃油喷雾矩呈空锥形状,通常将喷嘴出口到喷雾矩外包络线的两条切线之间的夹角定义为喷雾锥角。燃油液滴的空间分布在很大程度上由雾化锥角所决定。因此,燃烧过程进行的好坏也与雾化锥角有关。一般来讲,大型燃烧室的喷雾锥角也要大,一般在 90°~120°;小型燃烧室的雾化锥角可适当小些,在 50°~80°范围内。

3. 燃烧过程组织

可燃混合物的着火和稳定燃烧只有在一定的油气比范围内才能发生。燃烧组织的第一步便是燃料浓度场的组织。为了确保在任何工况下燃料都能够稳定高效燃烧,应该保证燃烧区的局部油气比始终处于可燃范围内,也就是说,燃料的浓度场要与燃烧区气流的分布特性相适应。图 7.13 给出了航空发动机燃烧室的稳定燃烧极限示意图。稳定燃烧对应的油气比变化范围越宽,说明燃烧稳定性越好。通常稳定燃烧对应的油气比变化范围大于可靠点火对应的油气比变化范围。此外,不同粒径的燃油液滴完全燃烧所对应的时间也不同,因

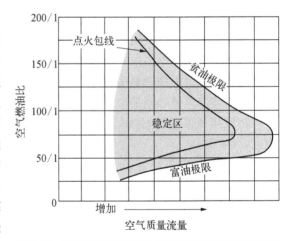

图 7.13　航空燃气涡轮发动机燃烧室的稳定燃烧极限

此,火焰筒头部进气的分配规律与燃料喷注的时空匹配性对于燃烧室的工作性能有重要影响。

压气机出口的高压空气经火焰筒头部进入燃烧室,同时燃油经雾化喷嘴喷注形成油雾,空气与油雾迅速掺混,经点火器点燃,在回流区形成稳定火焰。可燃混气燃烧之后,部分高温燃气进入回流区,逆流至喷嘴附近,加热新喷入的油雾,促使其快速蒸发形成燃油蒸汽,并与从旋流器进入的新鲜空气迅速掺混、燃烧;另一部分高温燃气离开回流区到达下游,与主燃孔进入的新鲜空气混合后继续燃烧,扩大燃烧区的范围。

航空燃气涡轮发动机通常以航空煤油(平均分子式 $C_{12}H_{24}$)作为燃料,其化学恰当的油气比为 0.067 6。受涡轮和压气机的设计水平所限,目前燃烧室设计点的油气比在 0.015~0.033(这里的油气比是指燃油流量与进入燃烧室的总空气流量之比),远远低于化学恰当的油气比,超出了贫油可燃极限。为了保证稳定燃烧,空气需要从不同位置进入火焰筒,从而保证燃烧区局部的油气比处于可燃极限之内,这也是航空发动机燃烧室空气分流的一个重要考虑。这个燃烧区通常称为主燃区,主燃区的油气比选择对于燃烧室的性能有显著的影响,针对不同的燃烧室用途,主燃区的油气比有三种选择方式:化学恰当、贫油、富油。民用发动机燃烧室通常选择贫油主燃区,以获得低污染排放;军用发动机的燃烧室通常选择化学恰当或者略富油的主燃区,以协调稳定燃烧性能、点火性能与燃烧效率、出口温度分布等性能要求。

航空煤油在化学恰当比下的火焰温度为 2 400~2 600 K,而目前最先进的航空发动机燃烧室出口温度仅为 2 000 K 左右。因此,燃油在主燃区接近化学恰当比燃烧后,还必须与从掺混孔进入的低温空气进行掺混,才可流出燃烧室,进入涡轮,这个区称为掺混区。掺混的作用有两个,一是降低燃烧产物的温度;二是使燃气在燃烧室出口达到均匀的温度分布。

7.3.3 性能要求

对航空发动机燃烧室的性能要求主要体现在以下几个方面:点火可靠、燃烧稳定、燃烧完全、出口温度均匀、压力损失小、尺寸小、质量轻以及排放污染小。

1. 点火可靠

点火可靠是指在发动机起动和高空再点火时,燃烧室能可靠点火、迅速启动并转入正常工作。衡量点火可靠性的指标主要有点火高度和点火特性线。点火高度是指发动机在空中停车后可以重新启动的极限高度,常用飞行包线表示,如图 7.14 所示。目前,航空发动机的点或高度一般为 8~9 km,采用补氧等措施后可达到 12~13 km。

点火特性线是在一定的进气条件下 (p_{t3}, T_{t3}, V_3),顺利实现点火的混气浓度范围所形成的点火包线。

研究表明,增加主燃烧室的压力、温度、油气比和点火能量,可以改善发动机点火性能。

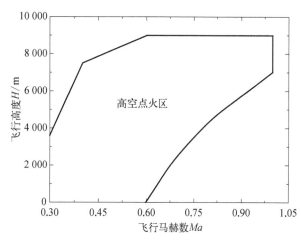

图 7.14 环形燃烧室高空再点火特性

2. 燃烧稳定

燃烧稳定指燃烧室在点燃之后,在规定的全部飞行高度、速度范围内以及进行工作状态转换时均能稳定燃烧,不脉动、不熄火。燃烧稳定性可用在一定进口气流参数(p_{t3}、T_{t3}、V_3)条件下稳定燃烧的混气浓度范围来衡量。稳定燃烧的混气浓度范围越宽,表示燃烧稳定性越好。

燃烧室的稳定工作范围往往是通过大量的实验测定的。图 7.15 给出了航空发动机燃烧室稳定工作范围的示意图,可见,燃烧稳定区的下边界是贫油熄火边界,即慢车状态的贫油熄火油气比;燃烧稳定区的上边界由涡轮寿命决定;左边界由燃烧效率限定,参考速度太低,油气混合差,导致燃烧效率下降;稳定区的右边界由总压损失限定,这是因为燃烧室的总压损失与流动马赫数的平方成正比。

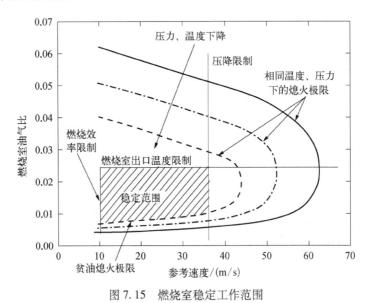

图 7.15　燃烧室稳定工作范围

3. 燃烧完全

燃烧完全要求燃烧室具有高的完全燃烧度和小的散热损失。燃烧的完全程度常用燃烧完全系数 ξ_b 或燃烧效率 η_b 表示。燃烧完全系数定义为燃料燃烧时的实际放热量 Q_1 与完全燃烧时的理论放热量 Q_0 之比,即

$$\xi_b = \frac{Q_1}{Q_0} \tag{7.52}$$

其中,理论放热量等于燃料质量流量与燃料的低位热值之积,即 $Q_0 = m_f H_f$。

燃烧效率定义为燃料燃烧时实际用于加热工质的热量与理论完全燃烧放热量之比,即

$$\eta_b = \frac{(m_a + m_f) h_{t4} - (m_a h_{t3} + m_f h_{tf})}{m_f H_f} \tag{7.53}$$

燃烧效率随燃烧室的油气比、入口气流速度、温度、压力的变化而变化。对于大多数航空燃气涡轮发动机,在海平面起飞状态下燃烧效率接近100%,在高空巡航状态时,燃烧效率约为98%。

4. 出口温度场均匀

燃烧室出口气流将直接吹向涡轮叶片,其温度分布状况对于涡轮的可靠工作和叶片寿命具有重要影响。

通常用燃烧室出口温度分布系数 OTDF(overall temperature distribution factor)来衡量燃烧室的出口温度分布性能。OTDF 定义为燃烧室出口温度最大值与平均值之差与燃烧室平均温升之比,可按式(7.54)计算,该指标主要影响涡轮导向叶片的寿命。

$$\text{OTDF} = \frac{T_{4\max} - T_{4\text{ave}}}{T_{4\text{ave}} - T_{3\text{ave}}} \tag{7.54}$$

其中,$T_{4\max}$ 为燃烧室出口截面最高温度;$T_{4\text{ave}}$ 为出口截面平均温度;$T_{3\text{ave}}$ 为入口截面平均温度。通常要求 OTDF 值在 0.25~0.35 范围内,并且越低越好。

平均径向温度分布系数定义为燃烧室出口径向温度分布沿周向的平均值与出口燃气平均温度之差,与进出口燃气平均温升之比。中国和欧洲将之称为径向温度分布系数 RTDF(radial temperature distribution factor),美国将它称为形状系数(profile factor)。该指标主要影响涡轮转子寿命。定义式如下:

$$\text{RTDF} = \frac{T_{4\text{avc}} - T_{4\text{ave}}}{T_{4\text{ave}} - T_{3\text{ave}}} \tag{7.55}$$

其中,$T_{4\text{avc}}$ 表示不同径向位置燃烧室出口温度沿周向的平均值。对于目前的常规温升水平燃烧室,燃烧室出口径向温度分布系数不超过 0.15。

图 7.16 给出了燃烧室出口平均径向温度分布系数沿径向的变化曲线,从图 7.16 中可以看出,平均径向温度分布系数最大值出现在燃烧室高度方向约 65%处,这是合理的,因为研究表明,当涡轮进口温度出现在距叶尖 1/3 处时,可以使整个涡轮转子叶片接近于等强度。

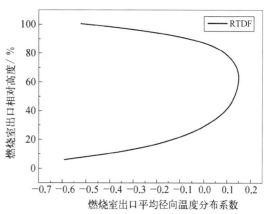

图 7.16　燃烧室出口平均径向温度分布系数

5. 压力损失小

气流流过燃烧室后总压降低。燃烧室的总压损失主要包括摩擦损失、扩压损失、火焰筒各种小孔的进气损失、掺混损失以及由燃烧引起的热阻损失等。对于现代航空发动机燃烧室,扩压器的总压损失系数为 2%~2.5%,环形通道的损失系数为 2%~3.5%,与气动损失相比,由燃烧引起的总压损失相对较小,为 0.5%~1%。

总压损失对于发动机的性能具有显著的影响,对军用发动机而言,总压损失会降低推力;对民用发动机而言,总压损失会增加耗油率。

6. 尺寸小、质量轻

减小发动机的尺寸和质量,可以提高推重比,增强机动性。若要减小燃烧室的尺寸,就需要增大燃烧室的容热强度。容热强度定义为燃烧室在单位压力下、单位容积内每小时燃料燃烧所释放的热量,用符号 Q_{V_c} 表示,根据定义,Q_{V_c} 可通过式(7.56)求解:

$$Q_{V_c} = \frac{3\,600\dot{m}_f H_f \eta_b}{p_{t3} \mathrm{Va}_c} \tag{7.56}$$

式中,H_f 为燃料热值;η_b 为燃烧效率;p_{t3} 为燃烧室工作压力;Va_c 为燃烧室容积。

航空发动机主燃烧室的容热强度的量级为 $700\sim2\,000$ kJ/$(\mathrm{m}^3 \cdot \mathrm{h} \cdot \mathrm{Pa})$,火焰筒的容热强度可达 $1\,200\sim6\,500$ kJ/$(\mathrm{m}^3 \cdot \mathrm{h} \cdot \mathrm{Pa})$,而地面燃机燃烧室的容热强度仅为 $70\sim200$ kJ/$(\mathrm{m}^3 \cdot \mathrm{h} \cdot \mathrm{Pa})$。

7. 排气污染少

随着环境保护要求的日益严格,国际民航组织颁布的有关民用亚声速和超声速涡喷/涡扇发动机的污染排放规定也在不断修订,对氮氧化物排放的限制不断加强。这就给航空发动机燃烧室的设计提出了更高的要求。

受国际法规控制的主要污染物有四种,未燃烧的碳氢化合物(UHC)、碳烟、一氧化碳(CO)和氮氧化物(NO_x)。为了降低发动机在低工况下未燃碳氢和一氧化碳的排放,引入了分级燃烧的概念,就是将传统燃烧室的主燃区分为两个可以分别控制的燃烧区(两级),两级燃烧可以是并联的,也可以串联的。GE 公司开发的双环形燃烧室(应用于 CF6 - 50)和 P&W 公司开发的双级旋流燃烧室(应用于 JT9D - 7)就是应用了这个概念。

分级燃烧的概念对于降低 UHC 和 CO 的排放非常有效,但并不利于降低 NO_x 的排放。由 NO_x 的形成机理可知,降低火焰温度是降低 NO_x 排放最有效的举措,这就要求燃烧室在低当量比下运行,反而带来燃烧稳定性和贫燃熄火问题。为了保证在贫燃状态下连续稳定燃烧,就需采用预混、预蒸发方法,但研究表明,这种方法会增大碳烟的排放。减小驻留时间也有助于 NO_x 的减排,但会增大 UHC 和 CO 的排放,并降低燃烧效率。可见,以单一性能为优化指标可能与其他性能指标存在冲突。污染物减排是航空发动机燃烧室的重要研究课题,低排放燃烧室也是民用发动机燃烧室的重要发展方向。

7.3.4 工作特性

随着航空发动机工作条件的变化,燃烧室的入口气动热力参数的状态也将发生变化,这也必然会引起燃烧室性能的变化。通常把燃烧室性能随入口参数的变化规律称为燃烧室的工作特性,主要包括燃烧效率特性、燃烧稳定特性和流阻特性。

1. 燃烧效率特性

航空发动机的燃烧效率直接影响飞机的航程、有效载荷和使用成本,设计点的燃烧效率应当尽可能地接近 100%,在非设计状态下,燃烧效率会有所下降,特别是在慢车状态下,燃烧效率可能低于 90%。燃烧效率特性指燃烧效率随余气系数 α 的变化规律。

图 7.17 给出了典型的航空发动机燃烧室燃烧

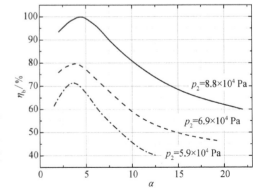

图 7.17　航空发动机燃烧室燃烧效率特性图

效率特性图。可见,在流动状态一定时,存在一个最高的燃烧效率值,一般在发动机的设计点。当偏离这个点所对应的油气比时,燃烧效率都会下降,在偏富油一侧下降陡峭,在偏贫油一侧下降平缓。此外,燃烧室入口温度和压力的变化也会影响到燃烧效率,如图 7.18 所示。可见,低温和低压对于燃烧效率的提升都是不利的。

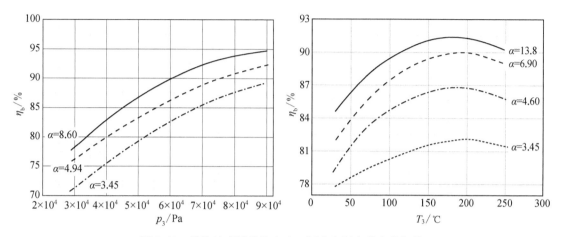

图 7.18　燃烧效率随燃烧室入口压力和温度的变化规律

2. 燃烧稳定特性

燃烧稳定性,又称为熄火特性,是指燃烧室在一定入口气流条件下,火焰稳定不被吹熄的余气系数的范围。一般用入口速度 V_3 和余气系数 α 建立坐标轴来表示稳定特性图,如图 7.19 所示。

3. 流阻特性

燃烧室的流阻特性是指燃烧室中因流动及燃烧过程带来的压力损失对燃烧室性能的影响。燃烧室的总压损失常用两种参数表示,总压恢复系数 σ_b 和阻力系数 ψ_b,它们的定义式如下:

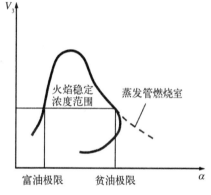

图 7.19　燃烧室火焰稳定特性示意图

$$\sigma_b = p_{t4}/p_{t3} \tag{7.57}$$

$$\psi_b = \frac{p_{t4} - p_{t3}}{\dfrac{1}{2}\rho V^2} \tag{7.58}$$

研究表明,燃烧室总压恢复系数每提高 1%,发动机的单位推力可提高 0.35%~0.45%。

燃烧室的总压恢复系数是燃烧室阻力系数和入口马赫数的函数,可表示如下:

$$\sigma_b = 1 - \frac{k}{2}\psi_b Ma_3^2 \tag{7.59}$$

当 Ma_3 较小时,可以允许较大的 ψ_b 值,而不会造成很大的总压损失;但当 Ma_3 较大时,即便采用较小的 ψ_b 值,仍然会造成很大的总压损失。

7.3.5 加力燃烧室

加力燃烧室主要用于军用航空发动机,它可以在短时间内大幅提升发动机推力,从而增强飞机的机动性。对于大部分发动机,加力推力较最大不加力推力可提高约 50%,对于涡扇发动机,提升幅度可达 70% 以上,尤其在高空高速飞行时,采用加力燃烧室,推力可增加 1~2 倍,甚至更多。打开加力时,推力增加 50%,同时相应的燃油量增加 2 倍以上,因此,加力燃烧室仅可短时使用,一般只在起飞、爬升和急剧加速等工作状态时开启加力。

1. 典型结构

加力燃烧室位于涡轮与尾喷管之间,其典型结构包括扩压器、火焰稳定器、喷油装置、点火装置和防振隔热屏,如图 7.20 所示。

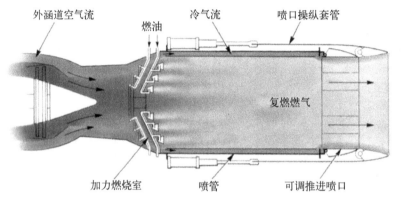

外涵道空气流　冷气流　喷口操纵套管
燃油
复燃燃气
加力燃烧室　喷管　可调推进喷口

图 7.20　航空发动机加力燃烧室的典型结构示意图

需要指出的是,用于涡喷发动机和涡扇发动机的加力燃烧室在结构设计和燃烧组织方面有所不同。涡喷发动机的加力燃烧室在流出涡轮的高温燃气中组织燃烧,而涡扇发动机的加力燃烧室则在涡轮排气与外涵新鲜空气的混合气中组织燃烧。可见,两者在结构方面的主要区别在于进气,前者是单流路扩压器,而后者则是双流路扩压(混合)器。

加力燃烧室的扩压器与主燃烧室部分的扩压器作用相同。涡轮排气的速度太高,如果直接燃烧,不仅加热损失大,而且组织燃烧也比较困难。因此,需要采用扩压器减速增压。

经减速扩压之后,气流速度降到 120~180 m/s(马赫数约为 0.2),在这样的气流速度条件下实现稳定燃烧仍然面临挑战,因此,还需要火焰稳定器。火焰稳定器是加力燃烧室的核心部件之一,对其基本要求有:一是在规定的飞行包线内保证加力燃烧室的稳定燃烧;二是总压损失小,一般要求火焰稳定器的总压恢复系数不低于 0.97。最常见的火焰稳定器是 V 型稳定器,此外还有环形稳定器、径向稳定器、沙丘驻涡稳定器、蒸发稳定器等。

当加力燃烧室工作时,燃油的消耗量很大。同时,当加力燃烧室以不同状态工作时,燃油流量的变化范围也很宽,例如,从小加力到全加力,供油量的变化幅度达到 8~10 倍,相应的供油压力变化幅度达到 64~100 倍,这就对供油系统提出了很高的要求。目前解决问题的思路是采用分区供油的方法,即把加力燃烧室分成若干个燃烧区,每个燃烧区单独供油。小加力时,只有一个供油区工作,当从小加力逐渐向全加力状态过渡时,各个供油区按照预先设定的规律依次投入工作,这就很好地解决了供油压力变化大的问题。

相比于主燃烧室的点火,进入加力燃烧室的气流温度高,这对于点火是有利的,但是流速大、压力低、含氧量少,这又给点火带来很大困难。前文提到,用于涡喷和涡扇发动机的加力燃烧室在结构和燃烧组织方面存在差异,从而两者在点火方面也有所不同。对于涡喷发动机,涡轮通常处于临界状态,因此,加力点火对于上游部件没有影响。然而涡扇发动机的外涵道是非临界状态,当加力接通、切断或变加力比时所产生的压力脉动会通过外涵道传至风扇和压气机,如果压力脉动过大,则会造成风扇和压气机的喘振。因此,涡扇发动机的加力燃烧室要求能在很小的点火油气比下接通加力,然后再逐渐增大加力比至所需工作状态,从而避免过大的压力振荡。这种点火方式称为软点火。为了实现软点火,普通的 V 型火焰稳定器是不够的,通常采用各种类型的值班火焰稳定器,例如,F100 - F 发动机采用的就是直射式值班火焰稳定器。

加力燃烧室燃气温度可达 2 200 K 左右,远远超过了金属材料的耐温极限,因此,必须采取措施解决加力筒体超温。防振隔热屏的作用之一便是将高温燃气与加力筒体之间的传热隔离。此外,由于加力燃烧是在加力筒体内进行的,在边界上缺乏声耗散机制,因此,加力燃烧室中易发生振荡燃烧(又称为燃烧不稳定)。防振隔热屏的第二个作用便是通过特殊的形状和结构设计,来抑制燃烧不稳定。

2. 工作特点

根据前面对于加力燃烧室典型部件和作用的讨论,可以将加力燃烧室的工作特点总结如下:
① 入口气流温度很高,并且是强烈的湍流状态;
② 进入加力燃烧室的气体含氧量少,流速高;
③ 加力燃烧室入口总压较低,特别是在高空低速飞行状态;
④ 加力燃烧室下游无旋转部件,因此对于出口温度的要求降低;
⑤ 加力燃烧室工作时燃油消耗量大,仅能短暂工作。

当加力接通时,发动机的性能会发生变化。通常用加力接通时的性能参数与最大不加力状态的性能参数之比来描述发动机性能的变化。加力比、耗油率比、加温比的定义式分别为

$$\overline{F}_{ab} = \frac{F_{ab}}{F}, \quad \overline{sfc}_{ab} = \frac{sfc_{ab}}{sfc}, \quad \theta^* = \frac{T_{t7ab}}{T_{t5}} \tag{7.60}$$

涡喷发动机的加温比约为 2,而涡扇发动机的加温比约为 2.5。

根据燃气涡轮发动机的推力公式,可得

$$F = m_g V_9 = (1 + f) m_0 V_9 \approx m_0 V_9, \quad F_{ab} = m_{g,ab} V_{9ab} = (1 + f_{ab}) m_0 V_{9ab} \approx m_0 V_{9ab} \tag{7.61}$$

从而可得

$$\overline{F}_{ab} = \frac{F_{ab}}{F} = \frac{V_{9ab}}{V_9} \tag{7.62}$$

可见,加力比等于排气速度之比。

考虑到

$$V_9 = C_V \sqrt{2 \frac{\gamma_g}{\gamma_g - 1} R_g T_{t5} \left[1 - \left(\frac{p_0}{p_{t5}} \right)^{\frac{\gamma_g - 1}{\gamma_g}} \right]} \tag{7.63a}$$

$$V_{9ab} = C_{Vab} \sqrt{2 \frac{\gamma_g}{\gamma_g - 1} R_g T_{t7ab} \left[1 - \left(\frac{p_0}{p_{t7ab}} \right)^{\frac{\gamma_g - 1}{\gamma_g}} \right]} \tag{7.63b}$$

并且，$C_V \approx C_{Vab}$，$p_{t7ab} \approx p_{t5}$，因此

$$\overline{F}_{ab} = \frac{F_{ab}}{F} = \frac{V_{9ab}}{V_9} = \sqrt{\frac{T_{t7ab}}{T_{t5}}} = \sqrt{\theta^*} \tag{7.64}$$

可见，加力比近似等于加温比的平方根。

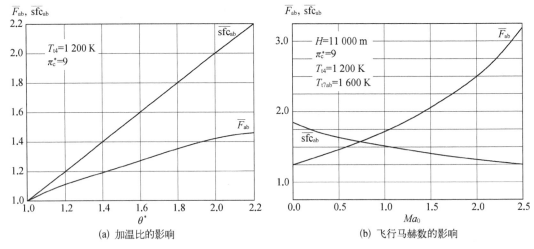

(a) 加温比的影响　　　　　　　　　(b) 飞行马赫数的影响

图 7.21　加力比、耗油率比随加温比、飞行马赫数的变化关系

图 7.21(a) 给出了加力比和耗油率比随加温比的变化规律，可见，加温比越大，则加力比和耗油率比越大，并且耗油率比增大的幅度大于加力比。飞行马赫数对于加力比和耗油率比也有显著的影响，如图 7.21(b) 所示。当飞行马赫数增大时，加力比迅速增大，尤其是在超声速飞行阶段，耗油率比随着飞行马赫数的增大而单调减小。

实际加力比还与加力燃烧室入口气流马赫数有关，如图 7.22 所示。可见，对于加力比较大的涡扇发动机，加力燃烧室的入口马赫数应保持在较低水平，否则，即使在很高的加温比条件下，推力增大的幅度也非常有限。

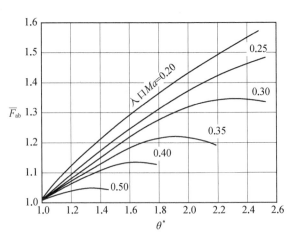

图 7.22　不同加力燃烧室入口马赫数下加力比随加温比的变化规律

7.4　冲压发动机燃烧室

与航空燃气涡轮发动机的燃烧室相比,冲压燃烧室的最大特点是燃烧室内气流速度高,亚燃冲压燃烧室内气流马赫数为 $Ma=0.1\sim0.3$,超燃冲压燃烧室内马赫数超过 $Ma=1.0$。亚燃冲压燃烧室的工作条件和工作过程与航空燃气涡轮发动机的加力燃烧室比较接近,主要不同是进入亚燃冲压燃烧室的主要气流是空气,而进入涡轮发动机加力燃烧室的气流是高温燃气(分别排气)或者是高温燃气与外涵道空气的混合气(混合排气)。

超燃冲压发动机燃烧室内的气流速度更高,无论是对于燃料和空气的掺混,还是对于可靠点火以及稳定燃烧都具有更高的挑战性。

7.4.1　燃烧室增混技术

燃料和空气必须在分子水平被混合且混合程度接近于当量化学计量时,燃烧才会发生。燃料与空气的混合是准备燃烧的重要过程,混合特性往往决定燃烧特性,一般来说,混合越好,燃烧越好。在高速流动条件下,混合变得更加困难,因此,良好地促进混合的流动组织是超燃冲压发动机需要特别考虑的。

剪切层是超燃冲压发动机中提升燃料与空气混合效果的重要流动形式。剪切层指两股流动参数(有时是热力学参数)不同的流体在尖楔尾缘相遇且形成剪切流动的流动形式,如图7.23所示。

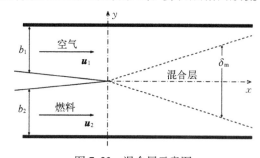

图 7.23　混合层示意图

当剪切层的速度差增大时,强烈的剪切导致流动由层流向湍流转捩。根据开尔文-亥姆霍兹(Kelvin-Helmholtz)收缩流动不稳定性,剪切流场中的流动结构发生变化,一般为大尺度的剪切涡,如图7.24所示。

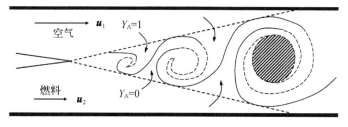

图 7.24　湍流剪切混合层示意图

湍流剪切层的主要流动特点是:

① 剪切应力引起周期性大尺度涡的形成;

② 两股平行流的涡街卷起,流体相互卷入,混合物界面扭曲;

③ 混合物界面的扭曲增加了混合界面的面积,同时沿着界面局部浓度梯度非常大;

④ 在扭曲的混合物界面发生分子扩散,使得界面模糊,最终消失,达到分子混合;

⑤ 增加剪切层强度。

　　虽然湍流导致混合程度增强,但是由于湍流的黏性耗散增强(相比层流流动),黏性耗散使得流动过程的熵增加,总压损失增大,影响循环效率。

　　在超燃冲压发动机燃烧室的典型热力学条件下,如压力 $p_3 = 50 \sim 100$ kPa、温度 $T_3 = 600 \sim 1\,000$ K,预估表明,气态燃料着火时间为 $5 \sim 10$ ms。因此,强化掺混对于燃烧室点火至关重要。强化掺混的措施主要基于两点考虑,选择适当的燃油喷射形式和加强燃油与空气的相互作用。通常有三种技术方案:斜坡喷射、上游燃料喷射、充气喷嘴。

　　斜坡喷射的原理可描述为:当空气流过斜坡时产生一对方向相反的轴向漩涡,斜坡上的漩涡将小喷射角的燃油卷起,可以提高燃油在核心主流区的穿透深度,如图 7.25 所示。

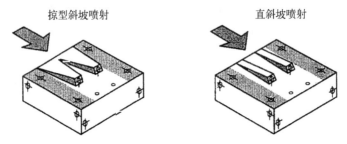

图 7.25　掠型斜坡和直斜坡浸入流场示意图

　　为了增加燃料的驻留时间,从而提高燃烧室中的掺混度,一种有效的方法是在燃烧室上游的隔离段,甚至是在进气道或者飞行器前体的远上游喷射部分燃料。然而,需要注意的是,这种措施会引入燃料喷射与飞行器前体边界层之间的干扰,对飞行器稳定性产生重要影响,特别是在非设计状态下,在进气道喷射燃料出现的问题要比在前体喷射少很多。

　　液体燃料在分子层面掺混之前要经历破碎和雾化,充气喷嘴加速了射流破碎,同时加快了湍流掺混过程,使得燃料系统复杂,气体添加到液体燃料中会降低燃料的能量密度。一种充气液体燃料喷嘴的示意图如图 7.26 所示。图 7.27 给出了超声速燃烧燃料喷注的几种案例。

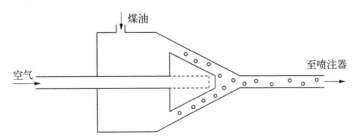

图 7.26　具有同轴燃气流动的充气液体燃料喷嘴

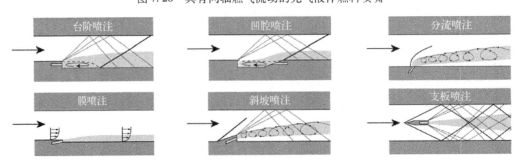

图 7.27　几种超声速燃烧燃料喷注方法

7.4.2　火焰稳定

超燃冲压发动机的燃烧室通常是一个狭长的截面略微扩张的通道。这是因为燃烧室通道内气流速度很高,必须有足够的长度来保证可靠的点火、燃烧过程的有效组织和较高的燃烧效率。为了避免燃烧放热导致燃烧室发生热壅塞,通道截面设计为逐渐扩张的。

火焰传播速度与流动速度平衡才能保持火焰稳定。在超声速燃烧中,流动速度远远超过了火焰传播速度,因此,必须采取火焰稳定措施,保证有足够的驻留时间完成燃料与空气的掺混、点火以及火焰传播。为防止流动壅塞,超声速通道中应当避免有钝体障碍物。因此,对于超燃冲压发动机的燃烧室,传统的火焰稳定器将不再适用。在超声速燃烧室中通常借助台阶、凹腔等流动结构形成局部回流区,来实现火焰稳定。

典型的超声速后台阶流动的回流区如图 7.28 所示,上游台阶形成的边界层被膨胀波推向下游台阶侧的壁面,边界层与回流区之间形成剪切层,并将新鲜空气带入,燃料喷注进入回流区,在每个喷口处形成一道筒状激波,在剪切层中点火,随后伴随有热燃气之间的掺混和热交换,主要的气态回流区合并了接近壁面的一些小回流区。此外,超声速燃烧室通道中还可安装较薄的支板,并通过在支板上设置喷油孔,实现燃料在燃烧室通道中的均匀分布,有助于提高超声速燃烧的效率。

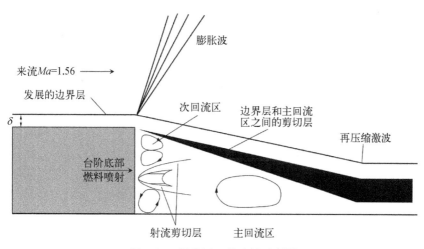

图 7.28　回流区二维流场示意图

7.4.3　双模态超燃冲压发动机燃烧室的分析

双模态超燃冲压发动机的进气道与燃烧室之间装有隔离段,隔离段类似于扩压器,将其入口气流绝热压缩到出口,出口静压与燃烧室入口的反压相平衡,可防止进气道不启动。

下面通过燃烧室的一维流动分析,讨论燃烧室状态如何影响隔离段出口参数。把燃烧室内的流动看作一个无摩擦、添质、总温(加热导致)和通道截面积变化的流动过程,它的一般方程为

$$\frac{\mathrm{d}Ma}{\mathrm{d}x} = Ma \left[\frac{1 + \frac{(\gamma_g - 1)Ma^2}{2}}{1 - Ma^2} \right] \left(-\frac{1}{A}\frac{\mathrm{d}A}{\mathrm{d}x} + \frac{1 + \gamma_g Ma^2}{2}\frac{1}{T_t}\frac{\mathrm{d}T_t}{\mathrm{d}x} \right) \qquad (7.65)$$

　　分析式(7.65)发现,当 A 减小时, T_t 增大, Ma 减小;当 A 增大时, T_t 减小, Ma 增大。在双模态发动机中, A 不会减小(因无物理喉道), T_t 不会减小(因燃烧加热)。

　　为了求解式(7.65),首先假定合理的释热规律,即轴向总温梯度 $T_t(x)/T_{t3}$ 在点火之后最大(通常在燃烧室入口处),随后单调递减,在燃烧室出口处达到最小。可以用如下的函数近似表示为

$$\tau(x) = 1 + (\tau_b - 1)\left[\frac{\vartheta \mathcal{X}}{1 + (\vartheta - 1)\mathcal{X}}\right], \qquad \vartheta \geqslant 1 \qquad (7.66)$$

其中, $\tau(x) = T_t(x)/T_{t3}$; $\mathcal{X} = (x - x_i)/(x_4 - x_i)$; x_i 为超声速燃烧或者加热开始的位置,对于无激波的隔离段, $i = u$,否则 $i = d$; ϑ 为经验系数,一般取 $1\sim10$ 范围内的数值,它与燃料喷射方式和燃料空气混合方式有关; $\tau_b = T_{t4}/T_{t3}$,为燃烧室的总温升。

　　对于亚声速燃烧,其油气混合与火焰稳定的机理和超声速燃烧有显著的不同,可以近似假设 $x_i = x_3$,且 $\vartheta = 40 \sim 50$,给定燃烧室入口马赫数 Ma_3 的初始值,随后便可用数值方法求解式(7.65),得到 $Ma_3(x)$ 后,再与 $A(x)$ 、 $T_t(x)$ 联立,便可求得其他参数。

$$T(x) = T_2 \frac{T_t(x)}{T_{t2}}\left[\frac{1 + \frac{\gamma_g - 1}{2}Ma_2^2}{1 + \frac{\gamma_g - 1}{2}Ma^2(x)}\right] \qquad (7.67)$$

$$p(x) = p_2 \frac{A_2}{A_c(x)} \frac{Ma_2}{Ma(x)} \sqrt{\frac{T(x)}{T_2}} \qquad (7.68)$$

$$p_t(x) = p_{t2} \frac{p(x)}{p_2}\left[\frac{T_2}{T(x)} \frac{T_t(x)}{T_{t2}}\right]^{\frac{\gamma_g}{\gamma_g - 1}} \qquad (7.69)$$

$$V(x) = V_2 \frac{Ma(x)}{Ma_2} \sqrt{\frac{T(x)}{T_2}} \qquad (7.70)$$

　　对于无摩擦等截面燃烧室,根据式(7.65), $A(x)$ 和 $T_t(x)$ 其中之一保持不变,便可直接积分求出 $Ma(x)$,其中, $T_t(x)$ 保持不变,对应等熵流动,而 $A(x) = \text{const}$ 对应无摩擦等截面加热管流,可得

$$Ma(x) = \sqrt{\frac{1 + \gamma_g \Omega + (\gamma_g + 1)\sqrt{\Omega}}{1 - \gamma_g^2 \Omega}} \qquad (7.71)$$

其中,

$$\Omega = 1 - \tau(x)\left[\frac{2(\gamma_g + 1)Ma_3^2\left(1 + \frac{\gamma_g - 1}{2}Ma_3^2\right)}{(1 + \gamma_g Ma_3^2)^2}\right] \qquad (7.72)$$

其他参数的变化规律同理可求。值得注意的是,超燃模态的分析常假定为等截面燃烧,因为等截面燃烧室易于加工,且在忽略流动分离时易于分析,然而,等截面无摩擦超声速加热管流必然存在很大的逆压梯度,因为:

$$\frac{\mathrm{d}p}{p} = \frac{\gamma Ma^2}{Ma^2 - 1}\left(1 + \frac{\gamma - 1}{2}Ma^2\right)\frac{\mathrm{d}T_t}{T_t} \tag{7.73}$$

对于无摩擦等压燃烧,当给定总温的变化规律 $T_t(x)$ 时,积分式(7.65),可得

$$Ma(x) = \frac{Ma_3}{\sqrt{\tau(x)\left(1 + \dfrac{\gamma_g - 1}{2}Ma_3^2\right) - \dfrac{\gamma_g - 1}{2}Ma_3^2}} \tag{7.74}$$

$$A(x) = A_3\left[\tau(x)\left(1 + \frac{\gamma_g - 1}{2}Ma_3^2\right) - \frac{\gamma_g - 1}{2}Ma_3^2\right] \tag{7.75}$$

如果实践中允许这样做,人们希望为等压燃烧条件的超声速燃烧设计一个"智能、可变"的燃烧器,这样就不需要隔离段了。然而由于加工、主动冷却、非设计点工作等原因,或多或少地把燃烧室设置成直线流道,即 $A(x)$ 随 x 线性变化,整体面积比 A_4/A_3 固定,用以实现接近等压燃烧。这时还必须设置隔离段,用以防止进气道不起动。

7.5　火箭发动机燃烧室

截至目前,化学能火箭发动机仍然是技术最为成熟、应用范围最广的火箭发动机。根据携带推进剂的物理状态不同,化学能火箭发动机又包括液体火箭发动机、固体火箭发动机等不同类型。无论是液体火箭发动机的推力室还是固体火箭发动机的燃烧室,都是发动机的核心部件,其工作状态对于发动机的总体性能影响显著。

7.5.1　液体火箭发动机推力室

液体火箭发动机系统的核心是推力室,推力室主要包括喷注器、燃烧室和喷管三部分。作为燃气膨胀和排气的重要部件,喷管在前文已经做了介绍,因此,本节重点关注喷注器和燃烧室。液体火箭发动机燃烧室和固体火箭发动机燃烧室在结构组成和工作过程方面均具有显著区别。

1. 推力室的基本结构

推力室的结构包括推力室头部和推力室身部两部分,如图 7.29 所示。身部主要由燃烧室和喷管构成。推力室身部通常采用整体焊接成型,以便减轻发动机质量,提高结构强度。推力室为薄壁结构,身部通常选用导热性好的材料,对于大推力发动机,为提高强度,在燃烧室外壁还设置有加强筋。

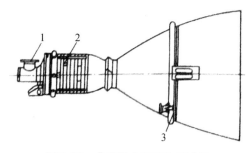

图 7.29　典型推力室结构示意图

1-头部;2-身部;3-集液器

推力室头部位于燃烧室的顶端,包括喷注器、防振隔板、点火器、测压零部件等。推力室头部承担如下功能：向喷注器合理分配、供应推进剂组元,将推进剂组元进行喷射、雾化和混合,保证发动机稳定、持久、高效地工作,承受内压并传递推力。

防振隔板并非必需部件,主要用于稳定燃烧,可用隔板喷嘴代替;点火器只有对于采用非自然推进剂的发动机才是必需的。喷注器是头部最主要的部件,其结构主要包括顶盖和喷注盘。喷注盘上有氧化剂和燃料喷嘴以及相应的各自流动通道和集液腔,其结构通常为平板状,根据其上的喷嘴机构形式的不同,一般分为直流式和离心式喷注器。喷注器可以看成氧化剂和燃料喷嘴的集合,其按一定的排列方式分布在喷注盘上。直流式喷嘴在喷注器上的排列密度大,结构紧凑,而离心式喷嘴的排列密度小,结构尺寸大,相应的燃烧室直径也大。由此可见,喷注器的性能取决于喷嘴的结构和性能,其对推进剂在燃烧室中的完全燃烧和稳定燃烧有很大的影响。

燃烧室是液体推进剂雾化、混合和燃烧的场所。通常为圆柱筒形状、球形或椭球形。在燃烧室容积一定的情况下,球形燃烧室的内部表面积和质量最小,但其制造成本较高。目前大都采用带平面喷注器的圆柱形(或稍微收缩的锥面形燃烧室)。

在液体火箭发动机中,燃烧室与喷管通常为整体结构,其壳体为高强度材料制成的薄壁结构,而且内壁、外壁组成夹套式结构,内、外壁之间的通道为冷却通道,如图 7.30 所示。液体火箭发动机燃烧室内壁较长时间处在高温、高压和较高速度气流作用下的恶劣工作环境中,任何一种金属材料的内壁都是无法承受的。因此必须对其进行冷却,以降低燃烧室内壁面的温度。通常的冷却方式有再生冷却、膜冷却、辐射冷却等,而且面对如此恶劣的工作环境,液体火箭发动机往往要采用多种冷却措施。

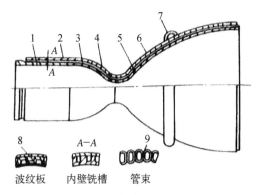

图 7.30　采用再生冷却方式的推力室壁结构
1—圆柱段内壁;2—圆柱段外壁;3—喷管收敛段内壁;4—喷管收敛段外壁;5—喷管扩张段内壁;6—喷管扩展段外壁;7—集合器;8—波纹板;9—管束式变截面管

再生冷却又称为外冷却,这是一种通过在推力室周围制造冷却夹套,并使液体推进剂中的一种组元(通常为燃料)在进入喷注器之前流过冷却夹套,使燃烧室内壁温度得到降低的冷却方式。由于通过燃烧室内壁散失出去的热量并没有浪费,而是传递了推进剂组元,增加了推进剂喷射前的内能,这使排气速度稍有提高(0.1%~1.5%),因此,称为再生冷却。这种冷却方式主要用于大推力双组元推力室,在高室压和高热流率的场合很有效。

膜冷区又称为内冷却,是指在推力室内壁上形成一层液膜或气膜,从而把燃烧室内壁和高温燃气隔离,起到降低燃烧室内壁面温度的一种冷却方式。内冷却有液膜冷却、气膜冷却和发汗冷却等几种方式。

辐射冷却是依靠辐射换热方式把推力室的热传到外界环境中,达到降低喷管壁面温度目的的一种冷却方式。和再生冷却不一样,在辐射冷却中,燃烧室和(或)喷管只有单层室壁,由高温材料制成。当壁面温度非常高时,就会向外界或真空环境中辐射大量的热,使燃烧室壁面温度维持在可以承受的范围内。采用辐射冷却方式的发动机工作时,其推力室壁通常发红或发白。这种冷却方式通常用于单组元推力室、双组元和单组元燃气发生器以及喷管面积比在 6~10 以上的喷管扩张段。一些小推力的双组元推力室也采用辐射冷却。

2. 推力室的工作过程

推进剂经过推力室头部的喷注器进入燃烧室,然后在燃烧室中燃烧放热,将储存的化学能转化为热能,形成高温高压燃气,燃气进入喷管中膨胀加速,将热能进一步转化为动能,随后在喷管出口高速喷出,燃气对发动机的反作用力即为发动机的推力。以上便是液体火箭发动机推力室的基本工作过程,即两个转化过程,工质从液体转变为高温高压的气态,化学能转变为工质的内能,这两个过程是非常复杂的物理化学转化,推力室的流动过程也比较复杂,是一种带有化学反应的湍流两相流动。由于喷管中的流动过程在第 6 章中已有介绍,这里重点介绍燃烧室的工作过程。

对于一般的双组元液体火箭发动机,推进剂从进入燃烧室到转化为燃烧产物要经历一系列物理过程(雾化、蒸发、混合)和化学过程(燃烧)。基于此,燃烧室沿流向可大致分为三个区域:雾化区、蒸发区、混合与燃烧区,如图 7.31 所示。推进剂组元首先在雾化区转化成具有一定粒径的小液滴。液滴在向下游运动的过程中温度不断升高,逐渐开始蒸发,在蒸发区转化为气相。随后,气相的燃料和氧化剂在混合与燃烧区进行充分混合并进行燃烧反应,逐渐转化为高温高压的燃气。对于可自燃的燃料和氧化剂组合,在雾化区和蒸发区,也会发生一定的液相化学反应,但是由于温度偏低,化学反应速率也较低。

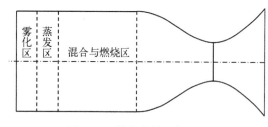

图 7.31　燃烧室的工作过程

7.5.2　固体火箭发动机燃烧室

固体火箭发动机工作时,燃烧室压力可达数兆帕至数十兆帕,温度可达 3 000℃以上。同时,燃烧室要与其他结构件相连接,还要承受机械载荷和温度载荷。因此,固体火箭发动机的稳定可靠工作,要求燃烧室应该有足够的强度和刚度,并且结构质量轻、连接和密封可靠、工艺性和经济性好。

1. 燃烧室的基本结构

固体火箭发动机的燃烧室通常由燃烧室壳体和内绝热层构成,其中,壳体是承力部件,内绝热层是热防护部件。

燃烧室壳体主要由筒体和前后封头组成,如图 7.32 所示。大中型固体火箭发动机的封头和筒体多为不可拆卸连接形式,前封头上安装点火器装置,后封头上连接喷管等部件。小型火箭发动机的前封头与筒体的连接一般为可拆卸形式,后封头通常为喷管收敛段。

固体推进剂在燃烧室中有两种填充方式,自由装填药柱和浇注装填药柱。对于自由装填方式,药柱装入燃烧室时需要有支承结构,以保证药柱的正确位置,如图 7.33 所示。推进剂燃烧后产生高温燃气,温度高达 3 000℃以上,因此,必须对燃烧室壁面进行热防护,对于自由装填式发动机,可通过在燃烧室、后封头及挡药板上喷绝热涂层的方式达到热防护效果。

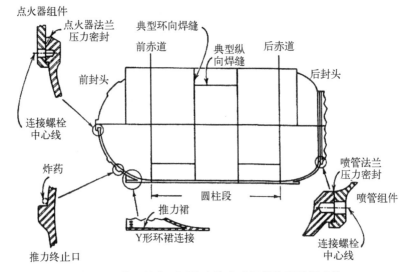

图 7.32　典型的大型固体火箭发动机焊接不锈钢壳体

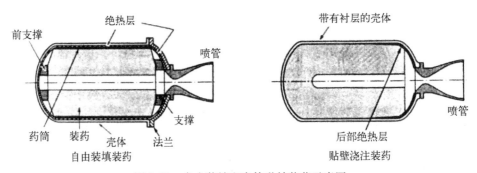

图 7.33　自由装填和壳体黏结装药示意图

2. 推进剂的燃烧与装药

固体推进剂的燃烧反应发生在固相、液相和气相组成的非均相混合物中,过程非常复杂,很多科学问题目前尚未解决。基于实验测试构建简单固体推进剂的燃烧模型是目前采用的重要研究手段,以期为工程设计和实践提供依据。下面从实验观测和解析模型两个方面来介绍固体推进剂的燃烧过程。

图 7.34 给出了双基推进剂在充满惰性气体的管式燃烧器中的火焰结构示意图。可见,当推进剂由于热传导、对流以及辐射作用得到加热,推进剂熔化、分解,在表面形成汽化层,最终形成的可燃气体就像预先混合好的一样。燃烧过程中,有一个明亮的辐射火焰区,在明亮的火焰区和燃面之间有一个暗区,大部分反应发生在明亮的火焰区。图 7.35 给出了管式燃烧器中复合推进剂的火焰结构,其和双基推进剂的燃烧过程有很大不同,发光的火焰附着在燃面上,没有暗区。

通过实验观测发现,燃烧发生在固体推进剂的表面并不断向推进剂推进。如果固体推进剂各处均匀一致,并且燃烧表面的气相特征差别很小,则可以认为固体推进剂的燃烧按照平行层向着垂直于燃烧表面的方向推进。因此,可以用垂直于燃烧表面燃烧层的推进速率来表征固体推进剂的燃烧过程,燃烧速度又称为燃面退移速度。这里的燃烧速度(燃速)是指,在垂

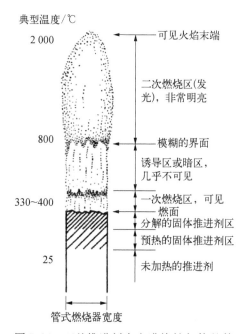

图 7.34　双基推进剂在充满惰性气体的管式燃烧器中的火焰结构

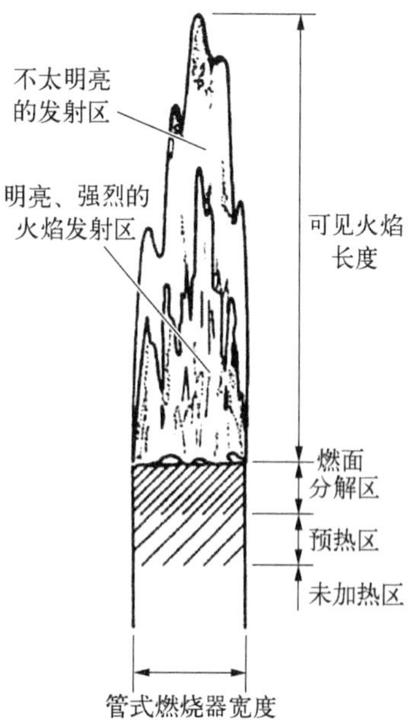

图 7.35　管式燃烧器中复合推进剂的火焰结构

直于推进剂燃面方向上,单位时间推进剂被烧掉的长度,用 r_p 表示。通过实验研究发现,固体推进剂的燃速与压力有关,在火箭发动机的工作压力范围内,燃速一般用维也里(Vielie)经验公式表示如下:

$$r_p = a p^n \tag{7.76}$$

其中,a 表示燃速系数;n 表示燃速压力指数;p 表示燃烧室工作压力。一般情况下,燃速在 5 mm/s 以下称为低燃速,在 5~25 mm/s 称为中等燃速,在 25~250 mm/s 称为高燃速。

固体火箭发动机单位时间的推进剂质量流量可用燃速表示如下:

$$\dot{m} = \rho A_p r_p \tag{7.77}$$

其中,A_p 表示推进剂的燃烧表面积。将式(7.77)代入火箭发动机的推力公式可得

$$F = \rho A_p r_p V_e + A_e(p_e - p_a) \tag{7.78}$$

可见,在给定发动机结构、推进剂、燃烧室压力的条件下,固体火箭发动机的推力取决于推进剂燃面。按照推进剂燃烧致使表面积变化的情况,固体火箭发动机的装药可以分为恒面燃烧(即推进剂燃烧过程中表面积不变)、减面燃烧(即推进剂燃烧过程中表面积减少)和增面燃烧(即推进剂燃烧过程中表面积增大)三种情况,如图 7.36 所示。

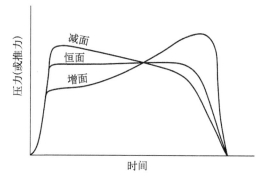

图 7.36　按照压力-时间特性的装药分类

第8章 航空宇航推进系统总体性能

本章基于航空宇航推进系统各主要部件的工作过程和工作特性,讨论推进系统的总体性能及其分析方法。发动机各部件不是独立运行的,它们之间相互联系、相互影响,也就是说,在发动机的正常工作过程中,各个部件的工作状态需要相互匹配。那么,它们之间相互匹配的原则是什么?一台发动机制造出来之后,它的几何参数和工作参数,如增压比、温升等都是已知的,这些参数只是设计点参数,而发动机不可能或者很少仅在设计状态下工作。当大气环境、飞行速度等发生变化时,发动机将进入非设计状态,那么发动机在非设计状态的性能参数如何?以航空燃气涡轮发动机为例,发动机的工作状态包括启动、稳态、瞬态、加力等多种情况,而稳态特性是获取其他工作状态性能的基础,那么发动机的稳态特性包括哪些方面的内容?如何获得发动机的稳态特性?本章将针对上述问题逐一进行解答。

本章分为3节,分别讨论航空燃气涡轮发动机、冲压发动机和火箭发动机总体性能。针对不同推进方式的特点以及研究和工程应用现状,各节的内容设置不尽相同:对于航空燃气涡轮发动机,将重点讨论部件匹配、共同工作和稳态特性等方面的内容;对于冲压发动机,重点讨论稳态特性和双模态冲压发动机的模态转换问题;对于火箭发动机,由于发动机性能不随飞行速度变化,在其稳态特性部分重点关注高度特性和节流特性,随后还讨论了多级火箭的相关内容。

8.1 航空燃气涡轮发动机总体性能

8.1.1 发动机的性能特点

第5章曾经提到,多转子结构形式有助于防止压气机喘振的发生。下面以双转子涡喷发动机为例,简要介绍防止喘振的机理。双转子涡喷发动机的结构示意图如图8.1所示。双转子发动机的压气机防喘的实质是通过改变圆周速度来改变动叶入口速度三角形,使相对速度方向接近设计方向。当双转子发动机工作时,若压气机偏离设计状态,两个转子会自动调整转速,使得各级流量系数变化很小,从而气流冲角变化很小,能有效防止压气机喘振。

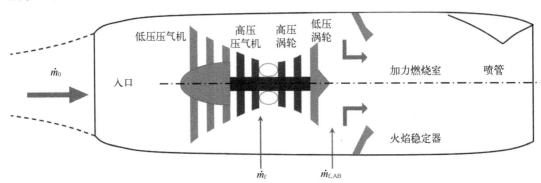

图 8.1 双转子涡喷发动机结构示意图

为了讨论双转子发动机转速自动调整的机理,首先回顾单转子压气机在非设计状态下的工作特性。当压气机转速下降时,增压比随之减小,并且有如下特性公式:

$$\frac{\bar{c}_{za}}{\bar{c}_{1a}} \pi_z^{\frac{1}{k}} = \text{const} \tag{8.1}$$

由式(8.1)可知,最后一级和第一级的流量系数之比将增大,由于后面级入口的流量系数变化要比第一级慢,即压气机的流量系数降低的程度从前到后逐级减小,最终的结果是前面级的流量系数降低,中间级的流量系数基本不变,而后面级的流量系数升高。根据速度三角形,前面级有较大的正攻角,后面级攻角变小,甚至出现负攻角,因此,前面级压气机的负荷变重,而后面级压气机的负荷变轻。双转子发动机的低压压气机相当于单转子压气机的前面级,高压压气机相当于后面级,当转速降低时,增压比减小,低压压气机的负荷变重,而高压压气机的负荷相对变轻。

接下来分析涡轮的变化。为了分析多级涡轮在非设计状态的工作,首先列出入口截面和出口截面的连续性方程:

$$\rho_4 A_4 c_{4a} = \rho_5 A_5 c_{5a} \tag{8.2}$$

根据多变过程关系式:

$$\frac{\rho_4}{\rho_5} = \left(\frac{p_4}{p_5}\right)^{1/k} \tag{8.3}$$

其中,k 为多变过程指数,则

$$\frac{c_{5a}}{c_{4a}} = \frac{A_4}{A_5}\left(\frac{p_4}{p_5}\right)^{1/k} \tag{8.4}$$

当发动机转速降低时,涡轮膨胀比变小,则涡轮出口截面的气流密度相对于设计状态是增大的,为了保持流动连续,就必须减小轴向速度 c_a,在多级涡轮中,越是后面级,其轴向速度减小得越多。由于静叶出气角在非设计状态下变化不大,因此,越是后面级的静叶,出口速度也就减小得越多,这就使得后面级涡轮的出功和膨胀比减小得较多,而前面级涡轮的出功和膨胀比减小得较少。对应于双转子发动机,结论就是当转速降低时,高压涡轮与低压涡轮出功的比例增加。

在燃气涡轮发动机中,低压涡轮出功应等于低压压气机的耗功,当转速降低时,相比于设计状态,低压压气机的负荷变重,而低压涡轮的出功减小,低压涡轮带不动低压压气机,必然导致低压压气机转速下降得多,高压压气机转速下降得少,高低压转子的轴向速度与各自的圆周速度自动趋于协调。转速自动调整的机理如图8.2所示。

除此之外,与单转子涡喷发动机相比,双转子涡喷发动机还具有以下几方面的优点:① 压气机效率高;② 低转速时具有良好的加速性;③ 起动机只需带动一个转子,需要的功率小。

涡扇发动机也采用双转子甚至三转子的设计方案,以提高发动机的气动稳定性。下面讨论涡扇发动机的性能特点。与涡喷发动机相比,涡扇发动机将可用功分配给更大量的空气,推力加大,并提高推进效率,耗油率低。缺点是迎风面积大、阻力大、结构复杂,特别是高涵道比,

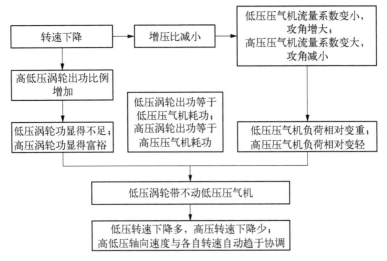

图 8.2　双转子发动机转速自动调整的机理

随飞行速度增大,推力很快下降,故仅适用亚声速飞行。表 8.1 给出了两类涡扇发动机的特点及应用背景。

表 8.1　涡扇发动机的特点及应用背景

类　型	高涵道比涡扇发动机	低涵道比涡扇发动机
应　用	民用旅客机和运输机	军用战斗机
适用速度	高亚声速	超声速
要　求	推力大、耗油率低	速度快、推重比大(质量轻)、作战机动性好
涵道比	一般高于 6	一般低于 1.0
排气结构	分别排气	混合排气

根据第 4 章的讨论,对于大涵道比涡扇发动机,提高性能的重要途径,一方面是继续增大涵道比,另一方面是提高增压比;而对于小涵道比涡扇发动机,提高性能的重要途径是提高涡轮前温度。从结构设计的角度来讲,减重是两类发动机追求的永恒目标。

8.1.2　部件匹配分析

发动机的各个部件都有各自独立的工作模式,但相互之间又满足一定的匹配关系。当发动机稳定工作时,进入一个部件的质量流量必须全部进入后面的部件,这就是质量守恒定律;在同一根轴上的涡轮输出功应等于压气机的耗功以及功率提取和摩擦损失的能量之和,这就是能量守恒定律;对于涉及燃烧等化学反应的部件之间,还应满足元素守恒定律。以上讨论没有提到动量守恒定律,但在计算整个推进系统各部件的力的大小和方向时,仍要用到动量守恒定律。稳定状态的部件匹配问题中,部件之间的相互影响取决于质量守恒定律和能量守恒定律。

1. 进气道与压气机的匹配

进气道与风扇(或压气机)的结构如图 8.3 所示,其中,进气道唇口面积 A_1、压气机入口截

面积 A_2、出口截面积 A_3 保持不变,但是,进气道捕获流管的入口面积 A_0 随飞行状态的变化很大。

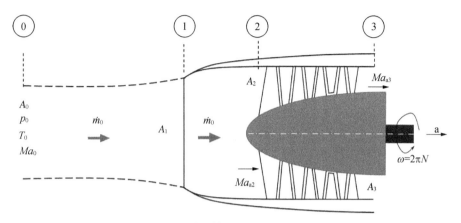

图 8.3　进气道与压气机匹配示意图

根据质量守恒定律,进气道的气体流量与进入发动机的气体流量相等,即

$$\sqrt{\frac{\gamma}{R}}\,\frac{p_{t2}}{\sqrt{T_{t2}}}A_2 Ma_{a2}\left(1+\frac{\gamma-1}{2}Ma_{a2}^2\right)^{\frac{-(\gamma+1)}{2(\gamma-1)}}=\sqrt{\frac{\gamma}{R}}\,\frac{p_{t0}}{\sqrt{T_{t0}}}A_0 Ma_0\left(1+\frac{\gamma-1}{2}Ma_0^2\right)^{\frac{-(\gamma+1)}{2(\gamma-1)}} \quad (8.5)$$

其中,Ma_a 为轴向马赫数。假定进气道内为绝热流动,则气体的总焓(总温)不变,从而可以消去方程两边的不变量,得

$$\sigma_i\frac{A_2}{A_0}Ma_{a2}\left(1+\frac{\gamma-1}{2}Ma_{a2}^2\right)^{\frac{-(\gamma+1)}{2(\gamma-1)}}=Ma_0\left(1+\frac{\gamma-1}{2}Ma_0^2\right)^{\frac{-(\gamma+1)}{2(\gamma-1)}} \quad (8.6)$$

典型的进气道特性图包括总压恢复系数随飞行马赫数的变化,即 $\sigma_i=f(Ma_0)$,本书第 6 章也给出了 AIA 和 MIL-E5008-B 的标准。那么,在任意的一个飞行马赫数下,进气道和压气机的匹配方程变成了 A_0 和 Ma_{a2} 的函数。在进气道与压气机的匹配问题中,人们最关心的是进气畸变,这是因为压气机产生的失速和喘振等不稳定性工况,究其根源是由进气畸变引起的。

2. 压气机与燃烧室的匹配

在稳定工作状态下,燃烧室出口的质量流量等于压气机质量流量加燃油的质量流量,f 表示油气比,则由质量守恒定律得

$$\sqrt{\frac{\gamma_4}{R_4}}\,\frac{\sigma_b\pi_c}{\sqrt{T_{t4}/T_{t2}}}A_4\left(1+\frac{\gamma_4-1}{2}Ma_4^2\right)^{\frac{-(\gamma_4+1)}{2(\gamma_4-1)}}=(1+f)\sqrt{\frac{\gamma_3}{R_3}}A_2 Ma_{a2}\left(1+\frac{\gamma_3-1}{2}Ma_{a2}^2\right)^{\frac{-(\gamma_3+1)}{2(\gamma_3-1)}}$$

$$(8.7)$$

根据式(8.7),对于给定的压气机换算质量流量、油门参数和 f,可以唯一确定压气机增压比 π_c,如图 8.4 所示,其中油门由压气机的等节流线(T_{t4}/T_{t2} 的等值线)体现,等节流线与等换算转速线的交点就是发动机的实际工作点,确定了发动机工作点的位置后,增压比自然就确定

了。另外,根据式(8.7),给定压气机增压比和节流状态,可以唯一确定压气机换算质量流量,它只是轴向马赫数 Ma_{a2} 的函数。可以根据式(8.7),结合设计参数 π_c、Ma_{a2}、T_{t4}/T_{t2} 和 f,来计算 A_4/A_2 的值,对于固定面积的涡轮发动机,在非设计状态下,这个比值为常数。

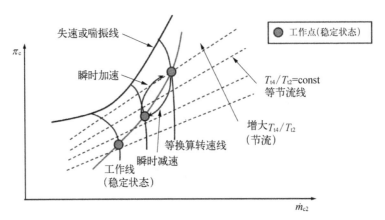

图 8.4 压气机与燃烧室的匹配特性

根据燃烧室进出口截面的能量守恒定律,则燃烧室的油气比 f 可以表示为

$$f = \frac{h_{t4} - h_{t3}}{H_f \eta_b - h_{t4}} \tag{8.8}$$

当发动机工作在非设计状态时,假定发动机的节流特性已经确定了 T_{t4},则式(8.8)等号右边的未知量只有燃烧室入口气体总焓 h_{t3} 和燃烧效率 η_b。只要确定了增压比 π_c,h_{t3} 便可得到。根据工作状态确定或者假定一个 η_b,就可以进一步计算新的非设计工况的油气比 f。

3. 压气机与涡轮的匹配

在稳定工作状态下,压气机与涡轮的相互影响由以下因素决定:① 涡轮导向器壅塞(即 $Ma_4 = 1$,成为燃气轮机的第一个喉道);② 涡轮冷却要求;③ 涡轮进口的局部高温区;④ 由冷却导致的效率损失。其中,后面三项与燃烧室或者涡轮的冷却设计及其对效率的影响有关。连在同一根轴上的涡轮和压气机工作时满足:转速相等、质量流量连续、压力平衡和功率平衡。

在同一根轴上的压气机和涡轮之间建立能量守恒方程,引入机械效率 η_m 来表征功率损失,则能量守恒方程可表示为

$$\dot{m}_0 (h_{t3} - h_{t2}) = \eta_m (\dot{m}_0 + \dot{m}_f)(h_{t4} - h_{t5}) \tag{8.9}$$

将式(8.9)两边同除空气质量流量和发动机进口气流总焓,可得

$$\tau_c - 1 = \eta_m (1 + f) \frac{c_{pg}}{c_p} \frac{T_{t4}}{T_{t2}} (1 - \tau_t) \tag{8.10}$$

可以证明,涡轮膨胀参数 τ_t 在宽广的非设计状态(高压涡轮第一级导向器和低压涡轮第一级导向器处于临界或超临界状态)下保持不变,那么,根据式(8.10),$(\tau_c - 1)$ 与 T_{t4}/T_{t2} 呈线性关

系,若忽略 η_{m} 的变化,则

$$\frac{\tau_{\mathrm{c}} - 1}{(\tau_{\mathrm{c}} - 1)_{\mathrm{d}}} \approx \frac{T_{\mathrm{t4}}/T_{\mathrm{t2}}}{(T_{\mathrm{t4}}/T_{\mathrm{t2}})_{\mathrm{d}}} \tag{8.11}$$

假定气流在压气机内经历绝热过程,其中,下标 d 代表设计状态参数,则压气机增压比可表示为

$$\pi_{\mathrm{c}} = \left[1 + \eta_{\mathrm{c}}(\tau_{\mathrm{c}} - 1) \right]^{\frac{\gamma}{\gamma-1}} \tag{8.12}$$

将式(8.12)代入式(8.11),得到非设计状态压气机的增压比为

$$\tau_{\mathrm{c}} \approx \left[1 + \eta_{\mathrm{c}}(\tau_{\mathrm{c}} - 1)_{\mathrm{d}} \frac{T_{\mathrm{t4}}/T_{\mathrm{t2}}}{(T_{\mathrm{t4}}/T_{\mathrm{t2}})_{\mathrm{d}}} \right]^{\frac{\gamma}{\gamma-1}} \tag{8.13}$$

同轴的压气机和涡轮具有相同的转速,因此压气机和涡轮的换算转速分别为

$$\bar{n}_{\mathrm{c}} = \frac{n}{\sqrt{T_{\mathrm{t2}}/T_{\mathrm{ref}}}} \tag{8.14a}$$

$$\bar{n}_{\mathrm{t}} = \frac{n}{\sqrt{T_{\mathrm{t4}}/T_{\mathrm{ref}}}} \tag{8.14b}$$

其中, T_{ref} 表示参考温度,换算转速的定义在第 5 章已有介绍。联立式(8.14a)和式(8.14b)可得

$$\bar{n}_{\mathrm{c}} = \bar{n}_{\mathrm{t}}\sqrt{T_{\mathrm{t4}}/T_{\mathrm{t2}}} \tag{8.15}$$

考虑到压气机的功率正比于转速的平方,即

$$L_{\mathrm{c}} \propto T_{\mathrm{t2}}(\tau_{\mathrm{c}} - 1) \propto n^2 \tag{8.16}$$

则换算转速可进一步表示为

$$\bar{n}_{\mathrm{c}}^2 \propto (\tau_{\mathrm{c}} - 1) \tag{8.17}$$

通过对比式(8.15)和式(8.17),可得, τ_{t} 为常数,则换算转速 $\bar{n}_{\mathrm{t}}$ 为常数, $\bar{n}_{\mathrm{c}}$ 正比于节流参数 $T_{\mathrm{t4}}/T_{\mathrm{t2}}$ 的平方根,即

$$\frac{\bar{n}_{\mathrm{c}}}{(\bar{n}_{\mathrm{c}})_{\mathrm{d}}} \approx \frac{\sqrt{T_{\mathrm{t4}}/T_{\mathrm{t2}}}}{\sqrt{(T_{\mathrm{t4}}/T_{\mathrm{t2}})_{\mathrm{d}}}} \tag{8.18a}$$

$$\bar{n}_{\mathrm{t}} \approx (\bar{n}_{\mathrm{t}})_{\mathrm{d}} \approx \mathrm{const} \tag{8.18b}$$

压气机和涡轮的换算质量流量为

$$\bar{m}_{\mathrm{c}} = \dot{m}_{\mathrm{c}} \frac{\sqrt{T_{\mathrm{t2}}/T_{\mathrm{ref}}}}{p_{\mathrm{t2}}/p_{\mathrm{ref}}} \tag{8.19a}$$

$$\bar{m}_t = \dot{m}_t \frac{\sqrt{T_{t4}/T_{ref}}}{p_{t4}/p_{ref}} \tag{8.19b}$$

流经压气机和涡轮的工质的质量流量的唯一区别是燃烧时加入的燃料流量,因此有

$$(1+f)\bar{m}_c \frac{p_{t2}/p_{ref}}{\sqrt{T_{t2}/T_{ref}}} = \bar{m}_t \frac{p_{t4}/p_{ref}}{\sqrt{T_{t4}/T_{ref}}} \tag{8.20}$$

由于在宽广的工作范围内,截面 4 均处于壅塞状态,因此,截面 4 的换算参数是常量,即

$$\frac{\bar{m}_c}{(\bar{m}_c)_d} \cong \frac{\pi_c}{(\pi_c)_d} \frac{\sqrt{(T_{t4}/T_{t2})_d}}{\sqrt{T_{t4}/T_{t2}}} \tag{8.21}$$

4. 涡轮-加力燃烧室-喷管的匹配

带加力的燃气涡轮发动机中,涡轮与喷管之间设置有加力燃烧室,加力燃烧室在与涡轮和尾喷管的匹配中起什么作用? 不开加力时,气流在加力燃烧室中的流动就是一个管道中的绝热摩擦流动,有总压损失;开加力时,加力燃烧室会以两种主要途径影响尾喷管中的质量流量,一是加力燃烧室中的高温气体密度明显降低,二是在加力燃烧室中喷入燃料,使尾喷管的质量流量增加。因为燃烧过程存在总压损失,处于壅塞状态的尾喷管喉道可以根据加力燃烧室的工作情况进行自动调节,即打开时可以适应低密度、高总压损失的大质量流量,但仍然保持壅塞。图 8.5 给出了涡轮-加力燃烧室-尾喷管的匹配工作示意图。

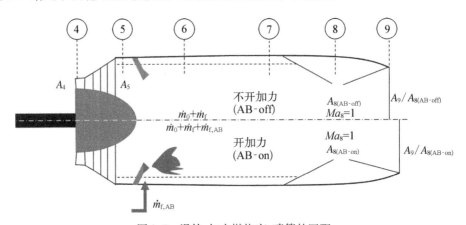

图 8.5 涡轮-加力燃烧室-喷管的匹配

无论加力是否接通,尾喷管的喉部均处于壅塞状态。首先讨论加力不接通的情况。在截面 4 和截面 8 之间建立连续性方程,同时考虑到这两个截面均处于壅塞状态,即 $Ma_4 = Ma_8 = 1.0$,则

$$\frac{p_{t8}/p_{t4}}{\sqrt{T_{t8}/T_{t4}}} = \sqrt{\frac{\gamma_4/\gamma_8}{R_4/R_8}} \frac{A_4}{A_{8(AB\text{-}off)}} \frac{[2/(\gamma_4+1)]^{\frac{\gamma_4+1}{2(\gamma_4-1)}}}{[2/(\gamma_8+1)]^{\frac{\gamma_8+1}{2(\gamma_8-1)}}} \tag{8.22}$$

考虑到尾喷管喉部截面 8 的总压可表示为 $(p_{5t})\pi_{AB-off}$，总温 $T_{t8}=T_{t5}$，则式(8.22)可变为

$$\frac{\pi_t}{\sqrt{\tau_t}}=f\left[\pi_{AB-off},\ \gamma_4,\ R_4,\ \gamma_8,\ R_8,\ \frac{A_4}{A_{8(AB-off)}}\right] \tag{8.23}$$

在设计点和非设计点之间,式(8.23)右边近似保持常数,这一点在非设计状态分析中非常重要。

$$\frac{\pi_t}{\sqrt{\tau_t}}\approx \mathrm{const}_{(AB-off)} \tag{8.24}$$

当加力接通时,同样在截面 4 和截面 8 之间列连续性方程,考虑到 $Ma_4=Ma_8=1.0$,可得

$$\frac{\pi_{AB-on}}{\sqrt{\tau_{AB-on}}}\frac{\pi_t}{\sqrt{\tau_t}}\approx f\left[\gamma_4,\ R_4,\ \gamma_8,\ R_8,\ \frac{A_4}{A_{8(AB-on)}},\ f_{AB}\right] \tag{8.25}$$

由于 $A_{8(AB-on)}$ 反比于 π_{AB-on},正比于 τ_{AB-on} 的平方根,并且设置为能够流过开加力时的附加质量,可得

$$\frac{\pi_t}{\sqrt{\tau_t}}\approx \mathrm{const}_{(AB-on)} \tag{8.26}$$

式(8.24)与式(8.26)的形式完全一样,开加力与不开加力时,等号右边的两个常数仅因为接通加力工作时产生气体的性质不同而不同。若发动机喷管可调,则无论加力是否接通,是否工作在设计状态,涡轮中的膨胀均不受影响。

喷管出口面积 A_9 是一个独立变量,当加力接通时可以通过调节 A_9 的大小使发动机获得最大推力。在进行非设计状态分析时,喷管面积比 A_9/A_8 可当作已知或给定参数,理想面积比对应完全膨胀,但由于几何限制,喷管出口面积存在最大限制值 A_{9max}。在已知 A_9/A_8、飞行马赫数、飞行高度和加力燃烧室工作情况时,A_8 由加力燃烧室工作情况决定,A_{9max} 由发动机舱决定。

8.1.3　共同工作特性及其分析

1. 共同工作条件

核心机的概念在前面章节已经提过,它主要由高压压气机、主燃烧室和高压涡轮三大核心部件组成。发动机在非设计状态达到稳定工作时,核心机的各部件必须满足如下共同工作条件:① 质量流量连续;② 压力平衡;③ 功率平衡;④ 高压压气机与高压涡轮物理转速相等。

根据发动机的工作过程,可以知道,涡轮导向器的气体质量流量 $\dot{m}_{gHT}$ 等于压气机入口空气质量流量 $\dot{m}_{a25}$ 加上燃料的质量流量 $\dot{m}_f$,再减去涡轮冷却空气的流量 $\dot{m}_{cool}$,由于冷却空气的流量和燃料流量相对较小,因此,在下面的分析中忽略这两部分流量,即高压压气机入口空

气质量流量和高压涡轮导向器气体质量流量近似相等,即

$$\dot{m}_{a25} = kA_{25}\frac{p_{t25}}{\sqrt{T_{t25}}}q(\lambda_{25}) = \dot{m}_{gHT} = k_g A_{HT}\frac{p_{t4}}{\sqrt{T_{t4}}}q(\lambda_{HT}) \tag{8.27}$$

其中,k、k_g 为流量系数,与比热比和摩尔气体常量有关;$q(\lambda_{25})$ 为高压压气机入口气动流量函数;$q(\lambda_{HT})$ 为高压涡轮导向器喉部气动流量函数,因为高压涡轮导向器通常处于壅塞状态,因此,$q(\lambda_{HT}) = 1.0$;A_{25} 为高压压气机入口截面积;A_{HT} 为高压涡轮导向器喉部截面积;T_{t25}、T_{t4} 分别为高压压气机和高压涡轮入口总温;p_{t25}、p_{t4} 分别为高压压气机和高压涡轮入口气流总压;σ_{HT} 为高压涡轮导向器总压恢复系数。

考虑到压力平衡关系,即涡轮前压力等于气流经历燃烧室后的压力,表示为

$$p_{t4} = \sigma_b p_{t3} \tag{8.28}$$

质量流量连续方程(8.27)可进一步整理为

$$\pi_{CH} = \frac{1}{k_g A_{HT}\sigma_b\sigma_{HT}}\sqrt{\frac{T_{t4}}{T_{t25}}}\frac{\dot{m}_{a25}\sqrt{T_{t25}}}{p_{t25}} \tag{8.29}$$

为了用换算流量表示式(8.29),记 $\theta_{25} = T_{t25}/T_{ref}$,$\delta_{25} = p_{25}/p_{ref}$,其中,$p_{ref} = 101\,325\ \mathrm{Pa}$、$T_{ref} = 288\ \mathrm{K}$ 分别为参考压力、温度,则式(8.29)可改写为

$$\pi_{CH} = \mathrm{const}\sqrt{\frac{T_{t4}}{T_{t25}}}\frac{\dot{m}_{a25}\sqrt{\theta_{25}}}{\delta_{25}} = \mathrm{const}\sqrt{\frac{T_{t4}}{T_{t25}}}\dot{m}_{acor25} \tag{8.30}$$

由式(8.30)可知,当 T_{t4}/T_{t25} 为常数时,式(8.30)在高压压气机特性图上为一条过原点的直线,如图 8.6 所示,且 T_{t4}/T_{t25} 的值越大,直线越靠近喘振边界。燃烧室出口总温增加会导致工质比容增大,此时尽管涡轮导向器喉部截面积不变,涡轮导向器喉部流通能力仍下降,导致通过核心机的流量减小,从而共同工作点沿等换算转速线上移。当高压压气机入口气流总温不变,且高压转子物理转速减小到使换算转速很低时,压气机增压比过低导致涡轮导向器转为亚临界状态,$q(\lambda_{HT})$ 小于 1.0 且不再是常数。涡轮前温度与压气机入口气体总温的比值为常数的线不再是直线,并且汇集于压气机压比为 1.0 的点。

当发动机稳定工作时,高压压气机和高压涡轮之间还应满足功率平衡条件,即

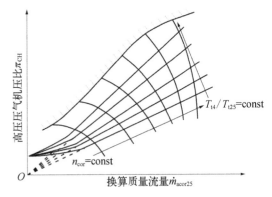

图 8.6　压气机特性图

$$L_{HC} = L_{HT}\eta_{mH} = c_{pg}T_{t4}(1 - \tau_{HT})\eta_{HT}\eta_{mH} \tag{8.31}$$

其中, η_{mH} 为高压转子的机械效率。由式(8.31)可知, 当高压压气机的进口参数变化导致压气机耗功变化时, 高压涡轮前温度或者涡轮膨胀参数应做相应调整, 否则转子的转速将发生变化。由第 5 章可知, 高压压气机的耗功可用压比和效率表示出来, 即

$$\frac{c_p T_{t25}(1 - \tau_{HC})}{\eta_{HC}} = c_{pg} T_{t4}(1 - \tau_{HT}) \eta_{HT} \eta_{mH} \tag{8.32}$$

整理得

$$\frac{T_{t4}}{T_{t25}} = \frac{c_p(\tau_{HC} - 1)}{c_{pg}(1 - \tau_{HT}) \eta_{HC} \eta_{HT} \eta_{mH}} \tag{8.33}$$

下面论证在 8.1.2 节曾经用过的结论, 即当高压涡轮第一级导向器和低压涡轮第一级导向器处于临界或超临界状态时, 高压涡轮膨胀比保持不变。列出高低压涡轮导向器临界截面的连续方程:

$$k_g A_{HT} \frac{p_{t4} \sigma_{HT}}{\sqrt{T_{t4}}} q(\lambda_{HT}) = k_g A_{LT} \frac{p_{t45} \sigma_{LT}}{\sqrt{T_{t45}}} q(\lambda_{LT}) \tag{8.34}$$

假定气体在涡轮中经历多变膨胀过程, 且多变指数为 e_t, 则

$$\frac{T_{t45}}{T_{t4}} = \left(\frac{p_{t45}}{p_{t4}}\right)^{\frac{e_t - 1}{e_t}} \tag{8.35}$$

代入式(8.34), 并整理得

$$\pi_{TH} = \frac{p_{t4}}{p_{t45}} = \left[\frac{A_{LT} \sigma_{LT} q(\lambda_{LT})}{A_{HT} \sigma_{HT} q(\lambda_{HT})}\right]^{\frac{2e_t}{e_t + 1}} \tag{8.36}$$

对于几何不可调的涡轮, 高低压涡轮导向器喉部面积 A_{HT} 和 A_{LT} 为常数, 高低压涡轮导向器叶栅通道的总压恢复系数 σ_{HT} 和 σ_{LT} 可近似为常数, 那么, 如果高低压涡轮导向器均处于临界或超临界状态, 即 $q(\lambda_{LT}) = q(\lambda_{HT}) = 1.0$, 则式(8.36)右侧为常数, 即当上述假设条件成立时, 高压涡轮膨胀比为常数。如果进一步假定高压涡轮效率也为常数, 则式(8.33)可简化为

$$\frac{T_{t4}}{T_{t25}} = \text{const} \frac{\tau_{HC} - 1}{\eta_{HC}} \tag{8.37}$$

2. 共同工作方程

核心机的共同工作必须同时满足连续方程(8.34)和能量平衡方程(8.33), 联立两式, 并消去节流参数 T_{t4}/T_{t25}, 便得到了核心机稳态工作的共同工作方程为

$$\frac{\dot{m}_{\text{acor25}}}{\pi_{\text{HC}}}\sqrt{\frac{\tau_{\text{HC}}-1}{\eta_{\text{HC}}}} = \frac{p_{\text{ref}}k_{\text{g}}A_{\text{HT}}\sigma_{\text{b}}\sigma_{\text{HT}}}{\sqrt{T_{\text{ref}}}kA_{25}}\sqrt{\frac{c_{pg}}{c_p}(1-\tau_{\text{HT}})\eta_{\text{HT}}\eta_{\text{mH}}} \qquad (8.38)$$

该方程可画在高压压气机的特性图上,如图 8.7 所示,图中 d 点为压气机的设计点,在该点的相对换算转速为

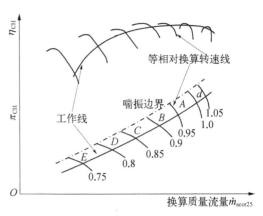

图 8.7　核心机的共同工作线

$$\bar{n}_{\text{HC}} = \frac{n_{\text{H}}/\sqrt{T_{t25}}}{(n_{\text{H}}/\sqrt{T_{t25}})_{\text{d}}} = 1.0 \qquad (8.39)$$

根据式(8.38),可以得到不同换算转速下核心机的共同工作点,共同工作点的连线便是核心机的共同工作线。确定共同工作点的步骤大致如下。

① 根据发动机设计点参数计算共同工作方程(8.38)右边的常值 C_{H}。

② 在高压压气机的特性图上任意选择一条等换算转速线,如取 $\bar{n}_{\text{HC}}=0.9$,在这条线上任取一点 A,并从图中读出增压比 π_{HC}、效率 η_{HC} 和入口相似流量 $\dot{m}_{\text{acor25}}$,代入共同工作方程,计算 C_{H}。

③ 判断由步骤②算出的 C_{H} 与由步骤①得到的 C_{H} 是否相等,如相等,则 A 点就是核心机在该换算转速线下的共同工作点;如不相等,则在该等换算转速线上重新取一点,重复步骤②和步骤③,直到两个 C_{H} 的差值达到误差允许值,即得到了核心机在该换算转速线下的共同工作点。

以上所讨论的共同工作线是基于高压涡轮膨胀比基本保持不变的假设得到的。

发动机稳定工作时,核心机的工作点必然落在这条共同工作线上,当飞行条件变化导致高压压气机换算转速变化时,核心机工作点将沿共同工作线发生移动。

如果减小低压涡轮导向器喉部面积 A_{LT},则共同工作线整体上移,如图 8.8 所示。如果 A_{LT} 减小,由式(8.36)可知,高压涡轮膨胀比减小,高压涡轮功减小,原工作点的功率不再平衡,根据式(8.33),发动机必须增大高压涡轮前温度才能获得新的平衡,在图 8.8 中,等换算转速线向上移动,对应涡轮前温度升高,因此,当减小低压涡轮导向器喉部面积时,共同工作线向上移。反之,如果增大低压涡轮导向器喉部面积时,共同工作线向下移。

如果改变高压涡轮导向器喉部面积也将导致核心机共同工作线的整体移动,由式(8.36)可知,改变高压涡轮导向器喉部面积对核心机共同工作线的影响规律与调节低压涡轮导向器喉部面积的结论刚好相反,即如果增大高压涡轮导向器喉部面积 A_{HT},则共同工作线整体上移,如图 8.9 所示。

因为单转子涡喷发动机的主要部件与核心机类似,因此,只要将推导共同工作方程时的前提条件变为涡轮导向器和尾喷管处于临界或超临界状态,其共同工作方程的形式与式(8.38)一致,关于核心机共同工作线的结论也同样适用于单转子涡喷发动机。

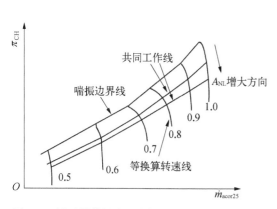

图 8.8 低压涡轮导向器喉部面积对核心机共同工
作线的影响

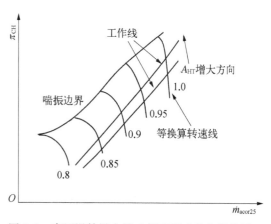

图 8.9 高压涡轮导向器喉部面积对核心机共同工
作的影响

对于单转子涡喷发动机,当物理转速较小
或者飞行马赫数较低时,发动机的总压比过低,
尾喷管可能处于亚临界状态,即 $q(\lambda_8) < 1.0$,此
时发动机的共同工作线与飞行马赫数有关,如
图 8.10 所示。因为当 $q(\lambda_8) < 1.0$ 时,$q(\lambda_{LT}) <$
1.0,由式(8.36)可知,涡轮落压比相比于喷管
处于临界状态或超临界状态时的值减小,另外,
飞行马赫数越小,速度冲压越小,尾喷管入口总
压越小,也会造成 $q(\lambda_8)$ 减小,涡轮落压比减
小。根据前面所述的低压涡轮导向器喉部面积
调节对共同工作线的影响可知,涡轮落压比减
小,共同工作线向上移动。

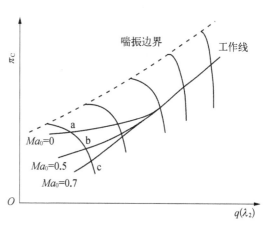

图 8.10 尾喷管处于亚临界状态时单转子涡喷发
动机共同工作线

8.1.4 稳态特性

发动机的稳态特性是指发动机稳定工作时推力和耗油率等性能指标随发动机飞行和大气
条件以及油门位置的变化规律。航空燃气涡轮发动机最基本的稳态特性包括速度特性、高度
特性和节流特性。发动机的稳态特性对于飞机的飞行性能具有重要影响,也是飞机选择发动
机的重要依据。

1. 发动机的工作状态

发动机的工作状态是指发动机起动后在各种负荷下运转的工作状态。下面以小涵道比军
用涡扇发动机为例,介绍发动机的个主要工作状态。

① 最大状态。最大状态指油门杆在最大位置,发动机持续提供最大推力的工作状态,对于带
加力的燃气涡轮发动机,最大状态就是全加力状态。当发动机工作在最大状态时,各部件的气动负
荷、离心负荷、热负荷以及加力燃烧室温度均达到最大值,接近设计的最大允许值。因此,发动机在
该状态的工作时间受到严格的限制,通常不超过 10 min,并且最大状态的累计工作时间通常不超过

发动机总寿命的 30%~35%。最大状态可用于起飞、爬升、加速、达到最大马赫数或升限的飞行。

② 最小加力状态。最小加力状态指带加力的燃气涡轮发动机加力燃烧室能稳定燃烧、产生最小加力推力的工作状态。此时,发动机主机的工作状态与最大状态相同,只是加力燃烧室的状态最低,加力供油量最小。

③ 中间状态。中间状态指加力不接通时产生最大推力的状态。此时,主机各部件的气动、热力负荷也达到了最大值,因此,该状态下的连续工作时间和累计工作时间也受到限制。中间状态用于起飞、短时间爬升、加速、超声速巡航等。

④ 最大连续工作状态。最大连续工作状态指发动机可以持续工作的最大推力工作状态,该状态的连续工作时间不受限制,一般用于飞机的高速平飞或长时间爬升。

⑤ 巡航状态。巡航状态是发动机最经济的工作状态,工作时间不受限制,这种状态也是民用大涵道比涡扇发动机的主要工作状态。

⑥ 慢车状态。慢车状态又分为地面慢车和空中慢车状态,是指发动机在地面或者给定的飞行速度下,发动机稳定可靠工作的最小推力状态。地面慢车状态的推力为中间状态推力的 3%~5%,尽管在慢车状态下发动机的转速低,但是由于部件效率低,为维持慢车转速所需的涡轮前燃气温度却相当高,因此,连续工作时间优势也受到限制。慢车状态用于启动后的暖机、地面滑行或着陆阶段。

⑦ 风车状态。风车状态指发动机空中停车(燃烧室熄火)后,转子依靠冲压空气的作用旋转的工作状态。

2. 稳态特性

下面以涡扇发动机为研究对象讨论发动机的稳态特性。

1) 速度特性

速度特性指在给定的飞行高度、发动机油门位置和控制规律下,发动机的推力和耗油率随飞行马赫数的变化规律。现以一台小涵道比涡扇发动机为例讨论发动机的速度特性,工作状态选为中间状态,控制规律选为 $n_L = n_{L\max} = \text{const}$,$T_{t4} = T_{t4,\max} = \text{const}$。

当飞行高度一定时,随着飞行马赫数的增大,发动机入口气流总温、总压增大。入口总温的增大使得高低压转子的换算转速下降,发动机高低压压气机的换算流量和增压比均降低。发动机的空气流量取决于高压涡轮的流通能力,当涡轮前温度不变时,高压涡轮的流通能力随高压涡轮入口气流总压的增大而单调增大。由于有

$$p_{t4} = \frac{p_{t4}}{p_{t3}}\frac{p_{t3}}{p_{t2}}\frac{p_{t2}}{p_{t0}}\frac{p_{t0}}{p_0}p_0 = \sigma_b\pi_c\sigma_i\left[1 + \frac{(\gamma-1)Ma_0^2}{2}\right]^{\frac{\gamma}{\gamma-1}}p_0 \qquad (8.40)$$

当飞行马赫数增大时,压气机的增压比将减小,但是由于速度冲压的作用(尤其是在超声速飞行条件下),高压涡轮的入口气流总压随着 Ma_0 的增大而增大,因此,发动机的流量随着 Ma_0 的增大而增大,如图 8.11 所示。

当飞行马赫数增大时,发动机内外涵道的流量均增大。发动机进气总温增大,使得高低压转子换算转速减小,考虑到涡扇发动机内涵道的设计增压比高,因此,内涵道换算流量(即流通能力)随换算转速下降的速度比外涵道更快。因此,随着飞行马赫数 Ma_0 的增大,涵道比增大,如图 8.12 所示。

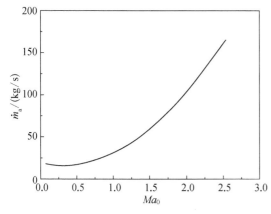

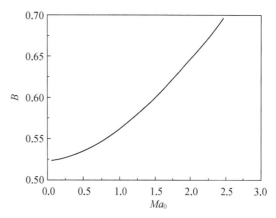

图 8.11　空气流量随飞行马赫数的变化规律　　　图 8.12　涵道比随飞行马赫数的变化规律

随着飞行马赫数的增大,由于发动机入口气流总压增大,因此,喷管入口气流总压增大,喷管膨胀比增大,从而排气速度增大。然而,排气速度增大的程度小于进气速度,因此,进排气速度之差减小,从而发动机的比推力减小,如图 8.13 所示。图 8.14 给出了发动机的效率随飞行马赫数的变化规律。飞行马赫数对热效率的影响表现在两个方面:一是速度冲压作用使得发动机热力循环的总增压比提高,这有助于热效率的提高;二是发动机进气总温的增大使得燃烧室入口气流静温升高,当燃烧室出口总温不变时,循环加热量将减小,使得排热损失的占比增大,这将导致热效率的降低。在飞行马赫数较低时,第一方面的影响居主导作用,随着 Ma_0 的增大,第二方面的影响变得越来越突出,并占据主导地位,因此,随着飞行马赫数的增大,热效率先增大后减小。根据第 2 章对于推进效率的介绍,推进效率取决于排气速度与进气速度之比,随着 Ma_0 的增大,排气速度增大的程度小于进气速度,因此,推进效率将增大。总效率是热效率与推进效率的乘积,两者的变化规律共同决定了总效率的变化规律,即随着 Ma_0 的增大,总效率先增大后减小。

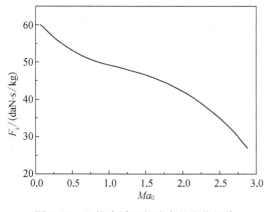

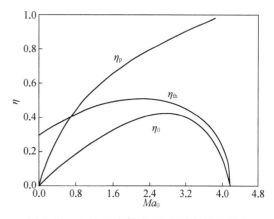

图 8.13　比推力随飞行速度的变化规律　　　图 8.14　发动机效率随飞行速度的变化规律

涡扇发动机的典型速度特性如图 8.15 所示。发动机的比推力与空气流量共同决定了推力随着飞行马赫数的变化规律,即随着飞行马赫数的增大,推力先增大后减小,如图 8.15(a)所示。根据定义,耗油率的大小与比推力成反比,因为比推力随着 Ma_0 的增大而单调减小,所以,耗油率随着飞行马赫数的增大而增大,如图 8.15(b)所示。当飞行马赫数变化时,应当选用总效率来评估发动机的经济性。

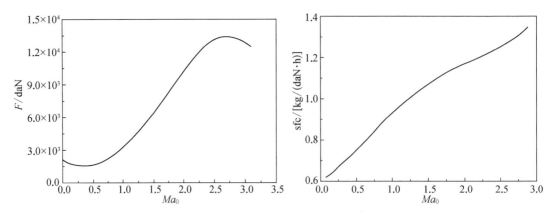

图 8.15　涡扇发动机典型速度特性曲线

2) 高度特性

高度特性是指在给定的飞行速度、发动机工作状态和控制规律下,发动机推力和耗油率随飞行高度的变化规律。现在以一台小涵道比涡扇发动机为例,讨论发动机的高度特性,工作状态选为中间状态,控制规律选为 $n_L = n_{Lmax} = \text{const}$, $T_{t4} = T_{t4,max} = \text{const}$。

图 8.16 给出了涡扇发动机的典型高度特性。可见,随着飞行高度的增加,推力和耗油率均减小,当飞行高度 $H > 11\,\text{km}$ 时,飞机进入等温层,如不考虑雷诺数的影响,耗油率保持不变。

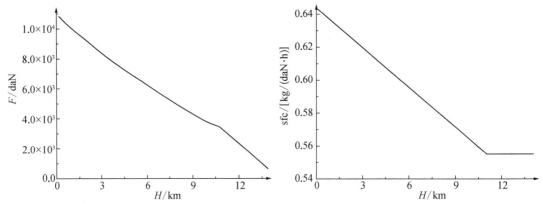

图 8.16　涡扇发动机典型高度特性曲线

当飞行高度小于 11 km 时,随着飞行高度的增加,进气总温和总压均减小。进气总温的减小使得转子的换算转速增加,发动机的换算流量和增压比增大。进气总压的减小将导致涡轮入口总压 p_{t4} 的减小,前面已经提过,p_{t4} 是决定发动机空气流量的重要因素。因此,随着飞行高度的增加,发动机空气流量单调减小,如图 8.17 所示。随着飞行高度的增加,发动机的换算转速增加,从而压气机的增压比增加,与此同时,环境压力减小,因此,喷管的膨胀比将增大,喷管排气速度增大。由于大气静温随着飞行高度的增加而降低,因此在相同的飞行马赫数下,进气速度将减小。可见,随着飞行高度的增加,进排气速度之差将增大,比推力也将增大,如图 8.18 所示。发动机的推力是空气流量与比推力的乘积,综合考虑两者随飞行高度的变化规律,可知,空气流量的变化居主导作用,因此,推力的变化规律与空气流量一致,即随着飞行高度的增大而单调减小。

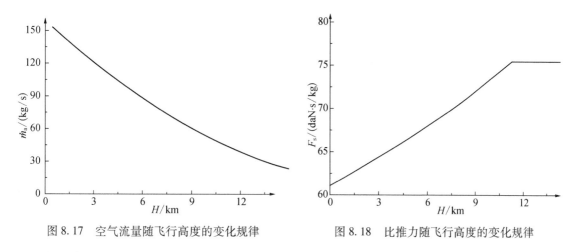

图 8.17　空气流量随飞行高度的变化规律　　　　图 8.18　比推力随飞行高度的变化规律

耗油率随飞行高度的增大而减小的主要原因在于,换算转速的增大,带来压气机增压比的提高,从而改善了发动机的热效率和总效率。

发动机的设计部门通常以高度−速度特性的形式给出发动机的稳态特性,用以综合评定发动机的性能,图 8.19 给出了一台军用小涵道比涡扇发动机的高度−速度特性。

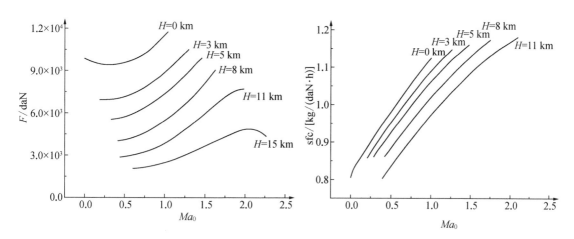

图 8.19　小涵道比涡扇发动机的典型高度−速度特性曲线

3）节流特性

节流特性指在给定的飞行条件、大气条件和控制规律下,推力和耗油率随发动机的工作状态(油门位置)的变化规律。由于发动机在不加力状态工作时,转速与油门位置通常有对应关系,因此,节流特性又称为转速特性。

对于不带加力的涡扇发动机,当减小油门时,供油量减小,高低压转子的转速降低,从而风扇和压气机的增压比降低,导致压气机后各截面的总压降低,发动机的流量减小。内外涵道的流量均随转速的降低而减小,但是内涵道减小得更为严重,结果导致发动机的涵道比随着换算转速的增大而减小,如图 8.20 所示。随着换算转速的减小,由于增压比的降低,喷管入口气流的总压也降低,而涵道比增大,从而排气速度减小,比推力减小。由于空气流量和比推力均随换算转速的减小而减小,因此,推力随换算转速的减小而减小,如图8.21 所示。

影响耗油率变化规律的原因有很多，包括发动机增压比、循环加热量和部件效率等，这些因素综合作用的结果是，随着换算转速的减小，耗油率先减小，然后迅速增大。图 8.21 中还给出了涡轮前温度 T_{t4} 随换算转速的变化规律，可见，当发动机从最大转速开始减小油门时，涡轮前温度 T_{t4} 随之减小，但当换算转速小到一定程度后，各部件严重偏离设计点，使得效率大大降低，为了维持转速，必须通过提高 T_{t4} 来保证功率平衡，因此，随着换算转速的减小，T_{t4} 先减小后增大。

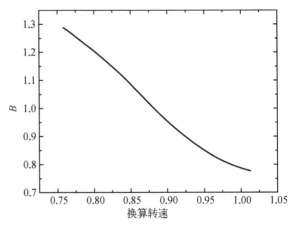

图 8.20　涵道比随转速的变化规律

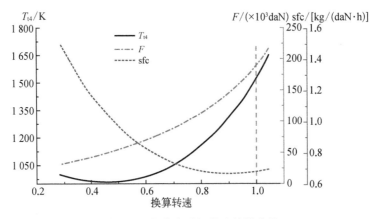

图 8.21　涡扇发动机节流特性曲线

对于带加力的燃气涡轮发动机，在不接通加力状态下的节流特性与不带加力的燃气涡轮发动机类似。图 8.22 给出了一台带加力的燃气涡轮发动机的节流特性，包括加力接通状态下

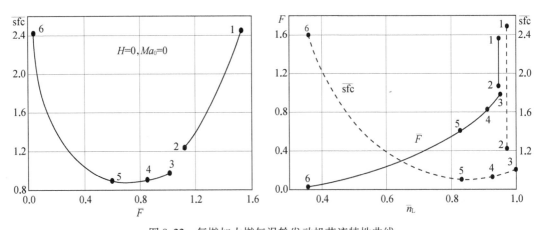

图 8.22　复燃加力燃气涡轮发动机节流特性曲线

1－最大状态；2－最小加力状态；3－中间状态；4－最大连续状态；5－巡航状态；6－慢车状态

的节流特性和加力未接通状态下的节流特性。

3. 设计参数对稳态特性的影响

发动机的稳态特性还受到设计参数的影响,如涵道比、涡轮前总温、总增压比等。下面讨论设计参数对于稳态特性的影响。

图 8.23 给出了涵道比对涡扇发动机速度特性的影响规律。可见,涡喷发动机($B=0$)的速度特性与小涵道比涡扇发动机类似,而大涵道比涡扇发动机的速度特性与小涵道比涡扇发动机有较大区别,尤其是推力特性。前面已经讨论,随着飞行马赫数的增大,发动机的涵道比将增大,导致发动机的比推力下降,并且涵道比的设计值越大,涵道比增加和比推力下降的程度越剧烈,甚至会改变推力随马赫数的变化规律,如图 8.23 中 $B=8$ 的曲线所示,推力的变化规律已由小涵道比状态的先增后减变为单调递减。此外,涵道比的设计值越大,排气速度越小,推进效率越高,所以在亚声速范围内大涵道比涡扇发动机的耗油率小于小涵道比发动机,这就是民航客机和大型运输机选用大涵道比发动机作为动力装置的原因。同时,涵道比的设计值越大,其推力随飞行马赫数减小得越快,而小涵道比发动机则有较好的高速特性,这就是超声速战斗机选用小涵道比涡扇发动机作为动力装置的原因。

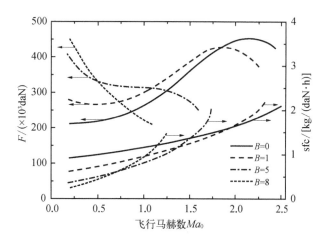

图 8.23　涵道比对涡扇发动机速度特性的影响规律

图 8.24 给出了总增压比对发动机速度特性的影响规律。可见,高设计总压比的发动机在低速时表现出较好的速度特性,而低设计总增压比的发动机在高速时具有更好的推力和耗油率性能。

图 8.25 给出了涡轮前温度对于小涵道比涡扇发动机速度特性的影响规律。可见,当其他参数保持不变时,涡轮前温度的设计值越高,发动机在全飞行马赫数范围内的推力越大。当发动

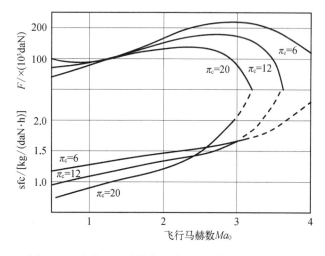

图 8.24　总增压比对涡扇发动机速度特性的影响规律

机在较低的飞行马赫下工作时,耗油率随着涡轮前温度的增大而增大,当马赫数很高时,随着 Ma_0 的继续增大,T_{t3} 会变得很大,当 T_{t4} 较低时,发动机的循环加热量很小,因而热效率偏低,耗油率将急剧增加。

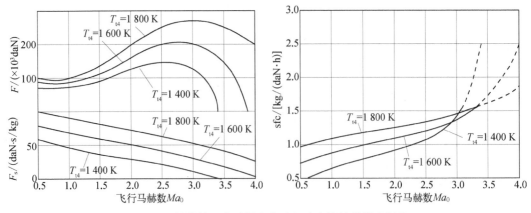

图 8.25　涡轮前温度对涡扇发动机速度特性的影响规律

8.2　冲压发动机总体性能

8.2.1　总体性能

根据第 4 章对冲压发动机的热力循环分析,循环静温比 φ 和燃烧室出口温度 T_4 是对发动机总体性能有显著影响的循环参数,图 8.26 给出了当飞行条件和发动机其他工作参数保持不变时,在不同飞行马赫数下,发动机的比推力 F_m、总效率 η_0 等性能指标随循环静温比 φ 的变化规律。可见,随着循环静温比 φ 的增大,比推力单调减小,总效率先增大后减小。随着循环静温比 φ 的增大,燃烧室入口温度 T_3 升高,在出口温度 T_4 保持不变时,燃烧释热量 q 减小,从而循环有效功 w 减小,由于推力 F 和比推力 F_s 与 w 成正比,因此,比推力单调减小。此外,在 φ 相同时,飞行马赫数越大,发动机的比推力越小,原因在后文的稳态特性部分讨论。

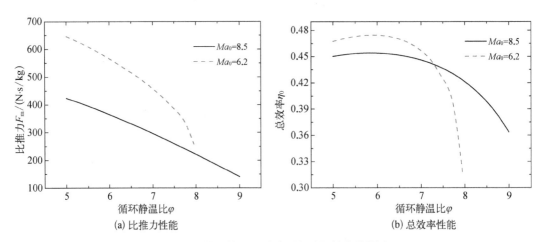

图 8.26　循环静温比对冲压发动机性能的影响

需要注意的是,在飞行马赫数较低时,循环静温比 φ 的取值不能太高,如图 8.26 所示,若 $Ma_0 = 6.2$,则 φ 的最大取值为 7.957,否则,计算不能得到有意义的解。假定气流在进入燃烧室之前,经历的热力学过程为绝热过程,则

$$\varphi < 1 + \frac{(\gamma - 1) Ma_0^2}{2} \tag{8.41}$$

随着循环静温比 φ 的增大,总效率先增大后减小,即存在使总效率取最大值的最佳循环增温比 φ_{opt},且 φ_{opt} 的取值与飞行马赫数相关。如图 8.26 所示,飞行马赫数越大,对应 φ_{opt} 的值越小。当 φ 的取值太小时,对应进气增压部件的静压比较低,喷管膨胀能力受限,不能有效地将加入的热量转换为工质的动能,因此,大部分热量被尾气带走,从而热效率很低;当 φ 的取值太大时,燃烧室入口温度偏高,在燃烧室出口温度保持不变时,循环加热量偏小,各部件损失占加热量的比例很大,从而热效率也很低,可见,热效率随着 φ 的增大,先增大后减小。在飞行条件保持不变时,推进效率的变化相对于热效率不显著,总效率的变化趋势与热效率一致。

图 8.27 给出了在不同飞行马赫数下,燃烧室出口温度对发动机总体性能的影响规律。可见,随着燃烧室出口温度 T_4 的增大,比推力和总效率均单调增大。循环静温比 φ 保持不变,则燃烧室入口温度 T_3 恒定,随着燃烧室出口温度 T_4 的增大,燃烧释热量 q 增大,循环有效功 w 增大,从而比推力增大。冲压发动机的热力循环属于布雷顿循环,随着循环增温比的增大,循环热效率增大,而在飞行条件保持不变时,推进效率的变化缓慢,总效率的变化趋势与热效率保持一致,即随着 T_4 的增大,单调增大。

部件的工作参数对于冲压发动机的总体性能也有影响,图 8.28 给出了燃气膨胀状态和喷

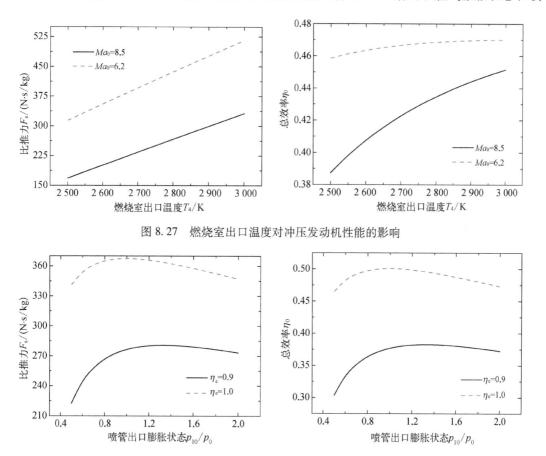

图 8.27　燃烧室出口温度对冲压发动机性能的影响

图 8.28　燃气膨胀状态对冲压发动机性能的影响规律

管膨胀效率对发动机总体性能的影响,从图中可以看出,随着 p_{10}/p_0 的增大,发动机的比推力和总效率先增大后减小,在喷管恰好处于完全膨胀状态($p_{10}/p_0=1.0$)下,发动机的性能最佳。喷管设计的主要目标是获得最大的排气速度,根据第 6 章对于喷管的讨论,当喷管处于欠膨胀状态时,气流在喷管外继续膨胀,排气速度的轴向损失较大,当喷管处于过膨胀状态时,喷管外产生压缩波系,喷管内部还可能出现有分离的过度膨胀,推力损失严重。此外,喷管的效率越高,相同条件下发动机的性能参数也越高。

≫≫ 8.2.2　稳态特性

发动机在稳定状态工作时,其性能参数随使用条件(飞行条件和油门位置等)的变化规律就是稳态特性。发动机的研制部门经常以速度-高度特性的形式给出发动机的稳态特性,以便全面评价发动机的性能,如图 8.29 所示。

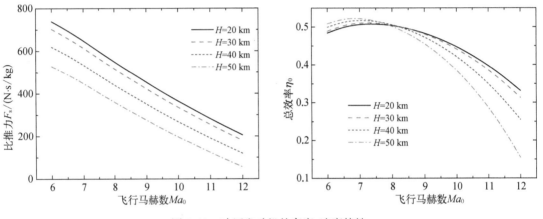

图 8.29　冲压发动机的高度-速度特性

首先分析速度特性,如图 8.29 所示,随着飞行马赫数 Ma_0 的增大,冲压发动机的比推力单调减小,总效率先增大后减小。比推力的变化规律可以通过推力公式分析得到,随着飞行马赫数 Ma_0 的增大,进气速度 V_0 增大,而发动机排气速度 V_{10} 增大的程度不及 V_0,因此,进排气速度之差减小,推力减小,从而比推力也减小。飞行马赫数对热效率的影响表现在两个方面,一是速度冲压作用使得热力循环的总增压程度增大,有利于热效率的提高;二是速度冲压作用使得进气总温、燃烧室入口静温增大,从而燃烧释热减小,排热损失占比增大,热效率将减小。在低马赫数飞行阶段,第一方面效应居主导作用,在高马赫数飞行阶段,循环加热量显著减小,第二方面效应起主要作用,因而超燃冲压发动机的热效率随飞行马赫数的增大,先增大后减小。推进效率主要取决于排气速度与进气速度的比值,随飞行马赫数的增大,排气速度增加的程度小于进气速度增加的程度,两者比值减小,从而推进效率增大。总效率为热效率与推进效率的乘积,η_p 和 η_{th} 的变化趋势综合决定了 η_0 的变化规律,随飞行马赫数的增加,先增大后减小。

下面讨论高度特性,分析图 8.29 可以发现,在选定的飞行高度范围内,随着飞行高度的增大,发动机的比推力和总效率单调减小。飞行高度主要通过环境静温(喷管完全膨胀时,环境静压不影响发动机性能)来影响发动机的性能。根据第 1 章介绍的标准大气模型,在选定的高度研究范围内,随着飞行高度的增大,环境静温单调增大,当循环静温比保持不变时,燃烧室入口静温单调增大,因为 T_4 保持恒定,所以燃烧释热量单调减小,循环有效功减小,从而比推力减小。总效率的高度特性与飞行马赫数相关,当飞行马赫数小于一个定值(在图 8.29 中,该值为 8.0)时,随着飞行高度的增大,总效率单调增大,当飞行马赫数大于该值时,情况正好相反,即随着飞行高度的增大,总效率单调减小。

图 8.30 给出了喷管出口膨胀状态对发动机稳态性能的影响。

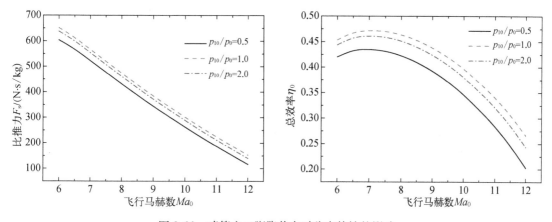

图 8.30　喷管出口膨胀状态对稳态特性的影响

8.2.3　双模态冲压发动机的模态转换

为了获得较高的循环热效率,同时考虑高燃烧室入口静温下工质的离解,当飞行马赫数 $Ma_0 < 5.0$ 时,应采用亚声速燃烧,而当飞行马赫数 $Ma_0 > 6.0 \sim 8.0$ 时,则必须采用超声速燃烧。因此在较宽飞行马赫数范围内飞行的冲压发动机,通常采用一种双模态的工作方式。双模态冲压发动机是一种没有物理喉道的冲压发动机,其燃烧系统既能以亚燃模态工作,又能以超燃模态工作,当发动机需要以亚燃模态工作时,可以通过燃油控制实现热力喉道(或称为气动喉道)。

1. 双模态燃烧系统

对于双模态冲压发动机,在亚燃模态时,燃烧室入口气流必须为亚声速,因此在燃烧室入口下游的某处必须有流动马赫数等于 1.0 的截面,造成流动壅塞,使得燃烧室入口截面 p_3 增大,p_3 的增大会使得隔离段中形成正激波串。由气体动力学知识可知,只要 p_3 增大到一定限度,隔离段中就会形成热力喉道,将超声速气流减到亚声速。亚燃模态燃烧室出口的亚声速气流膨胀到超声速由第二个热力喉道实现,可以通过改变面积分布、燃料空气比和燃烧状况等方式实现第二个热力喉道。

在超燃模态下,发动机内流道主流速度为超声速,无需热力喉道。但是,倘若燃烧室面积扩张不充分,在极限情况下,假如燃烧室完全没有膨胀,则根据第 3 章的无摩擦等截面加热管流模型,有

$$\frac{\mathrm{d}p}{p} = \gamma Ma^2 \left[\frac{1 + \frac{(\gamma - 1)Ma^2}{2}}{Ma^2 - 1} \right] \frac{\mathrm{d}T_t}{T_t} \tag{8.42}$$

由式(8.42)可知,燃烧会引起燃烧室压力的增加,如果压力增加迅速,燃烧室边界层将会分离,燃烧室的压升可通过分离的边界层向上游传播,从而引起进气道不起动,为了限制压升

向上游传播至进气道,就需要隔离段起作用,在超燃模态下,隔离段内的流态是斜激波链,其出口气流仍为超声速。

下面通过一个具体的双模态发动机实例,借助 $H-K$ 图来分析模态转换过程。发动机的特征和参数如下:

① 隔离段为等截面构型,入口马赫数 $Ma_2 = 1.5$;

② 燃烧室的面积扩张规律为 $\dfrac{A(x)}{A_3} = 1 + \dfrac{x - x_3}{x_4 - x_3} = 1 + \chi$;

③ 燃烧室加热规律满足 $\tau(x) = \dfrac{T_t(x)}{T_{t2}} = 1 + (\tau_b - 1)\left[\dfrac{\vartheta\chi}{1 + (\vartheta - 1)\chi}\right]$,其中,$\tau_b = 1.4,\ \vartheta = 2$。

该燃烧模态的计算结果在 $H-K$ 图(图 8.31)上如曲线 A 所示,在燃烧室入口附近,加热速率 dT_t/dx 最大,接近于等压燃烧过程(静压不变,速度不变,加热过程垂直于 K 轴),此时由面积增加带来的压力膨胀与由加热带来的压力增加大致抵消,由于 dT_t/dx 随着 x 的增大是减小的,因此,随着 x 的增大,面积的扩张逐渐起主导作用,流动速度增大,温度也增大,燃烧过程接近于等马赫数过程;在燃烧室的出口附近,接近于总温不变的过程。

进一步观察图 8.31 可以发现,对于曲线 A 所表示的燃烧过程,燃烧室中马赫数最小截面(即热力喉道)处的流动马赫数 $Ma_s = 1.33 > 1.0$,即没有发生壅塞。在该状态下,燃烧室还没有发生附面层分离,隔离段中无激波。这说明,曲线 A 所对应的燃烧室面积扩张比 $A_4/A_3 = 2.0$ 偏大,导致燃烧室出口静压 p_4 远小于入口静压 p_3,静压的下降对燃烧过程非常不利,因为静压下降,燃烧室加热的平均温度将下降,循环热效率降低;静压下降,马赫数偏大,还不利于可燃混合气的形成;静压下降,流动速度增加,可燃混气在燃烧室停留的时间短,燃烧不充分。可见,在燃烧系统中,尽量保持燃烧过程等压是非常重要的。

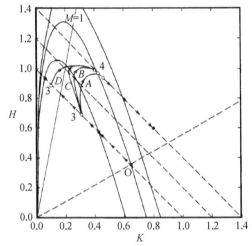

图 8.31　超燃冲压发动机工作过程在 $H-K$ 图上的表示

为了使 p_4 接近于 p_3,可以减小燃烧室的扩张比,如将 $A_4/A_3 = 2.0$ 减小到 1.73,则对应的燃烧过程如曲线 B 所示,相应的燃烧室最小马赫数为 $Ma = 1.19,p_4 < p_3$;将面积比进一步减小到 1.57,结果如曲线 C 所示,燃烧室仍未发生流动壅塞,仍有 $p_4 < p_3$。如果将面积比减小到 $A_4/A_3 = 1.55$,则燃烧室中最小截面处 $Ma_s = 1.0$,流动发生壅塞,此时,燃烧室入口必然是亚声速气流,隔离段内存在正激波串,相应的加热过程由曲线 D 表示。

以上简单介绍了通过改变发动机面积比实现模态转换的过程,除此之外,还有很多其他方法来改变发动机的工作模态,如变化供油量 m_f 以改变加热规律 $T_t(x)$,使燃烧室发生壅塞,从超燃模态转为亚燃模态;或者反过来减小加热量,使燃烧室由亚燃工作模态转为超燃模态。

2. 等截面隔离段

通过对双模态冲压发动机的介绍可以看出,无论是在亚燃模态还是在超燃模态,隔离段均具有重要作用。下面采用控制体积法简要分析隔离段内的流动过程。图 8.32 给出了一个发生流动分离的等截面隔离段控制体示意图,假定隔离段入口 $Ma_2 > 1.0$,则出口截面的参数有两种极端情况:

① 隔离段中没有激波,出口参数与入口参数相同;

② 隔离段中有正激波,出口为亚声速流动,出口马赫数和压力分别记为 Ma_{2y} 和 p_{2y}。

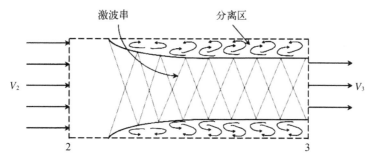

图 8.32　发生流动分离的等截面隔离段控制体示意图

　　因此,出口静压的两个极限值分别为 $p_{3min} = p_2$ 和 $p_{3max} = p_{2y}$,若出口静压 p_3 介于 p_2 和 p_{2y} 之间,则隔离段内的流动必然是被分离区包围的核心流为超声速的流动,下面讨论这种流动情况的出口马赫数。不考虑摩擦的影响,并假定出口静压 p_3 均匀,则隔离段出口的冲量函数为

$$I_3 = I_{sep} + I_{core} = \left[p_3(A_2 - A_{3c}) + 0 \right] + (p_3 A_{3c} + \dot{m} V_3) = p_3 A_2 + \dot{m} V_3 \tag{8.43}$$

由于忽略摩擦的影响,在绝热条件下,隔离段出口速度 V_3 可以求出,根据能量守恒方程可以求出出口温度 T_3,由 T_3 和 V_3 可以得到出口马赫数为

$$Ma_3 = \left[\frac{\gamma_g^2 Ma_2^2 \left(1 + \dfrac{\gamma_g - 1}{2} Ma_2^2 \right)}{\left(1 + \gamma_g Ma_2^2 - \dfrac{p_3}{p_2} \right)^2} - \left(\frac{\gamma_g - 1}{2} \right) \right]^{-\frac{1}{2}} \tag{8.44}$$

隔离段出口静压存在如下关系:

$$\frac{p_3}{p_2} = 1 + \gamma_g Ma_2^2 - \gamma_g Ma_2 Ma_3 \sqrt{\frac{1 + \dfrac{\gamma_g - 1}{2} Ma_2^2}{1 + \dfrac{\gamma_g - 1}{2} Ma_3^2}} \tag{8.45}$$

　　可见,当 $p_3 = p_2$ 时,$Ma_3 = Ma_2$,隔离段中没有激波链,为超燃模态,随着 p_3 的增大,Ma_3 近似呈直线减小;当 $p_3 = p_{2y}$ 时,$Ma_3 = Ma_{2y}$,代表正激波后马赫数。对于任意给定的 p_3/p_2 和 Ma_2,可以确定核心流的面积为

$$\frac{A_{3c}}{A_2} = \frac{1}{\gamma_g Ma_3^2} \left[\frac{p_2}{p_3}(1 + \gamma_g Ma_2^2) - 1 \right] \tag{8.46}$$

3. 热力喉道的建立

根据前面的讨论知道,隔离段其实类似于扩压器,将其入口气流绝热压缩到出口,出口静压与燃烧室入口的反压相平衡,可防止进气道不起动。借助第 7 章的超燃冲压发动机燃烧室一维分析模型,讨论热力喉道的建立过程。

由于超燃冲压发动机中没有物理喉道,为了保证双模态燃烧系统能够在亚声速模态工作,必须依赖燃烧室内的热力喉道,发生壅塞的热力喉道状态在 $H-K$ 图上称为临界点。

从一维流动的基本方程(7.65)出发,定义等效面积 A_{eff},其方程为

$$\frac{1}{A_{eff}}\frac{dA_{eff}}{dx} = \left(\frac{1}{A}\frac{dA}{dx}\right) - \frac{(1 + \gamma_g Ma^2)}{2}\left(\frac{1}{T_t}\frac{dT_t}{dx}\right) \tag{8.47}$$

考察式(8.47),当 $Ma = 1.0$ 时,必须要求:

$$\left(\frac{1}{A}\frac{dA}{dx}\right) - \frac{(1 + \gamma_g Ma^2)}{2}\left(\frac{1}{T_t}\frac{dT_t}{dx}\right) = 0 \tag{8.48}$$

据此,可以求出一个 x,使得 $Ma = 1.0$ 且 $dA_{eff}/dx = 0$,即

$$\left(\frac{1}{A}\frac{dA}{dx}\right) - \frac{(1 + \gamma_g)}{2}\left(\frac{1}{T_t}\frac{dT_t}{dx}\right) = 0 \tag{8.49}$$

方程(8.49)的解记为 x^*,x^* 的位置就是热力喉道的位置,此处存在 $Ma = 1$,这只是一个必要条件,不是充分条件,换言之,如果 x^* 不在 x_3 和 x_4 之间,那么燃烧室不能在亚燃模态下工作。下面给出燃烧室的入口条件。

夏皮罗(Shapiro)给出在临界点(热力喉道)位置,方程(7.65)的解为

$$\left(\frac{dMa}{dx}\right) = \frac{1}{4}\left(-\Omega \pm \sqrt{\Omega^2 - 4\Psi}\right) \tag{8.50}$$

$$\Omega = \gamma_g\left(\frac{1}{A}\frac{dA}{dx}\right) \tag{8.51}$$

$$\Psi = (\gamma_g - 1)\left(\frac{1}{A}\frac{dA}{dx}\right)^2 - (\gamma_g + 1)\left(\frac{1}{A}\frac{d^2A}{dx^2}\right) + \frac{(\gamma_g + 1)^2}{2}\left(\frac{1}{T_t}\frac{d^2T_t}{dx^2}\right) \tag{8.52}$$

据此,得到了双模态燃烧室入口条件,图 8.33 给出了双模态超燃冲压发动机的热力喉道的解示意图,其中 3p 为亚燃模态,3m 为超燃模态。对于正根,从 x^* 向 x_{3p} 积分,得到亚燃入口条件,类似地,依据负根可以得到超燃入口条件。

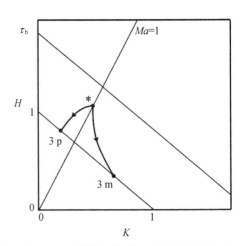

图 8.33 双模态超燃冲压发动机的热力喉道的解示意图

8.3　火箭发动机总体性能

8.3.1　稳态特性

前面已经提到,稳态特性就是发动机的性能参数随着飞行条件、大气条件和工作参数的变化规律。火箭发动机不是吸气式发动机,因此,飞行速度对于发动机的性能几乎没有影响。火箭发动机的稳态特性主要指高度特性和节流特性。

1. 高度特性

火箭发动机(推力室)的高度特性指当推进剂选定,并且推力室的几何尺寸和工作参数(压力 p_c 和混合比 OF)保持不变时,发动机的推力 F 和比冲 I_{sp} 随飞行高度 H(或外界大气压力 p_a)的变化规律。

推力和比冲的表达式可以写成如下形式:

$$F = F_v - A_e p_a = A_{th} p_c C_F - A_e p_a \tag{8.53}$$

$$I_{sp} = I_{spv} - \frac{A_e p_a}{\dot{m}} = C_F c^* - \frac{\varepsilon_A c^*}{p_c} p_a \tag{8.54}$$

$$\dot{m} = \frac{A_{th}}{c^*} p_c \tag{8.55}$$

其中,F_v、I_{spv} 分别表示真空推力和真空比冲,$\varepsilon_A = A_e / A_{th}$ 表示喷管扩张比,c^* 为特征速度。当推进剂选定,且推力室几何尺寸不变时,A_{th}、A_e、c^* 可认为是常量,C_F 可以认为是常数。

外界大气压力 p_a 随高度 H 的变化规律可以通过第 1 章的标准大气模型获得,式(8.53)和式(8.54)的第一项分别为真空推力和真空比冲,均与环境压力无关,因此,不难看出,火箭发动机的推力和比冲随着外界环境压力的增大而减小,随着飞行高度的增大而增大,如图 8.34 和图 8.35 所示。

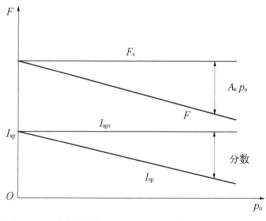

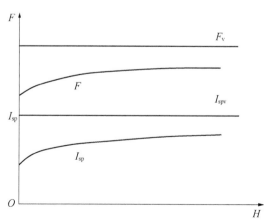

图 8.34　火箭发动机的推力和比冲随环境压力的变化规律

图 8.35　火箭发动机的推力和比冲随飞行高度的变化规律

图 8.36 给出了不同喷管扩张比下液氧-煤油火箭发动机的高度特性,其中,A 点表示气流开始与壁面分离,当喷管内发生流动分离时,相当于推力室和喷管的 A_e、p_e、p_a 减小,从而推力和比冲增大。A 点下方的虚线表示没有分离发生时的特性曲线。

对式(8.53)进行变形,得

$$\Delta F = \frac{F_v - F}{F_v} = \frac{A_e p_a}{F_v} = \frac{c^* p_a}{I_{sp}} \frac{\varepsilon_A}{p_c} \tag{8.56}$$

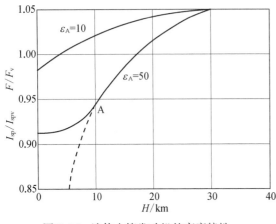

图 8.36　液体火箭发动机的高度特性

推进剂为液氧煤油,燃烧室压力 $p_c = 100$ atm ②

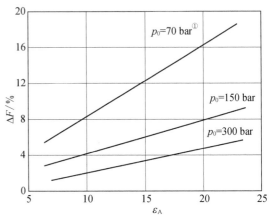

图 8.37　不同燃烧室压力下推力增量随喷管扩张比的变化规律

根据式(8.56),可以得到推力的增量 ΔF 与喷管扩张比 ε_A 的关系,如图 8.37 所示,可见,ΔF 随着 ε_A 的增大而增大。在相同的扩张比下,ΔF 随着 p_c 的减小而增大。

对于几何固定的喷管,只有在设计高度时喷管才能够在设计点工作,在其他飞行高度下性能降低。若想在飞行包线的任何高度处喷管始终在良好性能的设计点附近工作,则喷管的面积必须可调(如随着飞行高度的增大而增大)。双位置喷管、折叠式喷管等都是为解决喷管面积调节问题而提出的喷管结构类型。以上讨论的对象是收缩扩张型拉瓦尔喷管,对于环形塞式喷管,因其具有一定的自调节性,在较宽的高度范围内均有较好的性能,因而高度特性大大改善。

事实上,火箭在飞行过程中,发动机后面往往存在一个空气稀薄区,那里的压力 p_a' 小于大气压力 p_a。这对发动机的推力和气流与喷管壁分离的位置都有影响,进而对发动机的高度特性产生影响。此外,火箭飞行速度、高度和姿态的变化,以及过载的影响,会造成推进剂流量和组元混合比偏离额定值,从而也会对推力和比冲产生一定影响。研究表明,发动机的理论高度特性与考虑上述因素之后的实际高度特性基本相符,偏差大多在 3% 以下。

2. 节流特性

火箭发动机(推力室)的节流特性指:当推力室的几何尺寸、推进剂组元混合比和外界大

---

① 1 bar = 10^5 Pa

② 1 atm = 1.013 25×15^5 Pa

气压力 p_a 保持不变时,发动机的推力 F 和比冲 I_{sp} 随燃烧室压力 p_c 的变化规律。对于喉部截面积不变的推力室,燃烧室压力 p_c 的变化与工质流量的变化是等效的,因此,节流特性又称为流量特性。

由推力和比冲的表达式(8.53)和式(8.54)可知,当 p_a 保持不变时,真空推力和一定高度下的推力随着工质流量的变化规律都呈直线,如图 8.38 所示,其中,F_v 的变化线是一条通过原点的直线,而 F 的变化线与 F_v 平行,并相差一个定值 $p_a A_e$。随着流量的变化,真空比冲 I_{spv} 的变化线是一条平行于横坐标轴的直线,而在一定高度下比冲的变化线是一条双曲线。当燃烧室压力 $p_c \to \infty$ 时,$I_{sp} = I_{spv}$,当 $p_c \to 0$ 时,$I_{sp} \to -\infty$。

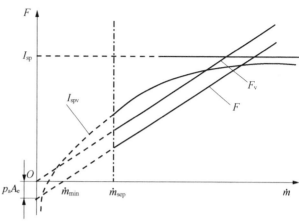

图 8.38　火箭发动机的理论节流特性

式(8.55)表明,工质流量 $\dot{m}$ 与燃烧室压力 p_c 成正比关系。因此,在绘制节流特性曲线时,可用 $\dot{m}$ 作为横坐标,所得曲线与以 p_c 为横坐标所绘制的曲线形状一致。

对于任何一个真实的推力室,都有各自的工作范围,燃烧室压力从 p_{cmin} 到 p_{cmax} 的变化对应的工质流量变化为从 $\dot{m}_{min}$ 到 $\dot{m}_{max}$,其中,$\dot{m}_{max}$ 由推力室的结构强度和热负荷的极限所限定,而 $\dot{m}_{min}$ 是推力室能够正常稳定工作的下限,这是因为当流量很小时,再生冷却所需的推进剂流量无法保证,发动机将被烧坏。此外,当 $\dot{m}$ 减小时,喷管出口压力 p_e 减小,喷管将工作在过膨胀状态,在喷管超声速段可能发生气流与壁面分离的现象。图 8.38 中虚线表示假定不发生分离时的特性曲线,当 $\dot{m}$ 继续减小到一定程度时,气流在喷管中将不能保持临界流动,因此,推力公式将不再适用。当 $\dot{m} = 0$ 时,p_c 与外界环境压力相等,推力和比冲均为零。

下面讨论如何确定气流沿喷管不产生流动分离的最小质量流量 $\dot{m}_{sep}$。假定在最小且不发生流动分离的流量下,喷管出口截面的压力与环境压力成正比,即

$$p_{e,\,sep} = \xi p_a \tag{8.57}$$

其中,常数 ξ 由实验测得。考虑到 p_e 与工质的质量流量 $\dot{m}$ 成正比,可得

$$p_{e,\,sep} = p_{e,\,d} \frac{\dot{m}_{sep}}{\dot{m}_{e,\,d}} = \xi p_a \tag{8.58}$$

其中,$p_{e,\,d}$、$\dot{m}_{e,\,d}$ 分别表示设计状态的喷管出口压力和质量流量,据此,可得气流在喷管中不发生流动分离的最小流量为

$$\dot{m}_{sep} = \frac{\xi \dot{m}_{e,\,d} p_a}{p_{e,\,d}} \tag{8.59}$$

由式(8.59)可知,$\dot{m}_{sep}$ 与喷管的类型(ξ 值)、设计参数($p_{e,\,d}$,$\dot{m}_{e,\,d}$)以及发动机的工作高

度(p_a)有关。

图 8.39 给出了实验得到的推力室的节流特性与理论节流特性的对比情况,可见,在设计状态($\dot{m} = \dot{m}_{e,d}$)附近,实验特性曲线与理论特性曲线基本重合;当 $\dot{m} > \dot{m}_{sep}$ 时,两类曲线之间有微小的差别;当 $\dot{m} < \dot{m}_{sep}$ 时,实验得到的发动机性能指标小于理论值,这主要因为当 $\dot{m} < \dot{m}_{sep}$ 时,燃烧室压力 p_c 减小,对推力室的工作造成不良影响。例如,p_c 降低会加剧流动分离现象,会使推进剂雾化质量变差,影响混合气的形成,导致燃烧不完全等。

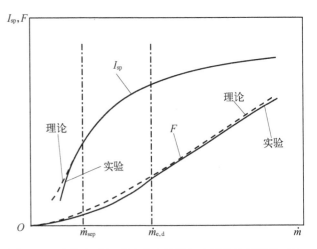

图 8.39　火箭发动机理论节流特性与实际节流特性的对比

综上所述,尽管存在偏差,但是,当 $\dot{m} > \dot{m}_{sep}$ 时,理论流量特性曲线与实验特性曲线吻合得非常好,因此,理论特性曲线具有重要的工程应用价值。此外,利用流量特性,可以确定发动机推力室的最佳工作状态,并可通过改变推进剂的质量流量的方法实现推力调节,如第 2 章介绍的变推力发动机。

8.3.2　火箭发动机参数对飞行性能的影响

火箭发动机的应用对象主要是运载火箭、导弹等高速飞行器,火箭发动机的工作为飞行器提供推力,使其加速,当推进剂耗尽时,火箭发动机停止工作,飞行器速度达到最大值。最大速度是运载火箭和导弹的重要参数,弹道导弹凭借最大速度进入预定轨道,实现预定射程,飞航导弹凭借最大速度优势追击目标,运载火箭应靠最大速度将人造卫星或飞船送入预定轨道。

通常,火箭所能达到的最大速度还受到空气阻力和自身重力的影响,然而这部分力的作用取决于飞行条件,与发动机的性能无直接关系。为了简化分析,在讨论发动机参数对飞行性能的影响时,忽略阻力和重力的作用。根据第 2 章推导的理想火箭方程,火箭的最大速度增量与飞行器各部分质量以及发动机性能之间满足如下关系:

$$\Delta V_{max} = I_{sp} \ln \frac{m_0}{m_0 - m_p} \tag{8.60}$$

其中,m_0 表示火箭起飞总重,$m_0 = m_p + m_{pa} + m_s$;m_p 表示推进剂的质量;m_{pa} 表示有效载荷的质量;m_s 表示火箭结构质量;$m_{fin} = m_{pa} + m_s$ 表示推进剂燃尽之后的火箭质量。定义 $\mu = m_0 / m_{fin}$ 为火箭的质量数,$\mu \gg 1$。火箭的初速度忽略不计,那么,火箭最大速度可以用质量数表示为

$$V_{max} = I_{sp} \ln \mu \tag{8.61}$$

在 V_{max} 一定的条件下,对式(8.61)求微分,得

$$(\ln \mu) \mathrm{d} I_{sp} + I_{sp} \frac{\mathrm{d}\mu}{\mu} = 0 \tag{8.62}$$

写成有限增量形式为

$$\frac{\Delta \mu}{\mu} = -\ln \mu \frac{\Delta I_{sp}}{I_{sp}} \tag{8.63}$$

为方便分析,以上各式中比冲的单位均取为 m/s。可见,比冲的减小可以通过质量数的增加来补偿,同理,质量数的减小也可以通过比冲的增大来补偿。当 $\mu < e$ 时,$\ln \mu < 1$,质量数的变化对火箭最大速度的影响比比冲的变化对最大速度的影响小;反之,当 $\mu > e$ 时,$\ln \mu > 1$,质量数的变化对最大速度的影响比对比冲变化的影响大。

在不同的发动机比冲下,火箭的最大速度随质量数的变化关系如图 8.40 所示。可见,火箭发动机的比冲越高,火箭所能达到的最大速度越大,火箭的射程越远。因此,应选用能量较高的推进剂(其比冲通常较高)。另外,应优化发动机工作参数,以提高比冲,采用合理的结构和高强度材料,以提高火箭的质量数,进而获得更高的最大速度。当推进剂的密度增大时,相同质量的推进剂占据的空间减小,从而发动机的结构尺寸和质量减小,有助于提高质量数。

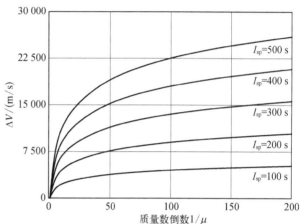

图 8.40　火箭速度增量随质量数和比冲的变化规律
不考虑重力和阻力

8.3.3　多级火箭

考虑到空气阻力和重力等因素,从地面起飞的火箭,实际上应该达到 10.5 km/s 的速度才能入轨,而当前液体火箭发动机的比冲在 300 s 左右,根据 8.3.2 节推导的最大速度公式,若单级火箭实现入轨,则结构质量占火箭起飞总重的比例不足 9%,这比蛋壳占整枚鸡蛋的比例还要小,目前的材料和结构设计水平是无法保证的。因此,火箭都是多级的,当前以 3 级火箭居多。

火箭的级,是指火箭工作期间所消耗的推进剂以及装载这些推进剂的储箱、发动机、壳体、承力结构等组成的单元。采用"从下到上"的顺序(即火箭尾部为第 1 级)对各级进行标号,则第 n 级火箭的有效载荷就是整个多级火箭的有效载荷,而第 $n-1$ 级火箭的有效载荷是第 n 级火箭,以此类推,第 1 级火箭的有效载荷是它前面的所有 $n-1$ 级火箭。下面讨论多级火箭的速度公式。

设火箭级数为 n,$m_i (i = 1, 2, \cdots, n)$ 表示第 i 级火箭的质量,m_{pa} 表示有效载荷,用 β 表示火箭的结构质量分数,即 βm_i 表示第 i 级火箭的结构质量,$(1 - \beta)m_i$ 表示第 i 级推进剂的质量,假定对于各级火箭,β 均相等,各级火箭发动机的比冲 I_{sp} 也相等,火箭末速度为 V_f。则火箭的初始质量为

$$m_0 = m_1 + m_2 + \cdots + m_n + m_{pa} \tag{8.64}$$

第 1 级推进剂燃尽时,火箭质量变为 $\beta m_1 + m_2 + \cdots + m_n + m_{pa}$,根据 8.3.2 节的单级模

型,此时火箭速度为

$$V_1 = I_{sp} \ln \frac{m_1 + m_2 + \cdots + m_n + m_{pa}}{\beta m_1 + m_2 + \cdots + m_n + m_{pa}} = V_{eq} \ln \frac{m_1 + m_2 + \cdots + m_n + m_{pa}}{\beta m_1 + m_2 + \cdots + m_n + m_{pa}} \quad (8.65)$$

其中,V_{eq} 表示排气相对于火箭的速度。

将第 1 级的结构质量抛出,第 2 级火箭开始点火工作,此时火箭质量为 $m_2 + \cdots + m_n + m_{pa}$,且具有速度 V_1,按照与第 1 级类似的推导,可得到当第 2 级推进剂燃尽时,火箭的速度为

$$V_2 = V_1 + V_{eq} \ln \frac{m_2 + \cdots + m_n + m_{pa}}{\beta m_2 + \cdots + m_n + m_{pa}} \quad (8.66)$$

以此类推,第 n 级推进剂燃尽时,火箭的末速度为

$$V_f = V_{n-1} + V_{eq} \ln \frac{m_n + m_{pa}}{\beta m_n + m_{pa}} \quad (8.67)$$

综上所述,n 级火箭的最大速度可以表示为

$$V_{max} = I_{sp} \ln \left(\frac{m_1 + m_2 + \cdots + m_n + m_{pa}}{\beta m_1 + m_2 + \cdots + m_n + m_{pa}} \cdot \frac{m_2 + \cdots + m_n + m_{pa}}{\beta m_2 + \cdots + m_n + m_{pa}} \cdot \cdots \cdot \frac{m_n + m_{pa}}{\beta m_n + m_{pa}} \right)$$

$$(8.68)$$

从式(8.68)可以看出,多级火箭的最大速度与各级之间的质量分配有很大关系,因此,多级火箭存在各级的质量分配问题。该问题可以描述为,当给定火箭的末速度 V_f、发动机比冲 I_{sp}(等于发动机相对排气速度 V_{eq})、结构质量比 β、火箭起飞总重 m_0 时,如何选择 m_1、m_2、$\cdots$、m_n,使得有效载荷 m_{pa} 最大。该问题是一个非线性约束的优化问题,即

$$\max m_{pa}$$

$$s.t. \begin{cases} V_{max} = I_{sp} \ln \left(\dfrac{m_1 + m_2 + \cdots + m_n + m_{pa}}{\beta m_1 + m_2 + \cdots + m_n + m_{pa}} \cdot \dfrac{m_2 + \cdots + m_n + m_{pa}}{\beta m_2 + \cdots + m_n + m_{pa}} \cdot \cdots \cdot \dfrac{m_n + m_{pa}}{\beta m_n + m_{pa}} \right) \\ m_i \geqslant 0 \\ m_0 = m_1 + m_2 + \cdots + m_n + m_{pa} \end{cases}$$

$$(8.69)$$

为了求解该问题,引入一个新的变量 a_i,表示第 i 级火箭开始工作时火箭的质量与第 $i+1$ 级火箭开始工作时火箭的质量之比,即

$$a_i = \frac{m_i + m_{i+1} + \cdots + m_n + m_{pa}}{m_{i+1} + \cdots + m_n + m_{pa}} \quad (8.70)$$

从而

$$\frac{m_i + m_{i+1} + \cdots + m_n + m_{pa}}{\beta m_i + m_{i+1} + \cdots + m_n + m_{pa}} = \frac{a_i}{1 + \beta(a_i - 1)} \quad (8.71)$$

$$a_1 \cdot a_2 \cdot \cdots \cdot a_n = \frac{m_0}{m_{pa}} \qquad (8.72)$$

那么,式(8.69)表示的优化问题可转化为

$$\min a_1 \cdot a_2 \cdot \cdots \cdot a_n$$

$$\text{s. t.} \begin{cases} \ln\left[\dfrac{a_1}{1+\beta(a_1-1)} \cdot \dfrac{a_2}{1+\beta(a_2-1)} \cdot \cdots \cdot \dfrac{a_n}{1+\beta(a_n-1)}\right] = \dfrac{V_f}{V_{eq}} \\ a_i > 1 \end{cases} \qquad (8.73)$$

再令 $x_i = \dfrac{1+\beta(a_i-1)}{a_i}$, 则

$$a_1 \cdot a_2 \cdot \cdots \cdot a_n = \frac{(1-\beta)^n}{(x_1-\beta) \cdot (x_2-\beta) \cdot \cdots \cdot (x_n-\beta)} \qquad (8.74)$$

那么优化问题可进一步转换为

$$\max f = (x_1 - \beta) \cdot (x_2 - \beta) \cdot \cdots \cdot (x_n - \beta)$$

$$\text{st} \begin{cases} x_1 \cdot x_2 \cdot \cdots \cdot x_n = e^{-\frac{V_f}{V_{eq}}} \\ \beta < x_i < 1 \end{cases} \qquad (8.75)$$

令

$$F(x_1, x_2, \cdots, x_n, \lambda) = \ln\left[(x_1-\beta) \cdot (x_2-\beta) \cdot \cdots \cdot (x_n-\beta)\right] + \lambda\left[\ln(x_1 \cdot x_2 \cdot \cdots \cdot x_n) + \frac{V_f}{V_{eq}}\right] \qquad (8.76)$$

根据 Lagrange 乘子法,有

$$\begin{cases} \dfrac{\partial F}{\partial x_1} = \dfrac{1}{x_1-\beta} + \dfrac{\lambda}{x_1} = 0 \\[2mm] \dfrac{\partial F}{\partial x_2} = \dfrac{1}{x_2-\beta} + \dfrac{\lambda}{x_2} = 0 \\[2mm] \cdots \\[2mm] \dfrac{\partial F}{\partial x_n} = \dfrac{1}{x_n-\beta} + \dfrac{\lambda}{x_n} = 0 \end{cases} \qquad (8.77)$$

得到 $x_1 = x_2 = \cdots = x_n$, 又根据

$$\ln(x_1 \cdot x_2 \cdot \cdots \cdot x_n) = -\frac{V_f}{V_{eq}} \qquad (8.78)$$

可以得

$$x_i = e^{-\frac{V_f}{n V_{eq}}} \qquad (8.79)$$

即当 $x_i = e^{-\frac{V_f}{n V_{eq}}}$ 时，$f = (x_1 - \beta) \cdot (x_2 - \beta) \cdot \cdots \cdot (x_n - \beta)$ 取到最大值，此时，存在如下关系：

$$\frac{m_{pa}}{m_0} = \frac{1}{a_1 \cdot a_2 \cdot \cdots \cdot a_n}$$

$$= \frac{x_1 - \beta}{1 - \beta} \cdot \frac{x_2 - \beta}{1 - \beta} \cdot \cdots \cdot \frac{x_n - \beta}{1 - \beta}$$

$$= \left(\frac{e^{-\frac{V_f}{n V_{eq}}} - \beta}{1 - \beta} \right)^n \qquad (8.80)$$

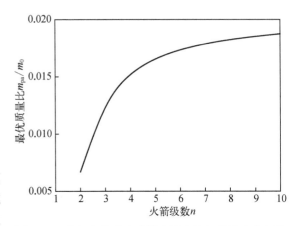

图 8.41　多级火箭最有质量比随火箭级数的变化规律

以上便确定了多级火箭发动机的最佳质量分配，由式(8.80)确定的质量比称为最优有效载荷比，图 8.41 给出了最优质量比与火箭总级数的关系，可见，多级火箭的最优有效载荷比随着级数 n 的增加而增大。

根据当前的技术水平，假定火箭入轨的速度为 10.5 km/s，比冲为 300 s，结构质量比为 0.1，则多级火箭的最优有效载荷比如表 8.2 所示。

表 8.2　多级火箭级数与有效载荷比

火箭级数 n	1	2	3	4	5	…	∞
有效载荷比 m_{pa}/m_0	0	0.67%	1.30%	1.54%	1.66%	…	2.06%

增加火箭的级数虽然可以显著提高火箭的有效载荷比，从 2 级增加到 3 级，火箭的有效载荷比增加了一倍，但是在 $n > 3$ 之后，有效载荷比随着级数增加的幅度已不明显，与此同时，加工制造难度以及成本会显著增加，这就是火箭通常都是 3 级方案的原因。

多级火箭有三种基本组装形式：串联式、并联式和混合式。串联式多级火箭的各级沿轴向依次连成一个整体，结构紧凑，气动阻力小，发射设备也简单。并联式火箭又称为捆绑式火箭，各级以轴线平行的方向并在一起，发射时各级可同时点火，这种火箭箭体横向尺寸大，发射设备复杂，费用高。在起飞总重相同时，串联火箭的运载能力稍高于同样级数的并联火箭。串联和并联同时使用的组装方式称为混合式，这种火箭兼有串联和并联火箭的优缺点。此外，多级火箭的分离有冷分离和热分离两种方式。冷分离是指两级先分开，然后上面级再点火，而热分离则是上面级先点火，然后再使两级分离。

技术展望

第9章 组合循环推进与混合动力

空天融合催生了新的飞行方式、新型飞行器及其推进方式。以高超声速飞行器为例,其拥有优越的高空高速特性、灵活的机动性、较高的突防能力等优势,具有重要的军事应用价值。这种飞行器具有飞行包线宽、飞行工况复杂多变等特点,因此,单一类型的推进装置难以满足全部飞行任务的要求,组合循环推进方式应运而生。除此之外,随着环境问题、能源危机的日益加剧,一种新型的涡轮-电力混合推进技术在航空领域迅速发展,其在节能、减排、降噪等方面具有显著优势,受到人们的重视。本章分2节,将对两种组合循环推进系统和涡轮-电力分布式动力与推进系统进行介绍。

9.1 组合循环推进系统

组合推进方式分为机械式组合推进方式和组合循环推进方式。常见的机械式组合有前文所涉及的多级火箭或导弹等。与机械式组合推进方式不同,组合循环推进方式的各组成单元之间必须有共用部件,如燃烧室、进气道或尾喷管。目前,研究较多的组合循环推进方式有火箭基组合循环推进系统和涡轮基组合循环推进系统。

9.1.1 火箭基组合循环推进系统

火箭基组合循环发动机的结构简单,主要由吸气式发动机(一般为冲压发动机)流动通道和嵌于通道内的火箭发动机构成。吸气式流动通道从前到后包括进气道(有时还包括隔离段)、燃烧室和尾喷管等部分。火箭发动机可以置于流道中心或者侧壁。

一般来讲,由火箭发动机和冲压发动机集成的火箭基组合循环(rocket based combined cycle, RBCC)推进系统包括四个主要工作模态:引射火箭模态、亚燃冲压模态、超燃冲压模态和纯火箭模态。在不同的飞行高度和速度条件下,组合循环推进系统分别启用不同的工作模态,力图在整个任务包线内推进性能处于最佳状态。

引射火箭是RBCC推进系统的关键技术之一,常见的液体火箭-冲压组合循环发动机有两种结构形式。一种是将火箭置于侧壁,火箭的高温燃气沿着侧壁向混合室喷出,引射空气与之混合。这种布局有助于降低火箭设计难度,但在混合和热防护方面存在困难。另一种是将火箭置于中心的多个支板处,火箭的高温燃气与引射的空气进行良好的混合。这种布局有助于实现良好混合,但火箭设计难度大,要兼顾流道的流阻特性和引射特性。对于中心置放引射火箭的方式,通常流道阻塞比在10%~15%,留给火箭的装配空间十分狭小,在如此狭小的空间实现燃烧和热防护更加困难。

引射火箭模态是RBCC推进系统的关键模态,对所涉及的引射火箭的要求也相对较高。火箭发动机小型化是引射火箭设计面临的主要问题。根据前面章节对于火箭发动机的讨论,增大推力室压力是减小火箭发动机尺寸、改善发动机性能的有效方法。图9.1给出了在冷却条件和推力大小不变的条件下,推力室壁温随燃烧室压力的变化关系。可见,当推力室压力达到60~

70 atm时,发动机的热流密度已经相当高,所采用的冷却方式已无法将推力室壁温维持在材料允许范围内。增大推力室压力虽然可以减小火箭发动机尺寸,但也会给冷却带来巨大挑战。

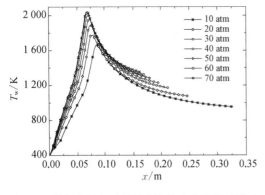

图 9.1　燃烧室压力对引射火箭推力室壁温的影响

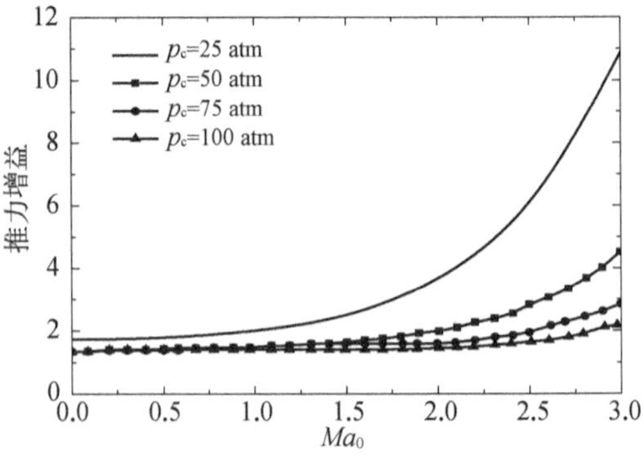

图 9.2　引射火箭推力增益随飞行马赫数和燃烧室压力的变化规律

图 9.2 给出了某一个 30 t 推力量级的嵌入流道中作为引射火箭模式工作的发动机推力增益随飞行马赫数和火箭发动机燃烧室压力的变化规律。可见,在马赫数相同时,推力增益随着燃烧室压力的增大而减小,这主要是由引射面积和火箭发动机流量减小造成的。引射火箭虽然可以带来推力增益,但由于受到引射面积在总空气流道面积中占比不超过 15% 的限制,在较低马赫数阶段的推力增压十分有限,而在马赫数大于 1.5 以后,推力增益开始变得非常显著,这就要求嵌入流道中的火箭发动机能够在较大范围内调节推力,才能在飞行过程中维持稳定的推力。综上,嵌入式引射火箭需要在火箭小型化、热防护、大范围推力调节等方面实现突破,才能满足 RBCC 推进系统的需求。

清华大学的研究人员在国际上首次提出了一种双火箭组合循环(DRBCC)推进系统,如图 9.3 所示,这种方案把助推火箭一分为二,其中一个嵌入空气流道成为引射火箭,另一个留在空气流道外侧仍作为助推火箭,这样既兼顾了改善推进系统性能,又降低了引射火箭的推力需求,从

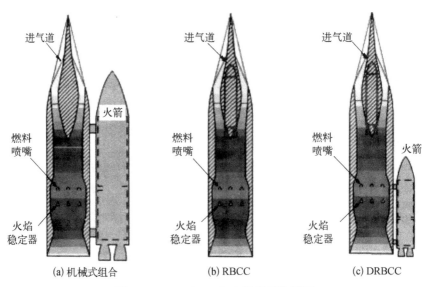

图 9.3　RBCC 与 DRBCC 推进系统简图

而极大地减轻了对引射火箭小型化、热防护以及大范围推力调节的要求。在起飞阶段,DRBCC推进系统的推力由技术成熟的助推火箭和研制难度降低的引射火箭提供,这两类火箭的动力是完全独立的两个系统,从而 DRBCC 推进系统是一种具有良好的"可实现性"火箭基组合循环发动机。

假设 DRBCC 推进系统在起飞阶段的总推力为 F,其中,助推火箭的推力为 F_1,引射火箭自身推力为 F_2,引射火箭推力增益系数为 α,则

$$F = F_1 + \alpha F_2 \tag{9.1}$$

引入助推系数 β,含义为助推火箭推力在运载器起飞阶段总推力中所占比例,则

$$\beta = F_1/F \tag{9.2}$$

假设助推火箭比冲为 I_{sp1},引射火箭自身比冲为 I_{sp2},则在起飞阶段 DRBCC 发动机的比冲为

$$I_{sp} = \frac{\alpha I_{sp1} I_{sp2}}{\alpha \beta I_{sp2} + (1 - \beta) I_{sp1}} \tag{9.3}$$

在纯助推模式,$\beta = 1$,DRBCC 推进系统的比冲即为助推火箭的比冲;在纯引射模态,$\beta = 0$,比冲即为引射火箭的比冲。在起飞阶段,DRBCC 推进系统的助推系数介于 0～1,由式(9.3)可知,由于 $\alpha I_{sp2} > I_{sp1}$,因此,DRBCC 推进系统的比冲大于纯助推模式比冲,而小于纯引射模式的比冲。可见,DRBCC 推进系统在提高了纯火箭发动机比冲的同时,还大大减小了对引射火箭的推力需求,推力由纯引射模式的 F/α 变为助推引射模式的 $(1-\beta)F/\alpha$。可见,DRBCC 推进系统方案既能改善推进系统的比冲,又能降低对引射火箭的推力需求,使其小型化、热防护和大范围变推力的设计要求大大降低,技术成熟度大大提升。

将空气引射进来之后,还需要对其加热才能产生推力增益,因此,DRBCC 推进系统的引射火箭采用富燃工作状态,尽管在这种工作状态下,引射火箭的燃烧室温度偏低,会使推力增益减小,但并不显著。在飞行马赫数大于 10 以后,纯火箭模态应具有较高的性能,因此,引射火箭应选择富燃预燃-补燃闭式循环系统。考虑到液氧煤油推进剂组合采用富燃预燃-补燃闭式循环系统会存在煤油积碳结焦的问题,而对于氢氧发动机,我国尚无富燃预燃-补燃闭式循环技术,因此,DRBCC 推进系统的引射火箭采用液氧/甲烷富燃预燃-补燃闭式循环系统。在DRBCC 推进系统的工作过程中,引射火箭存在两种工作方式,一种是液氧/甲烷富燃预燃半状态工作方式,其产生的富燃燃气作为引射源、加热源和燃料源,实现 DRBCC 推进系统的引射模态,此时主燃烧室液氧补燃过程不工作;另一种是液氧/甲烷富燃预燃-补燃火箭发动机全状态工作方式,此时处于 DRBCC 推进系统的纯火箭模态。因此,在双火箭组合循环推进系统的概念中,双火箭的含义体现在两个方面:一方面,存在助推火箭和引射火箭两种火箭推进方式;另一方面,作为引射火箭的液氧/甲烷分级燃烧发动机有两个工作状态,即:液氧/甲烷富燃预燃半状态工作方式和液氧/甲烷富燃预燃-补燃火箭发动机全状态工作方式。

9.1.2　涡轮基组合循环推进系统

涡轮基组合循环(turbine based combined cycle, TBCC)推进系统是以燃气涡轮发动机为基础,并与冲压发动机集成的一类组合循环推进方式。从结构上讲,TBCC 推进系统有两种主要

的布局形式,一种是并联布局(双通道布局),如图9.4(a)所示,采用这种布局方式时,燃气涡轮与冲压发动机有相互独立的气流通道(包括燃烧室和喷管收缩段),但是共用进气道和尾喷管扩张段;另一种是串联布局(单通道布局),如图9.4(b)所示,燃气涡轮与冲压发动机前后排布,位于同一个气流通道中,除进气道和尾喷管部件共用以外,燃气涡轮的加力燃烧室与冲压发动机燃烧室也共用。与并联布局相比,串联布局结构更加紧凑,省去了复杂的进气调节分流机构,但是,在与燃气涡轮发动机匹配方面面临巨大的挑战。

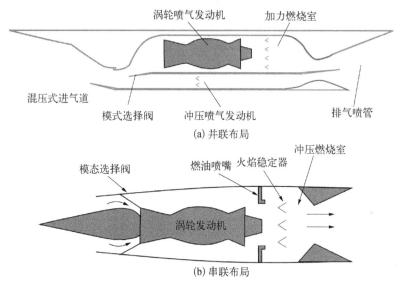

图 9.4　TBCC 推进系统的两种结构形式

　　由航空燃气涡轮发动机与双模态超燃冲压发动机构成的涡轮基组合循环推进系统主要有三个工作模态:涡轮模态、过渡模态和冲压模态。当飞行器从地面开始零速起飞时,TBCC 推进系统首先以涡轮模态工作,当飞行马赫数达到 2.5~3.0 时,涡轮发动机逐渐降低转速,同时冲压发动机开始启动工作,TBCC 推进系统开始进入过渡模态,在过渡模态,涡轮发动机和冲压发动机共同工作,随着飞行马赫数的继续升高,涡轮发动机完全停止工作,TBCC 推进系统开始进入冲压模态。对于并联布局的 TBCC 推进系统,当工作在涡轮模态时,通过进气道调节机构将涡轮通道完全打开,而冲压通道可以打开或关闭,当冲压通道打开时,可以作为放气通道,减小飞行阻力,必要时还可在冲压燃烧室中喷入少量燃料,产生部分推力。当工作在过渡模态时,两个通道均处于打开状态,但是随着飞行马赫数的不断提高,涡轮通道逐渐关小,而冲压通道逐渐调大。当进入冲压模态时,通过可调进气道斜板将涡轮通道完全关闭,防止高温空气烧蚀压缩部件,同时,转向涡轮通道一侧的进气斜板构成了冲压发动机进气压缩部件的一部分。对于串联布局的 TBCC 推进系统,冲压发动机位于涡轮发动机的后方,它们共用进气道,在低速飞行时,涡轮发动机通道与冲压发动机通道的压差很大,通过调节阀门关闭冲压通道,发动机以燃气涡轮模态工作,当进入过渡模态时,进气道将分流一部分空气进入冲压通道,在加力燃烧室(冲压燃烧室)中喷油燃烧,随着飞行马赫数的升高,进入冲压通道的空气逐渐增多,进入燃气涡轮通道的空气逐渐减小,在高速飞行时,由于来流总温很高,为防止涡轮发动机冷端部件受到破坏,通过调节阀门关闭涡轮通道,来流经进气道减速增压后直接进入冲压燃烧室,发动机在冲压模态工作。

相比于 RBCC 推进系统，TBCC 推进系统可有效利用大气层内的氧气，并且能够水平起飞、着陆，飞行轨迹易于调节，因此，它是入轨飞行器第一级动力系统、跨大气高超声速飞行器等的理想动力装置。

TBCC 推进系统是航空燃气涡轮发动机和冲压发动机的集成。在亚声速或低超声速（$Ma_0 < 3.0$）飞行时，燃气涡轮发动机是最理想的动力装置，它技术成熟、结构紧凑、比冲高、可靠性高、并且能够重复使用，但在高马赫数（$Ma_0 > 3.0$）条件下，性能急剧恶化，工作可靠性降低。然而 $Ma_0 = 3.0$ 对冲压发动机来讲，仍然比较低，冲压发动机尚不能达到较好的工作状态，因此，TBCC 推进系统遇到的第一个瓶颈就是"推力间隙"，即在 $Ma_0 = 3.0$ 附近，燃气涡轮发动机和冲压发动机均不能很好地工作，使得在模态转换期间发动机的推力不足。此外，在高马赫数条件下，燃气涡轮发动机完全停止工作，却仍然是飞行器质量的一部分，使得在冲压模态，发动机的推重比偏低，这也制约了飞行器的性能，这就是"背死重"。此外，在高速条件下，速度冲压造成的气动加热严重，因此，热防护问题也是制约 TBCC 推进系统发展的关键问题。

然而，世界各国并没有停止对 TBCC 推进系统的研制进程。继 SR-71 退役之后，美国的 SR-72 高超声速飞行器使用涡轮-冲压发动机组合动力，计划将于 2018 年进入验证机开发阶段，其概念图如图 9.5 所示。

图 9.5　使用 TBCC 推进系统为动力的美国 SR72 飞行器概念图

为了解决推力间隙，英国反作用发动机公司（REL）提出了协同式吸气火箭发动机，并将其用在"云霄塔"轨道运载器中，如图 9.6 所示。协同式吸气火箭发动机（英文缩写 SABRE，与"佩刀"的单词相同，因此也称作"佩刀"发动机）是目前唯一在研制的单级入轨动力装置。这种发动机在气流压缩过程中使用深度预冷技术，大幅地降低了来流温度，从而拓宽了涡轮发动机的工作范围。起飞后"佩刀"发动机在吸气发动机模式下加速到马赫数 $Ma = 5$，再转换到液体火箭发动机模式，将有效载荷送入地球轨道。"佩刀"发动机的难点在于预冷器的研发，根据报道，研究人员目前已经完成了毛细冷却管制造技术和低温霜冻堵塞控制技术的攻关。

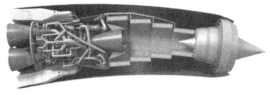

图 9.6　使用 SABRE 为动力的英国云霄塔单级入轨飞行器

9.2　涡轮-电力分布式动力与推进系统

9.2.1　概述

　　回顾人类动力技术的发展史,航空动力的发展大致经历了两次重大变革。第一次是在 20 世纪 30 年代,英国人弗兰克·惠特尔和德国人汉斯·冯·奥海因分别独立提出了涡轮喷气发动机的设计构想,并申请了发明专利,其中,汉斯·冯·奥海因在 1936 年就研制成功了世界上第一台喷气式发动机,1939 年 8 月,装备该发动机的 He-178 飞机成功首飞,成为世界上第一型喷气式飞机。涡喷发动机的问世为世界航空工业带来一场革命,大幅提高了飞机的性能。涡喷发动机尽管显著提高了推重比等性能,但其排气温度偏高、效率低、油耗高等问题一直未能得到有效的改善,20 世纪 50 年代,涡扇发动机的问世为航空动力的发展带来了第二次革命,涡扇发动机不仅解决了涡喷发动机排气温度高的问题,还显著提升了发动机的效率和推力,目前,涡扇发动机已成为军用民用飞机动力系统的主要形式。

　　图 9.7 总结了航空动力技术的发展历程,每一代动力技术的发展都呈现 S 形曲线。目前,第三代航空动力技术(基于布莱顿循环的涡扇发动机)也进入高投入、低收益的时期,随着环境问题、能源危机的日益加剧,新一代航空动力技术的变革迫在眉睫。

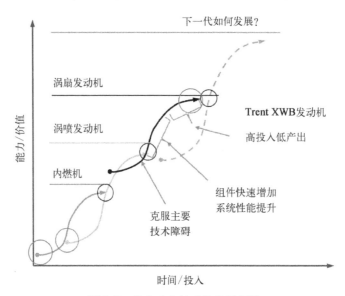

图 9.7　航空动力技术的发展历程

9.2.2　结构与工作原理

　　涡轮-电力分布式推进(turboelectric distributed propulsion)系统是极具潜力的下一代航空动力系统。涡轮-电力(turboelectric)的概念与新能源汽车中已实现商业化的串联式混合动力的概念相似,所谓分布式推进(distributed propulsion)则体现了飞机发动机一体化的设计思想。

　　涡轮-电力分布式推进系统的核心部件包括高性能燃气涡轮发动机、电驱动风扇、电池、超导电机(体积小、功率密度高、效率高)/发电机等。当该动力与推进系统工作时,高性能航空燃气涡轮发动机输出轴功带动超导电机发电,电能经超导电路流向储能电池,一部分用于飞机用电,一部分用于驱动分布式电驱动风扇,从而产生推力。与传统涡扇发动机进行类比,分布式电驱动风扇相当于涡扇发动机的外涵道,超导电路系统相当于涡扇发动机中连接涡轮与风扇的传动轴,而高性能燃气涡轮发动机则相当于传统涡扇发动机的核心机。图9.8 给出了一种典型的涡轮-电力分布式推进系统的结构图。

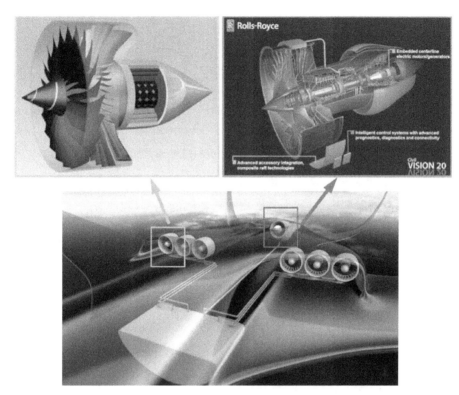

图9.8　涡轮-电力分布式推进系统组成示意图

涡轮-电力分布式动力与推进系统在不同的工况下具有不同的能量管理策略。在起飞时,燃气涡轮产生的电能与储能电池中已有的电能共同驱动分布式风扇产生推力,因为起飞工况下的飞行马赫数小、发动机转速低,同时要求大功率,因此发动机各部件均因严重偏离设计状态而变得效率低下,使得发动机整体油耗偏高,而通过这种耦合供能方式可使燃气涡轮调至高效工作区,有助于节能减排。在巡航工况下,燃气涡轮产生的电能一部分用于驱动分布式风扇,一部分用于飞机用电。多余的电能储存于电池内。在着陆工况下,电驱动风扇可进入类似于风力发电机的工作状态,回收部分降落动能。

9.2.3　概念优势与关键技术

涡轮-电力分布式动力与推进系统在减排和降噪方面具有明显的优势。从飞行器的角度而言,传统的飞行器机身后方存在范围较大的低速、低压尾迹区,引入较大的飞行阻力。对于涡轮-电力分布式系统,由于分布式风扇可与机身一体化设计,电驱动风扇的出口气流能有效补充机身尾迹,减小尾迹区,从而减小飞行阻力,如图9.9 所示。

从动力系统的角度来说,燃气涡轮与储能电池协同工作,可使燃气涡轮在所有工况下均处

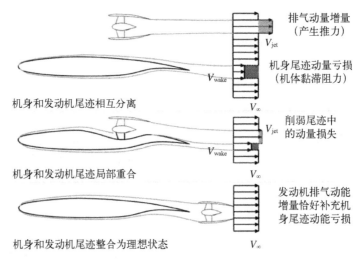

图 9.9　风扇出口气流补充机身尾迹示意图

于最佳工作状态,从而提高动力系统的热效率。电驱动风扇相当于传统涡扇发动机的外涵道,其流通能力与传统涡扇发动机相比,不受涡轮转速匹配的限制,因而容易实现高涵道比设计,从而提高推进效率。

　　由于分布式电驱动风扇与机身一体化设计,风扇吸气的同时抽吸机身边界层,进出口流速显著降低,如图 9.10 所示,从而推进效率得到进一步提升。

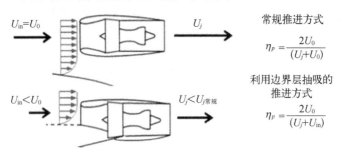

图 9.10　机身边界层抽吸对进出口速度的影响

　　涡轮-电力分布式动力与推进系统还可有效降低噪声。由于风扇与机身的一体化设计,机身对风扇起到包容作用,通过合理的结构、材料与造型设计可显著降低噪声。另外,由于燃气涡轮与驱动风扇的分布式布局可远离乘客区,机舱内的噪声也可显著改善。

　　涡轮-电力分布式动力与推进系统的关键技术包括:高性能的燃气涡轮发动机、先进的推力风扇与分布式推进系统、高能量密度的电力系统。涡轮-电力分布式动力与推进系统对于燃气涡轮发动机的性能要求与常规涡扇发动机对于核心机的性能要求一致,即轻质、高效、低油耗、低排放。由于该新型推进系统采用燃气涡轮与储能电池协同工作的思想,因此,对燃气涡轮发动机的工作包线要求相对宽松。从热力循环的角度考虑,燃气涡轮发动机的总增压比和涡轮前温度越高,发动机的热效率越高。可通过采用新材料、新表面处理技术、新冷却技术等方式提高涡轮前温度,通过发展高负荷叶片技术提高总增压比。从部件角度考虑,可通过采用先进的主动叶尖间隙控制技术进一步提高部件效率,通过采用先进燃烧室技术降低污染物排放。

　　先进推进风扇与分布式推进系统要求具有尽可能高的推进效率。风扇级数、单级风扇的尺寸、增压比等参数的优化设计与推力风扇的分布式布局方式有关,目前该问题尚未完全突破。

电力系统是实现涡轮-电力分布式推进的关键。由于该推进系统对于电流密度的要求极高,若采用传统的工业电路系统,则动力系统的质量将非常大,其推重比仅能达到传统燃气涡轮发动机的 10% 左右。目前储能系统的能量密度有限,最先进的锂离子电池技术的能量密度能达到 150~250 Wh/kg,而涡轮-电力分布式推进系统要求储能系统的能量密度达到 750 Wh/kg 以上。

高温超导材料是提升涡轮-电力分布式动力与推进系统推重比的希望所在,因为超导材料具有趋于零的电阻系数,所以具有极高的电流密度。然而,材料的超导性质仅在低温时存在,尽管经过了数十年的发展,但目前常用的高温超导电缆材料的临界温度仍在 -170℃,如图 9.11 所示,高温超导材料与相应的电路冷却系统是制约涡轮-电力分布式推进系统成熟度的瓶颈之一,而高能量密度的储能电池技术是另一个瓶颈。随着新能源汽车的发展对车用电池的技术牵引,最新研究的锂空气电池在理论上已经具有和汽油相当的能量密度,如图 9.12 所示,但应用成熟度不高,相关技术还在研究中。

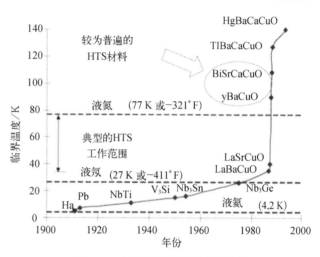

图 9.11　超导材料临界温度的发展

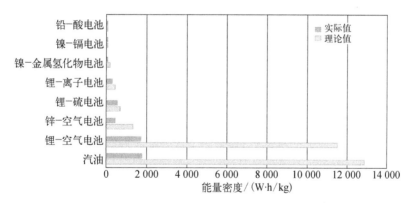

图 9.12　几类车用电池的理论与实际能量密度

9.2.4　研究现状

NASA、波音公司与通用电气公司、空中客车公司(空客)与罗尔斯·罗伊斯公司(罗罗)等均开展了涡轮-电力分布式动力与推进系统及飞行器的相关研究工作。

在绿色航空理念的指导下,NASA 在航空基础研究计划中设立了亚声速固定翼研究项目,以探索能够实现节能减排的新技术、新概念。该项目的目标是在 2025 年实现 N+3 指标,如表 9.1 所示,即噪声减小 71 dB,NO_x 排放减少 80%,耗油率降低 60%。

2008 年,NASA 首次提出了涡轮-电力分布式动力与推进系统的概念,并先后完成了概念机型 CESTOL 和 N3-X 的初步气动设计及电路系统设计。采用机翼两侧双发布局形式,

NASA 完成了从 150 座级小型支线客机至 500 座级大型宽体客机的基于涡轮-电力分布式推进系统的可行性论证,如图 9.13 所示。随后的研究重点还包括高温超导电路系统、电驱动推力风扇和分布式推进系统关键参数研究等。

表 9.1　NASA N+3 亚声速固定翼项目技术指标

技术优势	N+1(2015 年)常规布局 (参照 B737/CFM56)	N+2(2020~2025 年)常规或 非常规布局(参照 B777/GE90)	N+3(2030~2035 年) 先进概念飞行器
噪声/dB	−32	−42	−71
起降阶段 NO_x 排放/%	−60	−75	好于−75
巡航阶段 NO_x 排放/%	−55	−70	−80
油耗/%	−33	−50	好于−70
跑道长度/%	−33	−50	新的起降概念

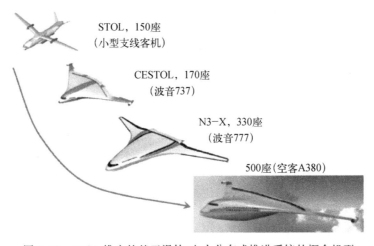

STOL, 150座
(小型支线客机)

CESTOL, 170座
(波音737)

N3−X, 330座
(波音777)

500座(空客A380)

图 9.13　NASA 推出的基于涡轮-电力分布式推进系统的概念机型

　　基于 NASA 的亚声速固定翼项目研究框架,波音公司与通用电力公司联合开展了涡轮-电力分布式动力与推进系统的基础预研。2011 年,该项目第一阶段的工作完成,波音公司与通用电力公司提出了基于涡轮-电力分布式动力与推进的概念机型 SUGAR Volt,如图 9.14(a)所

(a) 飞机构型

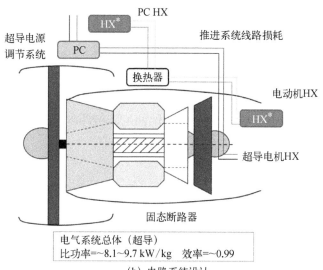

（b）电路系统设计

图 9.14　波音公司与通用电气公司设计的基于涡轮-电力分布式推进的概念机型 SUGAR Volt

示,并初步完成气动设计和电路系统设计,如图 9.14(b)所示。2015 年,该项目第二阶段的工作完成,进一步优化了电路系统和动力系统。

空客与罗罗在下一代航空动力方面也开展了相关预研工作,它们的战略思想是完成从混合动力到纯电推进的过渡,建立国际通航电推进飞机行业标准。2012 年,空客与罗罗公布了涡轮-电力分布式动力与推进概念机 E-Thrust 方案,如图 9.15(a)所示。该方案设计座位约 60

(a) E-Thrust

(b) E-Fan 1.0

(c) E-Fan 4.0

图 9.15　空客与罗罗设计的基于涡轮-电力分布式动力与推进的概念机型

个,动力与推进系统由后置单台燃气涡轮和 6 台分布式电驱动推力风扇构成。

2014 年,空客完成了纯电推进的 E-Fan 1.0 试飞,并于 2015 年实现了横跨英吉利海峡的航行。E-Fan 1.0 为两座小型飞机,如图 9.15(b)所示,采用锂聚合物电池和全碳复合材料机身,续航时间最长可达 1 h。基于 E-Fan 1.0 技术,空客计划在 2018 年实现 E-Fan 2.0 量产,可用作教练机。2019 年,空客拟推出投入通航市场的 E-Fan 4.0,如图 9.15(c)所示,增加座位至 4 座,同时动力系统也将增加一台内燃机,在电池能量即将耗尽时进行发电,以增加飞机的续航里程。

第 10 章　航空宇航推进技术前沿

本章围绕航空宇航推进领域的技术前沿,介绍若干新概念推进方式。变循环和自适应循环航空发动机,这项技术是为解决超声速客机和大包线、多用途战斗机的动力问题而提出的,被视为下一代先进发动机的重要选择。基于爆震的发动机,与传统基于等压燃烧的推进方式相比,具有结构简单、循环热效率高等优点,是未来航空航天推进的重要发展方向之一。本章分 3 节,10.3 节还将介绍几种非化学能火箭推进方式。

10.1　变循环与自适应循环航空发动机

在超声速客机和大飞行包线、多用途战斗机对动力系统需求的牵引下,早在 20 世纪 60 年代,通用电气公司就开始了对变循环发动机进行研究,目前已研制了四代变循环发动机,其中包括唯一一款经过飞行验证的变循环发动机——YF120。随后,普惠公司和罗尔斯-罗伊斯公司也积极开展变循环发动机的研制工作。

"全权限数字控制技术"和"先进传感器技术"的成熟,使得发动机变量的调节范围更大,但控制规律却更简单,这有效促进了自适应循环发动机技术的发展。自适应循环发动机是变循环发动机的升级,它被认为是新一代先进航空发动机的重要发展方向。

10.1.1　变循环发动机

变循环发动机(variable cycle engine, 简称 VCE),就是通过调节发动机部件的几何形状、尺寸或位置来调节其热力循环或者发动机参数,如增压比、涡轮前温度、涵道比、流量、转速等,使得发动机在各种工作条件下均能获得最佳的热力循环参数,从而对飞行条件和使用条件具有良好的适应性。

双外涵变循环发动机是变循环发动机的典型代表,通用电气公司为参与美国四代机动力竞争而研制的 YF120 发动机,就是一种双外涵变循环发动机。这种变循环发动机的典型特点是涵道比可调,从而将大、小涵道比发动机的优势合二为一,使发动机可同时具备高速时的大推力和低速时的低油耗优势。图 10.1 给出了 YF120 发动机在不同工作模式下发动机内工质的流动路径示意图。

典型的双外涵变循环发动机的基本结构如图 10.2 所示,其主要部件有:进气道、风扇、副外涵道、核心驱动风扇级(core driven fan stage,CDFS)、CDFS 涵道、主外涵道、前混合器、高压压气机、主燃烧室、高压涡轮(导向器面积可调)、低压涡轮(导向器面积可调)、后混合器、加力燃烧室、尾喷管。新概念的核心驱动风扇由风扇分离结构发展而来,其是连在高压轴上的风扇级,位于风扇与高压压气机之间。

双外涵变循环发动机有两种工作模式:涡喷工作模式和涡扇工作模式。当飞机起飞、机动或超声速巡航时,发动机以涡喷模式工作,如图 10.2 的下半部分所示,此时,模式选择阀门关闭,风扇出口的所有气体都进入核心驱动风扇级,经核心驱动风扇级压缩之后绝大部分进入

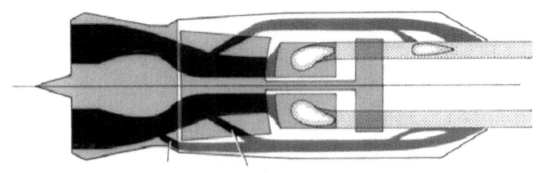

风扇旁路　　核心风扇涵道

图 10.1　YF120 发动机在不同工作模态下发动机内工质的流动路径

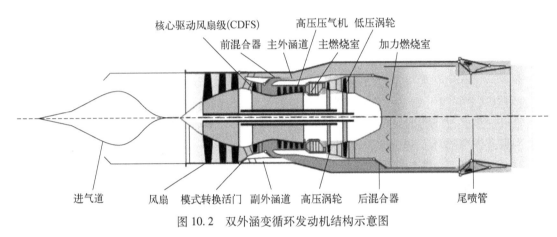

图 10.2　双外涵变循环发动机结构示意图

核心机,进一步经过压缩、燃烧、膨胀等热力学过程,小部分经前混合器进入外涵道,随后经后混合器流出,并与核心气流混合。风扇与高压压气机的进口导流叶片角度根据各自的转速调节,核心驱动风扇级的导向器打开以保证流通能力,因此,核心驱动风扇级的耗功增大,调大低压涡轮导向器的流通面积,以增大高压涡轮负荷,满足核心驱动风扇级对功的需求,后混合器活门和喷管喉部面积调节到合适的大小来保证所需的涵道比和风扇背压。

当飞机亚声速巡航时,发动机进入涡扇工作模式,如图 10.2 的上半部分所示,模式选择阀门打开,核心驱动风扇级导向器关小以减小核心机流量,增大发动机的总涵道比,前混合器活门调节到合适的位置来保证内涵道的静压平衡,关小低压涡轮导向器面积以减轻高压涡轮的负荷,增大低压转子的负荷,后混合器活门和尾喷管喉部面积调节到合适的大小来维持所需的涵道比和风扇背压。

变循环发动机研制的关键技术包括变循环发动机总体性能仿真、多变量控制系统设计、变循环技术的核心部件(核心驱动风扇级、可调涡轮导向器、面积可调混合器、高负荷跨声速高压涡轮、高低压对转涡轮等)的性能、结构和匹配设计等。

10.1.2　自适应循环发动机

自适应循环发动机(adaptive cycle Engine,ACE)技术是对变循环发动机技术的进一步发展。与前面提到的双外涵变循环发动机相比,自适应循环发动机在结构上有两个明显的细节特征。首先是第三涵道,如图 10.3 所示,与常规涡扇发动机或者变循环发动机的外涵道不同,第三涵道的作用并不是直接产生推力,其主要作用是流量调节。为了使第三涵道能够完成流量调节,必须借助第二个细节特征,即叶尖风扇叶片(fan blade on fan blade,FLADE)。如图10.3 所示,FLADE 位于第二级风扇转子叶片的顶端,在其前后各有一排可调静子叶片,作用是调节第三涵道的空气流量,因为 FLADE 无法自主调节转速,如果仅有一排导流叶片,那么当导流叶片偏转节流时,要么过高背压,造成 FLADE 叶片应力过大,要么进气压力过低,造成喘振。只有在前后协调调节,才能保证 FLADE 叶片正常工作。在低速时,FLADE 可以通过低压涡轮提供充足的轴功,并在可变距静子叶片的作用下实现高增压比,从而增大发动机的总涵道比;而在高速时,由于涡轮功显得不足,FLADE 在可变距静子叶片的作用下以低压比工作。FLADE 与第三涵道一起实现自适应发动机流量的自主调节。

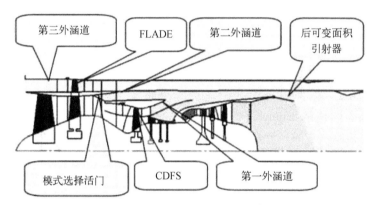

图 10.3 通用电气公司专利中描述的第三涵道和叶尖风扇叶片(FLADE)风扇示意图

自适应循环发动机利用多外涵道和 FLADE 结构,使发动机在固定进气道的情况下实现进气流量的自适应,通过多个可调部件协调匹配发动机各涵道的流量,从而避免多余气流因无法通过发动机而从进气道溢流,产生较大的溢流阻力。这些在结构上的改变使得发动机的控制参数变多,控制规律变得更加复杂,一直以来发展缓慢。直到近年来,在"先进传感器技术"和"全权限数字电子控制技术"日趋成熟之后,才使得自适应循环发动机的控制变得更简单、方便,工作点控制更连续,实现对飞行阶段全过程的适应性控制和更容易的调节。

自适应循环发动机能够根据发动机的飞行条件和使用条件自主调节热力循环参数,使得发动机在任何工况下都能获得最佳性能,是新一代发动机的重要发展方向。图 10.4 给出了美

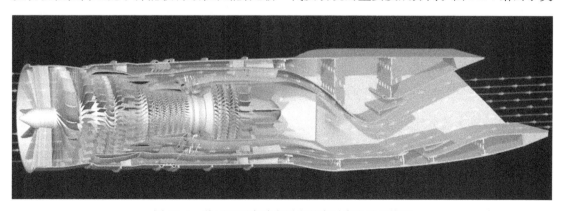

图 10.4 美国空军实验室展出的自适应发动机模型

国空军实验室展出的自适应发动机模型。

 10.2 爆震发动机

 10.2.1 爆震的优势

前面介绍过,自持传播的燃烧波有两种:爆燃和爆震。爆震波是一道跨过其之后热力学参数(如压力和温度等)急剧增大的超声速燃烧波。爆震波能产生极高的燃烧压力(1.5~5.5 MPa)及燃气温度(大于 2 800 K)。爆震波可以描述成具有化学反应的强激波,由于燃烧非常快而没有足够的时间使压力平衡,因此爆震过程接近等容燃烧过程。

图 10.5 给出了以常温常压状态为初始状态时,基于爆震的 Fickett-Jacobs 循环与基于等压燃烧的 Brayton 循环以及基于等容燃烧的 Humphrey 循环的比较分析。研究表明,与传统基于等压燃烧构成的 Brayton 循环的动力装置相比,基于爆震的理想热循环效率可提高至超过 50%,从而能极大地减小燃油消耗,大幅度提高动力装置的经济性。以上三种热力循环的效率对比情况如表 10.1 所示。

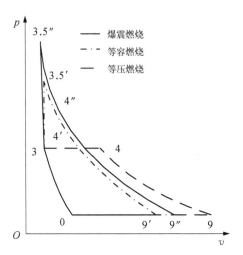

图 10.5　几种循环方式的对比

表 10.1　三种循环方式的效率比较

循环方式 燃料	Brayton	Humphrey	Fickett-Jacobs
氢气/空气	36.9%	54.3%	59.3%
甲烷/空气	31.4%	50.5%	53.2%
乙炔/空气	36.9%	54.1%	61.4%

10.2.2 基于爆震的推进方式

与传统等压燃烧相比,爆震具有能量释放速率快、熵增小和自增压的特性,基于其构造的热力循环效率高。因此,用爆震构建的热力循环可显著提升推进系统性能。目前,基于爆震的推进方式主要有三种:脉冲爆震发动机(pulse detonation engine,PDE)、连续旋转爆震发动机(rotating detonation engine,RDE)、斜激波爆震发动机(standing detonation engine,SDE)。

1. 脉冲爆震发动机

脉冲爆震发动机是利用脉冲式爆震波产生高压高温燃气并向外高速排出以产生推力的一种推进装置,具有结构简单、比冲大、工作范围宽、可静止启动等优点。

图 10.6 给出了脉冲爆震发动机的工作原理示意图,可见其工作过程主要包括以下几个步骤: ① 填充隔离气体; ② 填充可燃混合物; ③ 点火起爆; ④ 爆震波形成并向下游传播; ⑤ 爆

震波从开口端传出,膨胀波反射进爆震室;⑥ 爆震产物排出。脉冲爆震发动机具有吸气式和火箭式两种构型。

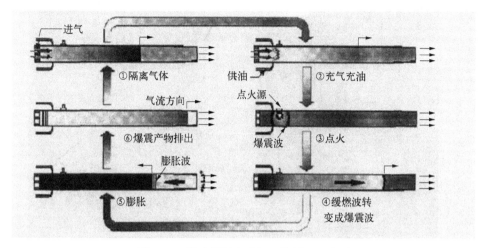

图 10.6　脉冲爆震发动机工作循环示意图

脉冲爆震发动机的这种间歇式工作模式,使得在每个工作循环中都会有一段时间不能产生推力,一般认为,工作频率大于 100 Hz 时,脉冲爆震发动机的推力可以近似认为是连续的。同时,脉冲爆震发动机的每一个工作循环都需要单独进行点火起爆,这迫使它需要一个复杂的点火系统,并且脉冲爆震发动机燃料氧化剂的混合比例也得控制在化学当量的燃料氧化剂比的条件下,才能保证发动机正常工作。

在三种基于爆震的推进方式中,因为脉冲爆震发动机在性能、结构、制造等方面具有显著优势,国内外学者开展了大量的研究工作。目前,脉冲爆震发动机在工程应用方面还面临诸多挑战,例如,脉冲爆震波的高频触发与起爆、可爆震混合物的高速喷注与混合、间歇式燃烧方式与供油/供气/排气之间的匹配、性能参数测试技术、非稳态循环分析方法、自适应主动控制等。

2. 连续旋转爆震发动机

连续旋转爆震发动机是近些年研究较多的一类爆震发动机,相对于斜激波爆震发动机和脉冲爆震发动机,连续旋转爆震发动机具有更宽的工作范围、极高的工作频率和只需一次点火起爆等特点,一定程度上弥补了斜激波爆震发动机和脉冲爆震发动机的不足。

连续旋转爆震发动机的核心部件是旋转爆震燃烧室,它一般为环形结构,如图 10.7 所示。发动机开始工作时,由分布在内壁的燃料喷注口向燃烧室内垂直喷入燃料,同时与平行轴向流入燃烧室的氧化剂混合形成预混燃气,随后通过火花塞或预爆管等方式进行点火起爆,在环形燃烧室的头部产生一个或多个沿着圆环燃烧室周向持续旋转的爆震波,爆震波后持续形成高温高压燃烧产物,这

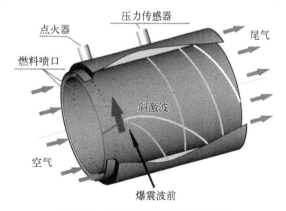

图 10.7　连续旋转爆震环形燃烧室

些高温高压燃气膨胀后沿轴向高速排出,产生推力。连续旋转爆震发动机同样有吸气式和火箭式两种构型,如图 10.8 所示。

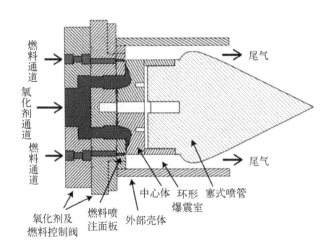

（a）火箭式旋转爆震发动机

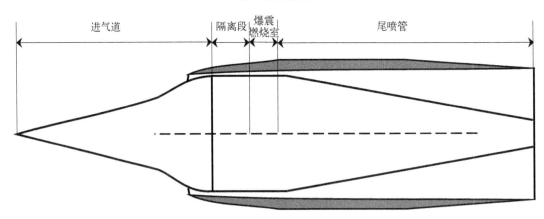

（b）吸气式旋转爆震发动机

图 10.8　旋转爆震发动机示意图

　　表 10.2 给出了脉冲爆震发动机与连续旋转爆震发动机的比较,可见,旋转爆震发动机在多个方面具有明显的优势。目前,连续旋转爆震发动机已引起国内外学术界和工业界的广泛关注。

表 10.2　脉冲爆震发动机与连续旋转爆震发动机的特征对比

PDE	RDE
爆震频率低(几十赫兹)	连续旋转爆震(几千甚至数万赫兹)
每个工作周期均需起爆	一次起爆,连续旋转传播
仅能在化学当量比附近工作(高温、高压、高 NO_x 排放)	可在贫燃条件下稳定工作(低温、低压、低 NO_x 排放)
用于涡轮发动机时,需要在涡轮前引入空气掺混	可直接用于涡扇发动机、燃气轮机或发电机

3. 斜激波爆震发动机

20 世纪 50 年代,密歇根大学提出了斜激波爆震发动机的概念。图 10.9 给出了斜激波爆震发动机的结构示意图,这种类型的发动机是利用高速飞行器前体产生的斜激波强化燃料与空气混合,并利用随后产生的足够强度的斜激波与燃烧相互耦合形成斜爆震波的方式快速释放能量。这种类型的发动机无法零速启动,并且只有在来流马赫数大于 $C-J$ 爆震波速度时才能稳定工作。

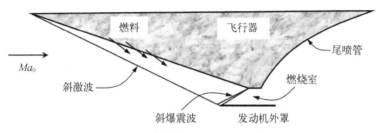

图 10.9　斜激波爆震发动机示意图

斜激波爆震发动机可用于飞行速度高于当地 $C-J$ 爆震波速的高超声速飞行器的动力装置,还可作为组合循环推进系统的组成单元。斜激波爆震发动机需要考虑各种条件的匹配,包括可燃混合物的组分、浓度、温度、压力、飞行速度等。目前,国内外学者开展了大量关于斜激波爆震发动机的数值仿真和理论研究工作,但尚未开展相关实验研究。

10.3　新型火箭发动机

按照发动机工作时使用的初始能源类型的不同,火箭发动机分为化学能火箭发动机、电能火箭发动机、核能火箭发动机和太阳能火箭发动机等,如图 10.10 所示。其中,化学能火箭发动机是技术最成熟、应用最广泛的一类,然而其性能已很难得到大幅度提升,因此,非化学能火箭发动机是未来更高性能航天推进系统的可能选择。

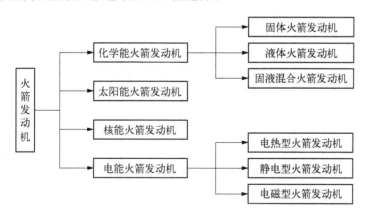

图 10.10　火箭发动机的分类

10.3.1　电能火箭发动机

电能火箭发动机是利用电能加热工质,随后工质经尾喷管高速排出而产生推力的一类火箭发动机。这种火箭发动机与化学能火箭发动机的显著区别在于,能源与工质是分开的,能源(即电能)来自飞行器。根据能量转换的方式不同,电能火箭发动机又可分为电热型、静电型、电磁型火箭发动机三种类型。

电热型火箭发动机通过电能加热(电阻加热或电弧加热)工质使其气化,随后经喷管膨胀加速后排出而产生推力,图10.11给出了一种电阻加热火箭发动机系统示意图。这种发动机的推进系统主要包括推力室、推进剂、加热器和加热元件支架等。静电火箭发动机的工质(汞、氙等)首先在电力室被电离成离子,然后在由电极产生的静电场作用下加速产生高速离子流而产生推力。电磁型火箭发动机利用电磁场加速电离工质产生射流,从而获得推力。

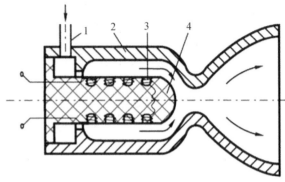

图 10.11　电阻加热火箭发动机系统示意图

1-工质进口管;2-加热室与喷管;3-加热元件(钨丝);4-加热元件支架

10.3.2　核能火箭发动机

核能火箭发动机是以核能为初始能源的一类火箭发动机,其基本工作原理是利用核能加热工质,随后工质高速喷出,产生推力。按照核能释放的方式不同,核火箭发动机又可分为核裂变型火箭发动机、核聚变型火箭发动机和放射性同位素衰变型火箭发动机。

图10.12给出了核裂变型火箭发动机系统示意图,其基本组成包括反应堆、壳体、喷管、工质供给系统、控制系统等。这种火箭发动机通过核反应放热来加热惰性反应物,产生高温工质,随后高温工质经喷管膨胀后高速喷出,产生推力。这种类型的火箭发动机比冲一般可达7 500~12 000 m/s。

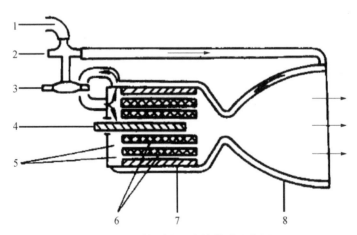

图 10.12　核裂变型火箭推进示意图

1-工质入口;2-泵;3-涡轮;4-控制棒;5-加热通道;6-核燃料元件;7-反射器;8-冷却套

放射性同位素衰变型火箭发动机利用放射性同位素衰变产生的射线转化为热能来加热液体工质,然后经喷管高速排出,产生推力。这种类型的发动机适用于长时间(几周至几个月)

和低推力(1 N 以下)条件下的工作,比冲可达 2 000~8 000 m/s。

目前尚未实现可控核聚变,因此,暂不展开讨论核聚变型火箭发动机。

10.3.3　太阳能火箭发动机

太阳能火箭发动机的系统示意图如图 10.13 所示,它是利用太阳能作为初始能源的一类火箭发动机。如图所示,该发动机系统主要包括太阳能收集和推进系统两部分。通过一面或多面大型抛物面反射器采集阳光,收集到的太阳能聚焦于热交换系统,将输送来的工质加热,随后高温高压的工质流入喷管,膨胀后高速排出,产生推力。镜面反射器可绕自身轴线转动,因此,采集太阳能时可不受发动机方向的限制。

这种发动机的排气速度可达 8 ~ 12 km/s,有的甚至高达 15 km/s。随着与太阳距离的增加,太阳能发动机的效率迅速下降。这种火箭发动机的优点是系统简单、工作可靠、无污染、比冲高、能显著减轻结构质量,其难点在于太阳光的聚焦系统。

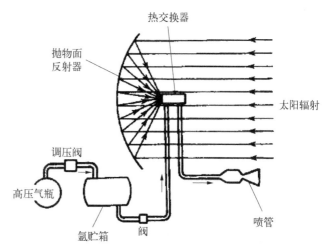

图 10.13　太阳能火箭发动机系统示意图

参 考 文 献

贝尔尼·麦克艾萨克,罗伊·兰顿.2014.燃气涡轮推进系统[M].颜万亿,谈琳娓,译.上海:上海交通大学出版社.

蔡睿贤.1992.对转涡轮基本分析[J].航空学报,13(1):57-63.

陈光.2006.航空发动机结构设计[M].北京:北京航空航天大学出版社.

楚武利,刘前智,胡春波.2009.航空叶片机原理[M].西安:西北工业大学出版社.

樊菁.2010.高超声速高温气体效应判据[J].力学学报,42(4):591-596.

顾伟,乔剑,陈潇,等.2013.民用航空涡扇发动机涡轮叶尖间隙控制技术综述[J].燃气轮机技术,26(1):1-4.

侯宽新.2014.涡轮叶尖间隙泄漏流动控制研究进展[J].飞航导弹,(1):85-90.

胡骏,吴铁鹰,曹人靖.2006.航空叶片机原理[M].北京:国防工业出版社.

黄勇.2009.燃烧与燃烧室[M].北京:北京航空航天大学出版社.

计自飞,王兵,段瑞泽,等.2017.涡轮发动机[P]:CN 206376947 U.2017-08-04.

计自飞,王兵,谢峤峰,等.2016.涡轮发动机[P]:CN 205592026 U.2016-09-21.

计自飞,王兵,谢峤峰,等.2016.组合循环发动机[P]:CN 205592035 U.2016-09-21.

计自飞,王兵,张会强.2012.航空发动机燃烧室湍流两相燃烧数值模拟[C].中国工程热物理学会,西安.

计自飞,王兵,张会强.2017.组合循环推进系统燃料消耗模型及优化分析[J].清华大学学报(自然科学版),57(5):516-520.

蒋露欣.2013.吸气式连续旋转爆震发动机工作特性研究[D].国防科学技术大学硕士学位论文.

金志刚,吴旭,范慧方.2010.燃烧波、爆震波与爆炸——Hugoniot曲线物理背景[C].中国土木工程学会城市燃气分会应用专业委员会2010年年会论文集,呼和浩特.

李斌,赵成伟.2014.变循环与自适应循环发动机技术发展[J].航空制造技术,464(1-2):76-79.

李文杰,牛文.2013.GE公司自适应循环发动机试验超出预期[J].飞航导弹,(12):75.

廉筱纯,吴虎.2005.航空发动机原理[M].西安:西北工业大学出版社.

刘长福,邓明.2006.航空发动机结构分析[M].西安:西北工业大学出版社.

刘陵,刘敬华,张榛,等.1993.超音速燃烧与超音速燃烧冲压发动机[M].西安:西北工业大学出版社.

刘世杰,林志勇,覃慧,等.2010.连续旋转爆震波发动机研究进展[J].飞航导弹,(2):70-75.

刘增文,王占学,蔡元虎.2011.变循环发动机模态转换数值模拟[J].航空动力学报,26(9):2128-2132.

刘增文,王占学,黄红超,等.2010.变循环发动机性能数值模拟[J].航空动力学报,25(6):

1310 - 1315.

刘赵云. 2013. 国外 TBCC 组合循环发动机方案及发展浅析[J]. 飞航导弹,(7):94 - 98.

舒士甄,朱力,柯玄龄,等. 1991. 叶轮机械原理[M]. 北京:清华大学出版社.

王兵,计自飞,谢峤峰,等. 2016. 加力燃烧室及涡轮发动机[P]:CN 205593001 U. 2016 - 09 - 21.

王云. 2009. 航空航天概论[M]. 北京:北京航空航天大学出版社.

王振国,梁剑寒,丁猛,等. 2009. 高超声速飞行器动力系统研究进展[J]. 力学进展, 39(6):716 - 739.

吴子牛,白晨媛,李娟,等. 2016. 空气动力学[M]. 北京:北京航空航天大学出版社.

肖玲斐,申涛,黄向华,等. 2010. 涡轮基组合循环发动机控制问题概述[J]. 燃气涡轮试验与研究,23(3):59 - 62.

谢础,贾玉红. 2005. 航空航天技术概论[M]. 北京:北京航空航天大学出版社.

徐旭,陈兵,徐大军. 2014. 冲压发动机原理及技术[M]. 北京:北京航空航天大学出版社.

严传俊,范玮. 2005. 脉冲爆震发动机原理及关键技术[M]. 西安:西北工业大学出版社.

杨立军,富庆飞. 2013. 液体火箭发动机推力室设计[M]. 北京:北京航空航天大学出版社.

杨月诚,宁超. 2016. 火箭发动机理论基础[M]. 2 版. 西安:西北工业大学出版社.

曾丹苓,敖越,张新铭,等. 2004. 工程热力学[M]. 北京:高等教育出版社.

张蒙正,李平,陈祖奎. 2009. 组合循环动力系统面临的挑战及前景[J]. 火箭推进,35(1): 1 - 8.

张明阳,王占学,刘增文,等. 2017. Ma4 一级内并联式 TBCC 发动机模态转换性能分析[J]. 推进技术,38(2):315 - 322.

张倩,王兵,张耘隆,等. 2014. RBCC 的可实现性方案——DRBCC 分析[J]. 火箭推进, 40(5):1 - 7.

张兆顺,崔桂香. 2006. 流体力学[M]. 北京:清华大学出版社.

朱之丽,陈敏,唐海龙,等. 2014. 航空燃气涡轮发动机工作原理及性能[M]. 上海:上海交通大学出版社.

休泽尔 D K,黄 D H. 2004. 液体火箭发动机现代工程设计[M]. 朱宁昌,译. 北京:中国宇航出版社.

Stephen R T. 2009. 燃烧概论:理论与应用[M]. 姚强,译. 北京:清华大学出版社.

《航空发动机设计手册》总编委会. 2001 年. 航空发动机设计手册(第 5 册):涡喷及涡扇发动机总体[M]. 北京:航空工业出版社.

Albertson C W, Venkat V S. 2005. Shock interaction control for scramjet cowl leading edges [C]. AIAA/CIRA 13th International Space Planes and Hypersonics Technologies Conference, Capua.

Bradley M K, Droney C K. 2011. Subsonic ultra green aircraft research:phase Ⅰ final report [R]. National Aeronautics and Space Administration, Langley Research Center.

Bradley M K, Droney C K. 2015. Subsonic ultra green aircraft research:phase Ⅱ — volume Ⅱ — hybrid electric design exploration[R]. National Aeronautics and Space Administration, Langley Research Center.

Carter N A, Stratton R W, Bredehoeft M K, et al. 2011. Energy and environmental viability of select alternative jet fuel pathways[C]. 47th AIAA Joint Propulation Conference and Exhibit, Califonia.

Farokhi S. 2014. Aircraft Propulsion[M]. Hoboken: John Wiley & Sons.

Felder J L, Kim H D, Brown G V. 2009. Turboelectric distributed propulsion engine cycle analysis for hybrid-wing-body aircraft[C]. 47th AIAA Aerospace Sciences Meeting, Orlando.

Heiser W, Pratt D, Daley D, et al. 1994. Hypersonic Airbreathing Propulsion[J]. American Institute of Aeronautics and Astronautics, 26(4): 5 − 12.

Hu B, Wang B, Tian X. 2016. Numerical modeling and studies of ignition transients in end-burning-grain solid rocket motors[J]. Journal of Propulsion & Power, 32(6): 1333 − 1342.

Ji Z, Wang B, Zhang H. 2017. Steady state characteristics of scramjet engines using hydrogen for high mach numbers[C]. 21st AIAA International Space Planes and Hypersonics Technologies Conference, Xiamen.

Ji Z, Wang B, Zhang H, Rao Z. 2017. Analysis of steady state characteristics of scramjet engines[C]. The International Society of Air-breathing Engines Conference, Machester.

Ji Z, Wang B, Zhang H, Rao Z. 2017. Performance analysis of the continuous rotating detonation aero-turbine engine[C]. The International Society of Air-breathing Engines Conference, Manchester.

Kim H D, Brown G V, Felder J L. 2008. Distributed turboelectric propulsion for hybrid wing body aircraft[C]. 9th International Powered Lift Conference, London.

Padron A S, Pascioni K A, Stout Jr G W, et al. 2011. Review of propulsion technologies for N+3 subsonic vehicle concepts[R]. National Aeronautics and Space Administration, Glenn Research Center.

Segal C. 2009. The Scramjet Engine: Process and Characteristics[M]. New York: Cambridge University Press.

Steiner H J, Seitz A, Wieczorek K, et al. 2012. Multi-disciplinary design and feasibility study of distributed propulsion systems[C]. 28th International Congress of the Aeronautical Sciences (ICAS), Brisbane.

Steiner H J, Vratny P C, Gologan C, et al. 2014. Optimum number of engines for transport aircraft employing electrically powered distributed propulsion[J]. CEAS Aeronautical Journal, 5(2): 157 − 170.